国防科技图书出版基金

集成电路非侵入式逆向分析

Non-invasive Reverse Analysis of Integrated Circuits

李清宝　张平　著

国防工业出版社
·北京·

图书在版编目(CIP)数据

集成电路非侵入式逆向分析/李清宝等著.—北京：
国防工业出版社,2016.6（2022.10 重印）
ISBN 978 - 7 - 118 - 10526 - 1

Ⅰ.①集…　Ⅱ.①李…　Ⅲ.①集成电路—电路分析
Ⅳ.①TN401

中国版本图书馆 CIP 数据核字(2016)第 248878 号

※

国防工业出版社出版发行

（北京市海淀区紫竹院南路 23 号　邮政编码 100048）
三河市腾飞印务有限公司印刷
新华书店经售
*
开本 710×1000　1/16　印张 18　字数 363 千字
2022 年 10 月第 1 版第 2 次印刷　印数 1001—2500 册　定价 98.00 元

（本书如有印装错误,我社负责调换）

国防书店：(010)88540777　　　书店传真：(010)88540776
发行业务：(010)88540717　　　发行传真：(010)88540762

致 读 者

本书由国防科技图书出版基金资助出版。

国防科技图书出版工作是国防科技事业的一个重要方面。优秀的国防科技图书既是国防科技成果的一部分,又是国防科技水平的重要标志。为了促进国防科技和武器装备建设事业的发展,加强社会主义物质文明和精神文明建设,培养优秀科技人才,确保国防科技优秀图书的出版,原国防科工委于1988年初决定每年拨出专款,设立国防科技图书出版基金,成立评审委员会,扶持、审定出版国防科技优秀图书。

国防科技图书出版基金资助的对象是:

1. 在国防科学技术领域中,学术水平高,内容有创见,在学科上居领先地位的基础科学理论图书;在工程技术理论方面有突破的应用科学专著。

2. 学术思想新颖,内容具体、实用,对国防科技和武器装备发展具有较大推动作用的专著;密切结合国防现代化和武器装备现代化需要的高新技术内容的专著。

3. 有重要发展前景和有重大开拓使用价值,密切结合国防现代化和武器装备现代化需要的新工艺、新材料内容的专著。

4. 填补目前我国科技领域空白并具有军事应用前景的薄弱学科和边缘学科的科技图书。

国防科技图书出版基金评审委员会在总装备部的领导下开展工作,负责掌握出版基金的使用方向,评审受理的图书选题,决定资助的图书选题和资助金额,以及决定中断或取消资助等。经评审给予资助的图书,由总装备部国防工业出版社列选出版。

国防科技事业已经取得了举世瞩目的成就。国防科技图书承担着记载和弘扬这些成就,积累和传播科技知识的使命。在改革开放的新形势下,原国防科工委率先设立出版基金,扶持出版科技图书,这是一项具有深远意义的创举。此举势必促使国防科技图书的出版随着国防科技事业的发展更加兴旺。

设立出版基金是一件新生事物,是对出版工作的一项改革。因而,评审工作需要不断地摸索、认真地总结和及时地改进,这样,才能使有限的基金发挥出巨大的效能。评审工作更需要国防科技和武器装备建设战线广大科技工作者、专家、教授,以及社会各界朋友的热情支持。

让我们携起手来,为祖国昌盛、科技腾飞、出版繁荣而共同奋斗!

国防科技图书出版基金

评审委员会

前　言

随着集成电路工艺和设计技术的快速发展,加密逻辑器件、存储器和微控制器在各类电子设备中的使用不断增多,如果这些加密器件一旦损坏,将给电子设备的恢复带来较大困难。本书正是为从事集成电路逆向分析研究的工程技术人员编写的,同样也适用于微电子、电子技术等专业高年级本科生或研究生使用。

近年来,我国集成电路设计与制造水平取得了较大发展,但和发达国家相比还有一定的差距,进口电子设备还比较多,这些进口电子产品中大量使用了数字加密器件。加密器件的加密方法、工作机理各不相同,其特点主要表现为:①器件的引脚属性、内部程序代码和逻辑功能一般由设计者自行定义,非授权用户无法直接提取芯片内部设计的相关信息;②器件的加密方法进一步改进,一些器件在设置保密位的基础上又设置了加密算法位,有的器件还设置了口令猜测次数的限制,一旦猜测口令连续发生错误的次数超过设定阈值时,器件内部设计的信息将自动清除;③伴随着集成电路生产制造工艺的进步,集成电路规模不断扩大,逆向分析成本进一步增加;④部分器件厂家已停产,采取集成电路版图克隆的方法无法完成芯片的再生,本书从非侵入式逆向分析角度,探讨提取集成电路内部设计信息并进行逆向分析的方法和技术。

全书共分 7 章。主要以三类数字加密器件——可编程逻辑器件、固件和微控制器的非侵入式逆向分析为线索,详细介绍了脱机式、在线式和直读式 3 种逆向分析手段的理论和技术,较完整地给出了对集成电路进行非侵入式逆向分析的方法和步骤。

第 1 章　概述。介绍了集成电路逆向工程的相关概念及发展情况,然后简要介绍了侵入式和半侵入或芯片逆向分析方法的基本原理及存在的不足,之后简要介绍了几种常用的非侵入式逆向分析方法的解析思路。

第 2 章　加密器件内部结构。介绍加密可编程逻辑器件、固件和微控制器的内部结构,以及加密方法和机制,讨论了这 3 类器件在电子设备中的工作模式。本章内容是进行集成电路非侵入式逆向分析的基础。

第 3 章　脱机式逆向分析。本章首先介绍了脱机式逆向分析的模型,然后按照加密可编程逻辑器件脱机式逆向分析的过程,详细介绍了逆向分析硬件工作平台,引脚属性判别原理和方法,数据采集与存储的原理及算法实现。

第 4 章　脱机采集数据逻辑逆向综合。在介绍逻辑综合基本理论的基础上,重点讨论了超大规模数据的逻辑综合处理方法,主要包括分块处理、PI 集求解和最小覆盖的求解等。

第 5 章　在线式逆向分析。本章主要介绍在线逆向分析的组成结构,采集设备的性能指标,无缝采集技术,数字信号逻辑对应关系提取与逆向分析,然后按照加密可编程逻辑器件在线式逆向分析的过程,详细介绍了在线数据采集及波形数据格式、电路逻辑特征判别、在线真值表数据提取的方法和技术。

第 6 章　在线采集数据逻辑逆向综合。本章首先分析了在线采集数据的特点,并和脱机式采集数据进行了对比分析,在此基础上介绍了适合在线采集数据逆向逻辑综合处理的 BOOM 算法和多输出函数优化覆盖求解过程。

第 7 章　直读式逆向分析。首先介绍了直读或芯片的内部结构和加密方法,分析介绍了直读式代码提取面临的问题和技术,然后介绍了代码逆向分析的反汇编技术、控制流图反绘制技术和代码去扰技术。

本书由李清宝任主编,张平参加了部分编写工作;实验室的高洪博、牛小鹏、陈志峰博士和部分硕士研究生提供了相关技术资料。全书由李清宝统稿和整理。在此向所有为本书的出版付出劳动的老师和同学们表示衷心的感谢。

计算机和集成电路技术是发展迅速的专业,本书的编写存在一定的时效性和广度、深度问题。本书存在的不足和谬误之处,请广大读者批评指正。

编　者

2014 年 8 月

目　录

Contents

第1章 概 述

1.1 伴随集成电路发展的逆向工程

集成电路是现代电子设计中的重要部件,作为整个信息产业的基础,在信息安全上有着重要和关键性的作用,这不仅表现在现代信息处理对集成电路技术的依赖性,更反映在集成电路本身的安全与信息系统的安全密切相关。

1958年,美国得克萨斯州仪器公司展示了全球第一块集成电路板,这标志着世界从此进入集成电路的时代。集成电路具有体积小、重量轻、寿命长和可靠性高等优点,同时成本也相对低廉,便于进行大规模生产。

在之后的50多年时间里,集成电路已经广泛应用于工业、军事、通信和遥控等各个领域。用集成电路来装配电子设备,其装配密度相比晶体管可以提高几十倍甚至几千倍,设备的稳定工作时间也可以大大加长。如今,芯片制造商(如英特尔、AMD等公司)生产的芯片所集成的晶体管数量已达到了空前的水平,每个集成进入集成电路里的晶体管的体积已变得非常微小,在一个针尖大小的空间就可以容纳千万个45nm大小的晶体管。

集成电路的不断创新和发展有力地推动了信息技术一次又一次地向前飞跃,许多新型集成电路不断涌现,如MEMS(Microelectro Mechanical Systems),纳米微电子集成电路,真空、超导和有机等集成电路。集成电路的高速发展一次又一次地证明了集成电路芯片的集成度每18个月将增加一倍的发展规律。半个多世纪以来,以集成电路为基础的信息技术革命正有力地推动着人类文明向前发展,改变着人们的生产和生活方式,拓展了社会经济的发展思路,也正改变着一个国家未来安全防御与对抗的形态。

伴随着集成电路工艺和设计技术工具的快速发展,电子设备呈现单片化发展的特征越来越明显。如今生产使用的集成电路规模越来越大,但体积却越来越小,性能越来越高,功耗越来越低,速度越来越快,即高集成、高性能、低成本和低能耗已成为现代集成电路发展的主要特征。集成电路高速发展源于需求的驱动,国防尖端技术和民用高速小型化、高智能化等应用的需求,是持续推进集成电路向前发展的不竭动力。信息的采集、处理、传输、存储、共享、显示都离不开集成电路作为支撑,集成电路的快速发展反过来也大大促进了电子产品更新换代的速度。

目前,美国、日本、欧洲、韩国和中国台湾地区是集成电路产业的第一阵营,基本掌控着全世界集成电路的设计、生产和制造工艺等关键技术。我国在集成电路设计技术与芯片制造技术方面与世界主要发达国家和地区相比,总体上还处于劣势。为缩小集成电路设计与制造技术与世界主要发达国家和地区的差距,改革开放以来,我国加大了集成电路投资力度,采取了一系列有利于我国集成电路快速发展的举措,开始大规模、有计划地引进国外集成电路发展的先进经验、设计技术和集成电路制造工艺流水线设备,逐渐形成了具有中国特色的高新技术产业链。目前,我国集成电路产业已初步形成了芯片设计、制造、封装和测试并举的局面,出现了长江三角洲地区、京津地区和珠江三角洲地区3个相对集中的产业区,建成了多个国家集成电路产业基地,我国集成电路产业已走上了高速发展的快车道。我国集成电路设计水平明显提升,自主创新能力进一步加强,先后开发了具有自主知识产权的"方舟"、"龙芯"等为代表的CPU,标志着我国集成电路自身设计水平已开始向世界先进行列迈进。

在集成电路快速发展的同时,我们也清醒地意识到,我国的集成电路芯片设计与制造同发达国家和地区相比,差距依然较大。这种差距主要表现在集成电路设计中涉及的核心技术缺失,制造技术主要还以代工为主,产业链从整体上看还相对弱小,支撑其发展的相关产业发展还比较滞后,集成电路设计与制造的创新能力还比较薄弱。采用技术引进方式虽然可以在短时间内大幅提高我国集成电路技术的研发水平,提高电子产品研发能力,但从目前现状来看,国产集成电路在电子装备中的数量还是相对较少,市场上销售和广大用户使用的电子产品中进口集成电路所占的比例依然很大,在这些引进的电子产品中,还大量使用了可加密的集成电路芯片,这些加密集成电路不仅有利于保护电子产品设计者的利益不受侵害,更好地保护其知识产权,同时加密器件还采用了积木式、框架式、用户现场自定义式的设计方法,给电子产品设计与制造带来了诸多方便。然而,加密集成电路的大量使用容易使电子产品的先进技术形成垄断,也会给这些电子产品的维修、故障定位检测,以及产品的升级换代工作带来一系列问题。

虽然我国在电子设备自动测试与电子测量技术方面发展较快,但目前的测试诊断手段还远不能满足先进电子装备的技术发展要求。随着进口电子设备中加密器件的大量使用,无疑使这些电子设备的测试诊断更加复杂,维修难度明显增大。开展针对加密集成电路器件的逆向分析研究是现代电子设备自动测试与测量不可缺少的关键环节。集成电路逆向分析就是将已设计制造完成的功能不明的集成电路器件进行反向分析,还原出该电路芯片内部功能的技术原理、结构机制、设计思想、制造方法等特性,如芯片的原理图或者分析报告、逻辑功能描述等。

目前而言,电子产品最先进的设计技术往往掌握在西方发达国家手中,作为发展中国家希望在短期内消化吸收其电路系统的设计精华,也需要对引进的先进电子装备进行"解剖"分析,反向绘制出电路的工作原理图。电路系统的工作原理图绘制主要包括电路板测量、定制器件功能查询和加密器件的逆向分析。显然,器件与器件之间的线路板测量相对比较简单,定制器件功能仅需查阅相应器件手册即可,加密芯片逆向分析将成为是否能够消化吸收国外先进电子设计技术的瓶颈。

除此之外,斯诺登事件也告诉我们,互联网正逐渐演变成为信息战的重要战场,网络攻击所造成的信息系统瘫痪和敏感数据失窃给各个国家造成的损失不可估量。网络攻击也会给各个国家的国家安全、社会稳定带来诸多麻烦。目前,在我国的网络关键设备中使用的核心控制芯片主要还依赖进口,一旦这些核心芯片存在安全漏洞,将会使我国的网络信息安全成为一纸空谈。所以,对网络设备中核心芯片进行逆向分析研究,对消除网络设备中可能存在的安全隐患同样具有十分重要的现实意义。

总之,加密集成电路的大量使用一定会对以下几个方面产生重要影响:

(1)芯片内部设计功能无法完全感知。国外的一些公司在自己生产的电子设备中大量使用加密集成电路芯片进行系统设计,一方面是他们对核心技术进行封锁采取的最常用手段,发达国家采取加密集成电路作为电子产品保护手段加大了进口国消化吸收其先进设计技术的难度,同时也延缓了发展中国家在集成电路设计方面的发展速度;另一方面,加密集成电路中是否存在有附加的不必要的功能,这些附加功能是否对电子产品不利,用户无法感知更无法阻止。

(2)给信息化战争带来安全隐患。现代战争形态正由机械化向信息化快速演变。近年来,为加速国家和军队信息化建设的发展速度,国家各行各业、军队和政府部门通过不同渠道进口了大量的高技术设备,这些电子装备中是否存在有可利用的脆弱性安全漏洞,加密集成电路芯片中是否有"人为"设置的攻击后门,即硬件木马,我们不得而知。这些硬件木马可以长期潜伏,只有在诱发条件满足时才会发起攻击,发生攻击时用户也不一定能感知。集成电路安全缺陷或攻击后门能否被有效检出并消除,将会影响到一个国家的经济发展、社会稳定,严重时还可能危及国防安全,在战争状态下还可能直接决定交战双方的胜负。

CIH病毒的发作让人们清醒地意识到芯片硬件攻击的存在,CIH病毒仅仅是利用计算机设备中固件自身存在的小小缺陷便造成了如此巨大的危害。近年来,关于集成电路芯片可能存在的安全漏洞并被利用来危害信息系统安全的新闻不断增多,如世界最大电脑芯片商Intel公司在其生产的某款处理器中就埋置了硬件序列号"后门",厂家通过该后门能够方便地将用户电脑使用信息通过网络自动发回Intel公司;OpenBSD创始人希欧·德拉特(Theo de Raadt)分析认为,英特尔某款处理器存在大量潜在的严重安全漏洞;美国伊利诺斯大学的研究人员通过修改Leon3处理器的VHDL代码设计实现了一款恶意处理器(IMP),该处理器具有Leon3处理器的所有功能,同时在该处理器内部存有一个"恶意电路设计空间",攻击者可以在此空间中自由修改电路的设计,以内存访问模式或阴影模式,实现控制处理器芯片的攻击行为;以色列魏兹曼科学院教授Adi Shamir也表示,PC处理器存在的芯片缺陷在理论上将产生数学漏洞,这些漏洞会导致RSA加密算法遭到攻击,从而使全球电子商务陷入灾难。

（3）不利于进口电子产品消化与改进。一些电子设备在交付使用后,尤其是在特殊领域使用中,往往与实际应用需求存在一定的差距,大多数情况下还需要对这些电子设备进行适当的改造才能更好地发挥作用,加密集成电路在电子设备中大量使用,无疑增加了产品改造的难度。另外,一些电子产品公司为了追求高额垄断利润,产品频繁升级,升级方法往往通过加密集成电路内容更新来实现。由于电路系统中存在大量的加密集成电路器件,将阻碍对进口电子设备的消化吸收、改进与升级换代,造成大量的财力与物力的浪费。

（4）不利于设备的检测、诊断与维护。据统计,各种电子元器件的工作寿命都是有限的,并且各不相同。电子设备投入使用后,发生故障在所难免。若要对设备进行元器件级的故障定位与维护,只有从根本上掌握设备的工作机制和电路的工作原理,才能进行快速、准确且具有较强针对性的故障诊断与维护。设备中的加密集成电路芯片无疑成了最大的障碍,尤其是加密器件芯片本身发生故障时,由于难以找到可替换的芯片,将无法完成设备的维修与维护。

从 20 世纪 80 年代中期开始,芯片逆向工程在集成电路工厂的设计室、大学实验室和有关集成电路的研究机构中就普遍盛行。

美国、加拿大等国家很早就开展了有关逆向分析的研究工作。例如,加拿大的 Chipworks 公司和 Semiconductor Insight 公司分别从事逆向还原工程、系统分析,以专业的逆向工程技术深入芯片内部设计与模板结构的分析。

目前在国内,一些公司及科研机构也在开展有关芯片逆向分析技术方面的研究工作。例如:上海圣景微电子有限公司在逆向工程方法学、软件工具、工艺技术等方面不断创新,在芯片逆向分析能力和效率方面达到了一定的高度。北京芯愿景公司自主研发的逆向设计电子设计自动化（Electronic Design Automation,EDA）软件现已发展成为两大系统、11 个软件模块,公司设立了以芯片去层、拍照和错误修改为核心的集成电路失效分析实验室,配置了国外性能优良的等离子刻蚀机（RIE）、光学显微镜、电子显微镜（SEM）和聚焦离子束机（FIB）等设备,满足了 90nm 工艺以上芯片的去层、拍照和电路修改等各项失效分析服务。中国科学院自动化研究所的国家专用集成电路设计工程中心在集成电路逆向分析方面有较强的技术实力,他们的逆向分析系统主要包括 3 个层次:①显微图像自动采集平台,由高精度显微镜、自动控制的纳米级平台、高精度激光测量系统等组成;②逆向分析软件平台,由图像自动采集软件、自动拼接、工程数据库管理系统、电路原理图分析系统、集成电路版图提取系统、计算机辅助逻辑功能分析系统等一系列软件组成;③工程算法库。

在非侵入式逆向分析方面,哈尔滨工程大学在加密可编程逻辑器件方面也做出了许多卓有成就的工作,对新型 PLD 解析技术涉及的相关问题做了较为深入的研究。台湾大叶大学重点展开了以 PAL、EPLD、GAL 等逻辑器件为主的非侵入式逆向分析研究。

1.2　集成电路逆向工程

针对加密集成电路芯片给进口电子装备维护或改造带来的种种不利因素,常常可想到的方法就是对加密集成电路芯片实施逆向工程(又称反向工程或逆向分析)。芯片逆向工程基本可以分为两个阶段:一是吸收,即彻底研究并掌握其布图设计,其中包括拆分、复制、测试、研究等过程,最终生成集成电路的电路布图;二是创新,即在前者的基础上开发出更先进且具有独创性的布图设计,如可在模块方案搭配和电路细节等处有新的技巧。利用芯片反向工程使得公众可以自由获取和接近有用信息,从而可以更快、更便捷、更低成本地创造出更先进的集成电路产品。

通常,独立开发一种普通的超大规模集成电路至少需要投入数百万美元,花费二至三年的时间,而对类似产品实施反向工程,再在其基础上重新设计,只要花较少的时间。如果直接复制,花费的时间可少至三至五个月。因而进行反向工程并不过分背离公平竞争原则,也符合知识产权法的立法目的,不少国家的法律也规定了逆向工程是获取商业秘密的合法手段。再者,逆向工程可以使社会公众有效地接近有用的设计信息,使他人无需再浪费时间、金钱、人力去做无意义的重复性研究工作,同时也可以限制技术者在某些领域的垄断,促进高科技产业的发展和社会的进步。

集成电路逆向工程的合法性已不再是一个具有争议性的话题,早已得到了美国、德国和英国等发达国家法律的认可,其法律规定集成电路逆向工程只要是在合理限度范围内实施的行为就不构成侵权。所谓集成电路逆向工程合理性主要包含两个方面的要求:一是为教学、评价、研究布图设计中的概念、技术,或者布图设计中采用的电路、逻辑、组织结构等内容而开展的逆向分析,或复制他人布图设计的行为,不被视为侵权;二是将分析、评价结果应用于为制作具有独创性的布图设计的行为也不被视为侵权。之所以做出这样的规定,主要是因为逆向工程在集成电路技术发展中起着极其重要的作用。

1.2.1　逆向工程的作用

集成电路逆向工程是通过一种特殊的手段获取集成电路芯片内部设计的版图或逻辑功能等信息的方法,逆向分析结果可用于复制或反向设计出被分析芯片的功能或版图设计等。毫不夸张地说,全世界几乎每一个集成电路的生产厂商都在做芯片的逆向工程,其目的是通过逆向分析他人的集成电路产品来了解其他厂商的产品发展状况,提高自己产品的技术水平,同时,也通过逆向工程来发现自行研发电子产品中是否存在设计缺陷。

集成电路逆向工程一方面可用于实现原加密集成电路芯片的替换,即用于解决非生产方对分析芯片所在电子产品的维护、诊断与改造问题;另一方面,逆向分析结果还可用于解决集成电路设计中的版权纠纷问题;再者,如果对逆向工程得出的结果做进一步分析还可以帮助完成集成电路芯片安全缺陷或漏洞的扫描检测。从已有的资料看,目前集成电路逆向分析主要的应用领域有电子设备自动测试诊断、先进电子产品设计技术的消化吸收、芯片设计缺陷发现和硬件攻击漏洞的消除等。

集成电路逆向分析除上述作用外,还可以帮助研制单位深入理解芯片的成分和制造工艺,集成电路切割示意图如图1-1所示。工艺分析主要包括金属的层数、各层金属的厚度和成分、各层通孔或氧化层厚度、通孔的成分、晶体管的SEM图像结构、衬底的隔离结构、Policide或者silicide结构、栅氧厚度、阱和有源的掺杂浓度的绝对值和相对值、沟道的掺杂浓度等。

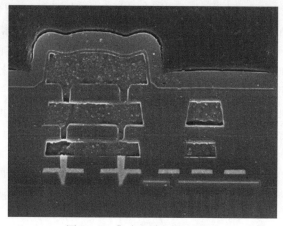

图1-1　集成电路切割示意图

1.2.2　逆向分析方法

目前,最常用的集成电路逆向分析方法主要有侵入式(Invasive Attack)、半侵入式(Semi - invasive Attack)和非侵入式(Non - invasive Attack)。

侵入式和半侵入式逆向分析法都需要破坏集成电路芯片的封装,裸露出集成电路的片芯。对于侵入式探测分析,如微探针技术,除揭开芯片物理封装外,还需要对芯片的钝化层做进一步处理,然后借助微定位工作台、精密显微镜等设备,使微探针与裸片内连线建立物理连接,进而完成对芯片内时序信号的分析测试。半侵入式逆向分析,如"无损"揭盖映像法,并不使片内连线直接暴露于外,也不使片内连线与外界夹具建立物理连接。芯片揭盖后不对钝化层进行处理,而是用带有高级摄像机的精密电子显微镜对裸片进行观察拍照,然后借助CAD工具对照片进行分析处理,分析其内部布局布线和存储位图,最后综合分析出芯片的设计。侵入式和半侵入式探测分析需要严格的实验环境和大量精密昂贵的仪器设备,需配置性能优良的等离子刻蚀机(RIE)、光学显微镜、电子显微镜(SEM)和聚焦离子束机(FIB)等先进设备,这种研究投入风险大,随着芯片制造工艺的提高该分析法也正面临诸多局限。

侵入式或半侵入式逆向分析法的共同点是需要破坏集成电路芯片的封装,然后通过显微照相的方法得到器件内部版图,或通过"搭桥"技术,接通保密位的方法直接读取芯片内部的设计位图。这类分析方法的优点是能克隆芯片内部的完整设计。但这种方法需要良好的仪器设备,对从事逆向分析人员的操作经验要求也非常高。随着集成电路特征尺寸的减小和器件复杂度的提高,侵入式或半侵入式逆向分析的开销越来越昂贵,难度也不断加大。

非侵入式逆向分析法不破坏芯片的封装、无需精密的仪器设备和严格的环境,弥补了侵入式和半侵入式两者的不足,但要求研究人员必须具有较高的逆向分析能力和扎实广泛的理论基础,以及多学科的综合知识背景。

1.3　侵入式逆向分析

侵入式逆向分析需要破坏集成电路芯片的封装,直接接触元器件的内部。用聚焦离子束或激光除去保护片芯的钝化层,以便于探针接触深埋在芯片钝化层下的内部连线。钝化层一般是硅氧化物或氮化物,其作用是保护集成电路芯片不受环境和离子的侵袭。显然,侵入式集成电路逆向分析方法需要在探针接触之前先除去这些钝化层,然后使用光学图像来重建版图,或直接用光学的方法获取存储器内的信息。

1.3.1　去芯片封装

集成电路的封装形式有塑料封装,也有陶瓷封装,封装外形也多种多样,图1-2列出了芯片封装中的几种。

图1-2　芯片封闭示意图

侵入式攻击首先需要部分或全部除去芯片的封装,以暴露硅晶粒(片芯)。打开集成电路封装的方法取决于封装的类型和后阶段逆向分析工作的需要。如对于微控制器,通常使用部分打开封装的方式,那样器件就可以放在标准的读写设备上进行读写,还可以测试。

打开集成电路的封装需要丰富的经验和多种知识,过程比较复杂,往往需要小钻、激光设备、超声波设备和化学试剂协助。如图1-3所示,用小钻在集成电路芯片上钻一个小坑,然后用强酸除去覆盖晶粒的塑料,如图1-4所示,最后用超声波清洗打开封装的集成电路,清洗完成的样品如图1-5所示。

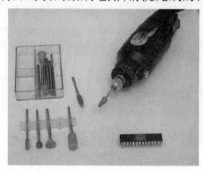

图1-3　小钻在集成电路芯片上钻一个小坑

图1-4　强酸除去覆盖晶粒的塑料　　　图1-5　超声波清洗完成后的样品

有的逆向分析方法需要彻底去除芯片外部封装,将片芯晶体完全地裸露出来,图1-6展示了芯片去除封装后仍保留PAD到管脚的引线,在此基础上逆向分析工作者可进行FIB等操作。

图1-6　去除封装的集成电路

1.3.2　逆向分析流程

1. 逆向分析过程

集成电路去除封装后,还需要去除氧化层、金属层和氮化硅保护层,然后才能开始逆向分析。逆向分析流程如下:

(1) 拍照:晶片逐层拍照,并对准拼接获得各层晶片照片。

(2) 建库:通过晶片照片提取其中的单元器件建立单元库。

（3）标注：通过单元库在晶片照片上标记单元器件及器件之间的连接关系。

（4）整理：把标注出的单元器件整理成为结构清晰的电路图。

（5）层次化：通过从上至下分析系统的逻辑,建立从系统图表到传输级电路的层次化电路图和功能模组。

逆向分析过程如图1-7所示。

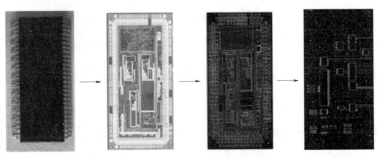

图1-7　逆向分析过程示意图

由于如今的电晶体栅极长度小于50nm,超出了光学显微镜的解析度,因此只能用电子显微镜来观察集成电路中的电晶体,这也是半导体集成电路反向分析工程是一个非常专业的行业的原因。逆向分析广泛采用如图1-8所示的专门的SEM(扫描电子显微镜)设备来对不同的层进行成像,并通过专门的软件工具将每层数千张成像图连接起来,在拼接中需尽量减少空间误差,并将这些不同的层同步组合起来以消除层与层之间对位不齐的现象。

图1-8　成像显微镜图片

完成集成电路分析意味着要拍照记录所有电晶体、层间所有连接或通孔,以及各层所有内部连接。各层照片如图1-9所示。然后把它们标注、建库、层次化整理成设计工程师都可以看懂的电路原理图。通常做法是依次提取出各线路模组,然后按照要求将各模块相互关联后才能得到完整的原理图。

聚合层

金属层1

金属层2

金属层3

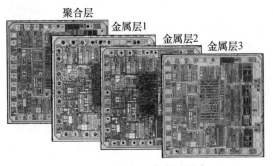

图1-9　集成电路分层照片

2006 年 Chipworks 公司利用侵入式逆向分析法分析了三星手机 CMOS 影像感测器(CIS),逆向分析过程的第一步是从手机上将摄像模组取下并拆解,过程如图 1-10 所示。此款 CMOS 影像感测器是三星公司较新的 S5K3BAF 2 Mp CMOS 影像感测器,是一款非常先进的感测器,图元尺寸非常小,只有 2.85μm×2.85μm。

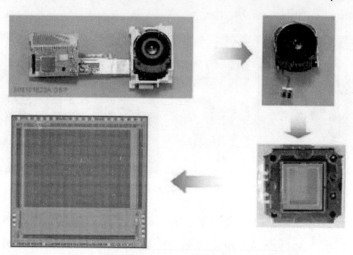

图 1-10　手机摄像头 CMOS 影像感测器的拆解过程

拆解到 CMOS 成像器的裸片后,接着进行晶片分析,该部件的一个分析重点是仔细检查图元。2006 年 3 月 31 日,Chipworks 公司公布了 CMOS 影像感测器模组的分析结果,如图 1-11 和图 1-12 所示,并在该模组中首次发现其运用了 130nm 铜制程的 CIS 技术。

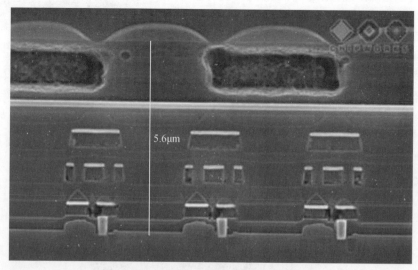

图 1-11　三星 1.3 百万个图元铝金属 CIS

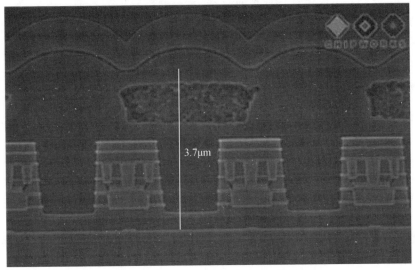

图 1 - 12 三星 2 百万个图元铜金属 CIS

2. 逆向分析面临的若干问题

侵入式逆向分析除了去封装、去保护层外,还包括电路提取和电路理解两部分工作。一次集成电路成功的逆向分析,快速准确的电路提取、高效的电路整理和分析缺一不可。集成电路逆向工程的难易程度和电路规模、电路类型、制造工艺等很多因素有关。对有些不常见的集成电路模版要设计专门的逆向分析流程。例如,分析某一枚芯片中如果有很多重复模块且这些模块又不完全相同,要快速找出这些重复类似模块的共同点、区别和规律,需要有科学的逆向分析流程和优秀的逆向分析工具的支持;另外,被分析芯片的资料丰富与否也直接关系到该芯片分析的难易程度。在逆向分析中集成电路芯片各层拍摄的图像质量也对集成电路逆向分析是否成功影响很大。

逆向分析过程中针对标准单元电路网表的提取速度较快,定制电路易于进行逻辑整理和功能分析;Analog 电路越来越多改为混合信号(Mix - signal)设计,常见的电路结构是 ADC→Signal Process→DAC(A/D 转换→信号处理→D/A 转换)。集成电路中数字电路部分所占比例越来越高,且数字电路较多用标准单元实现,这部分电路由于规模通常不太大且部分为人工设计(非逻辑综合),分析不太困难;对于逻辑结构相对明确的芯片如 CPU、DSP 等集成电路,逆向工程分析难度较小,而包含有复杂算法或者协议的集成电路芯片,逆向分析则比较困难;对于包含大量寄存器的电路,由于不知道其内部功能定义,所以分析起来比较困难。异步时序电路比同步时序电路的分析困难得多,对于同步时序电路,深亚微米或者时序(Timing)严格的芯片由于时钟往往缺乏规律,分析比较困难;包含有 BIST(边界扫描测试)电路的芯片更难分析,因附加的测试电路会干扰芯片正常功能的分析;Bipolar 及

BiCMOS 电路和 CMOS 电路相比提取复杂,主要原因是器件类型比较多,某些器件的辨识比较困难;逆向分析中还需要考虑到为了增加逆向工程的难度而有意加入的工艺和电路陷阱;另外,对电路的逆向工程目前还只能进行到层次化电路图级别,还不能回溯到诸如 Verilog 语言源码级乃至行为级的描述。

1.3.3　侵入式逆向分析工具

侵入式逆向分析需要打开集成电路的封装,去除氧化层、金属层和氮化硅保护层。去除集成电路封装和剥离各层的方法主要有湿式化学蚀刻、RIE 离子干蚀刻和机械研磨等方法。需要的工具如成像工具、软件处理工具和去封装工具等,成像工具主要包括高倍显微放大和摄像工具以及辅助成像的染色试剂等;软件工具主要包括图像采集,视图拼接和综合处理等;去封装工具包括小钻、激光设备、超声波设备、化学试剂和 RIE 离子蚀刻机等。

集成电路芯片封装去除后,在一些化学试剂中溶解,相应的芯片上的金属、多晶硅等会因为材料不同而显现出不同的颜色,再用电子显微镜拍下照片,传到电脑中。通过对芯片制造时的所有层次进行逐层剥离,然后利用高倍显微放大和摄像技术成像,便可以获取所有晶体管的位置和相互关联的信息,最后对得到的芯片各层版图信息进行分析处理来重建版图,或直接用光学的方法获取存储器内的信息。

模拟类型芯片进行分析时还需要分析 P 阱和 N 阱的分布情况,用化学试剂对阱区进行染色,根据不同的颜色就可以区分 P 阱和 N 阱工艺。ROM 存储模式中有大部分是利用离子注入的方式来区分 0 和 1,根据染色就可以读取 ROM 中存储的 0 和 1 代码。

侵入式逆向分析最重要的工具是微探针站,由显微镜、工作台、元器件测试座、显微镜操作器和探针等五部分组成。通常显微镜有三到四个物镜来调节不同的放大倍数和聚焦深度。探针主要是用来捕获或注入信号。如果不经过探针直连到示波器,通常会有较大的电容和较低的阻抗,容易对集成电路造成损毁,因此,为了探测芯片内部的信号,需要使用探针方式,除非用在带缓冲的总线上。有源探头就可以连到焊盘上,它有很大的带宽,较低的电容和较高的阻抗。图 1 – 13 是一种 JVC 生产的微探针站。

对于大部分集成电路的逆向分析应用来说,1μm 精度的工作台已足够,但对于 0.18μm 以下特征尺寸的硅片进行逆向工程时,带 CCD 摄像头的光学显微镜是一个极为重要的工具,用它来获取高分辨率的芯片版图图像,如果光线不能透过芯片,显微镜就需要使用反射光源

图 1 – 13　JVC 生产的微探针站

才能保证图像清晰,版图图像不能有几何失真,否则无法进行版图对接。

　　针对掩模 ROM 存储器信息的逆向分析可用光学仪器直接读取,如在 MC68HC705P6A 微控制器中的 ROM 存储器,可以使用 500 倍的显微镜直接读出其存储的内容。MC68HC705P6A 内部掩模 ROM 照片如图 1 - 14 所示。

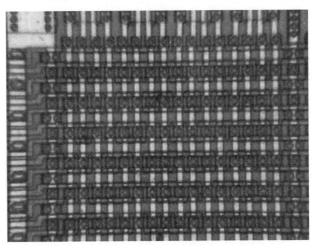

图 1 - 14　MC68HC705P6A 内部掩模 ROM 照片

1.4　非侵入式逆向分析方法

　　非侵入式逆向分析不需要破坏芯片封装,逆向分析时可以把元器件放在测试电路中分析,也可单独连接元器件。这种逆向分析方法不会留下任何痕迹,分析过程安全可靠。非侵入式逆向分析可以是被动的也可以是主动的。被动逆向分析,也称侧面逆向分析,不会对被反向分析的元器件施加任何信号或激励,这种逆向分析方法通常是观察它的工作时序信号和电磁辐射,如功耗分析和时钟分析等。主动逆向分析,如脱机式穷举和噪声分析,特点是将信号加到元器件上,由示波器或逻辑分析仪捕捉器件的响应,再对所有信号进行分析。

　　较为成熟的方法主要有噪声式、脱机式、在线式、直读式和电磁辐射式等逆向分析方法。

1.4.1　噪声式逆向分析法

　　噪声式逆向分析方法是向分析芯片输入噪声以影响它的正常运行,也称错误注入提取法。错误注入提取法是通过使用异常错误工作条件来强制处理器出错,然后提供额外的访问来进行内置程序代码的攻击提取。这种方法中使用最广泛的错误注入提取攻击手段包括电压冲击噪声和时钟冲击噪声。低电压和高电压攻击可用来禁止保护电路工作或强制处理器执行错误操作,如在处理器中影响单条指令的解码和执行,强迫转向执行提取片内程序代码的执行。

噪声可以是外加的电场或电磁脉冲,也可以叠加在电源或时钟脉冲上。噪声引入后,被分析的芯片在工作时会产生异常,影响芯片里的某些晶体管,导致工作发生错误,如果是处理器就会执行许多完全不同的错误指令,逆向分析过程利用其错误执行指令收集内部程序和数据,就可实现其逆向分析的目的。

基于时钟信号的噪声逆向分析法使用较多,这种分析方法通常是针对处理器的指令流的。对硬件执行时采取安全保护的微控制器没有什么效果。实际中,仅使用时钟噪声来攻击微控制器的软件程序接口。

下面以 MC68HC05B6 微控制器为例介绍基于时钟信号的噪声逆向分析,该处理器有掩模的自启动代码以防止安全位被置位后代码上传出来。负责安全的自启动模块代码如下:

```
LDA#01h
AND  $0100 the contents of the first byte of EEPROM is checked
loop:BEQ loop endless loop if bit 0 is zero
BRCLR 4 , $0003 , cont test mode of operation
JMP  $0000 direct jump to the preset address
cont:LDA #C0h
STA  $000D
CLR  $000E
BSET 2 , $000F
LDX #50h;initialize the serial asynchronous port
wait:BRCLR 5 , $0010 , wait upload user code
LDA  $0011
STA x
INCX
DEC  $0050
BNE wait
JMP  $0051 jump to the user code
```

在该微控制器中它会检查 EEPROM 中的第一字节的位 0 的值,如果是"0",表示安全熔丝已被编程,处理器就进入该程序安全模块的循环状态。如果处理器在循环模块里每次只执行一条指令,逆向分析时可用不同的时钟噪声导致处理器误操作。时钟噪声不需要与时钟信号同步,只需要随机制造噪声,在数次攻击中导致处理器误操作即可。插入噪声无需使用外部发生器,瞬间短路晶振即可。当谐振器在不同的泛音上产生震荡就会发出很多噪声。噪声一旦导致处理器误操作就会跳过保护自启动模块,将内部设计的程序和数据转送出来。

电源噪声逆向分析是通过对集成电路芯片的供电电压产生波动的方法导致片

内晶体管阈值电平发生漂移,并在不同的时间里采样片内的一些触发器的输入和输出。电源噪声通常用在微处理器的程序接口上,能影响处理器运行或硬件安全电路。如时钟逆向分析中提到的一个例子 MC68C05B6,如果在执行 AND ＄0100 指令时电源电压减少 50% ~ 70%,处理器从 EEPROM 中取出的值是 FFH,而不是实际的值。这时对应熔丝处于未加密状态,便可直接读取内部程序和数据。

1.4.2　脱机式"黑箱"逆向分析法

脱机式"黑箱"逆向分析法又称"黑箱功能等价"法。这种方法需要将目标分析芯片从原电路系统剥离,放入模拟考查环境,运用黑箱理论,将目标芯片看成一只黑箱,通过外部激励输入和采集响应的方法,实现对加密集成电路芯片电路类型及引脚属性的判别,根据引脚属性的判别结果再对芯片施加考查的输入信号,然后采集其输出响应信息,最后对采集到信息进行综合分析处理,生成描述加密集成电路芯片输入输出间关系的功能描述结果,完成芯片的功能分析。

脱机式"黑箱"逆向分析法的实质是完全穷举,即对集成电路芯片可能的所有工作状况进行输入信号的全集模拟。从理论层面上看由于模拟环境完全可控,可以提供对加密集成电路所有可能的输入激励信号,完成对分析芯片的穷举考查,目标芯片在实际电路系统中正常工作时的集合只是黑箱考查信号集合的子集,因而分析复制出的芯片完全能代替原芯片在系统上正常工作。

由于脱机式"黑箱"逆向分析法分析芯片时完全模拟了器件在正常工作电路系统中的运行环境,所以整个集成电路逆向分析过程安全可靠,而且与芯片的生产厂家、批号以及生产工艺等均无关。但是,这种方法也有两个缺点:一是需将目标芯片从系统中取下来,置入到一个专门设计的仿真工作环境中,再对其施加特定激励序列信号,并采集其输出响应,然后进行处理;二是采集和处理的数据量随芯片引脚数的增加呈指数增长,随着逻辑器件结构越来越复杂、规模越来越庞大、引脚数越来越多,这不仅使得空间需求矛盾十分突出,而且使完成时序状态机的状态采集所花的时间也变得十分漫长,即使采集完成,面对超大容量数据的逻辑综合处理也变得非常困难。

1.4.3　在线式逆向分析法

"在线式"就是目标芯片不从原设备上取下来,只是用采集设备(如高档逻辑分析仪)实时采集目标芯片在原电路系统中正常工作时的波形数据,然后根据采集到的工作集波形数据进行引脚属性的判别与逻辑综合处理,从而综合分析得出目标芯片正常工作时的等价功能。

在线式逆向分析方法的最大优点是采集的数据是芯片正常工作时的数据,采集和处理的数据集和脱机式"黑箱"法相比数据的集合相对较小,此法只针对有用引脚的有用信号进行分析,所以在线式逆向分析法在一定程度上并不受芯片引脚数的限制。但是,要从实时采集的数据集复制出完全等价的芯片功能是有困难的,主要原因是在线式逆向分析法是一种被动探测芯片内部功能的方法。要完整地记录芯片的每一个工作周期,其采集记录的数据可能会出现重复、无序、离散的情形,数据量也可能会十分庞大,分析处理的难度也会随之增加。在线采集到的是杂乱无序的原始数据,要从这些数据准确地判明待解芯片的电路类型及引脚属性,其算法设计也有相当的难度。再者,有些特殊功能如果在采集过程中没有表现出来,就会存在功能分析不完全的问题。

1.4.4 直读式逆向分析法

直读式逆向分析是采用特定的方法,对目标芯片编程加密位或加密算法位(如果存在)进行还原处理,将集成电路内部设置的加密位或保密位复位,恢复到未加密前的状态。换句话说,就是使集成电路芯片的加密机制失效,然后按照特定的时序读出芯片内部的程序和数据;或者对芯片施加噪声序列,干扰芯片内部安全保护电路正常工作的同时读出芯片内部的程序和数据;或者在芯片正常工作时使用非正常的外部条件使芯片产生错误,迫使其为芯片分析者提供更大的控制权限。如在半导体芯片外部加高压信号(通常是两倍于电源电压)到芯片引脚上,大多数器件便可进入工厂测试或编程模式。事实上,这些引脚用数字万用表很容易发现,因为它们没有保护二极管连到电源引脚。一旦发现对高压敏感的引脚,逆向分析人员就可以尝试可能的逻辑信号组合来加到别的引脚上,找出用于进入工厂测试或编程模式的部分引脚。逆向分析人员也可用元器件的通信协议来找出设计者嵌入在软件中的测试和更新时使用的隐藏功能。这些功能接口是芯片制造商经常提供给后期测试时使用的嵌入硬件测试接口。逆向分析人员很容易利用它来读写片上存储器内容。

任何安全系统,不管软件和硬件,在设计上都可能有缺陷,对于逆向分析人员来说就是机会,直读式逆向分析有可能找到它。缺陷攻击通常使用处理器和固件的通信接口,利用通信协议、加密算法和算法中的安全漏洞来进行内置程序提取。如早期 Atmel 公司生产的某系列微控制器其擦除操作时序设计上存在缺陷,即擦除加密锁位的时间和程序区时间上存在差异,使用自编程序在擦除加密锁位后,停止下一步擦除片内程序存储器数据的操作,便可使加密的处理器变成未加密的状态,然后直接提取片内程序;再如,美国高级电路设计公司(Advanced Circuit Designs Inc.)研究开发的利用处理器通信接口存在的设计缺陷可以直接提取加密处理器片内程序代码。Intel、Atmel、AMD 等公司生产的多款处理器芯片均有类似的设计缺陷,利用该方法都可以直接完成内嵌程序的读取。

1.4.5 电磁辐射式逆向分析法

大多数电子设备是靠高频脉冲电路工作的,由于电磁场的变化,必然要向外辐射电磁波,因此伴随着信息输入、传输、存储、处理、输出、显示等过程,有用信息会通过寄生信号向外泄漏。例如,各种印制电路板,各部件之间的电源、信号接口与连线,数据线、接地线、驱动电路等都可以产生程度不同的电磁辐射。测试结果表明:CPU、内存、I/O 接口、时钟、视频、传输线、电源线等部位都有较强的电磁辐射,且计算机的寄生辐射和传导所造成的电磁泄漏具有很宽的频谱,在辐射频谱中,所包含的信息也各不相同,包括时钟信息、数据信息、视频信息等,用灵敏度较高的专用接收机可以有效地截收。从理论上讲,这些信息都是可以被接收和解译的。

但是,屏蔽技术、干扰技术、滤波技术等防电磁泄漏技术的发展,也给通过截获电磁辐射信号来分析解剖目标系统带来了极大的困难。

参 考 文 献

[1] John Kelsey, Bruce Schneier, David Wagner, et al. Side Channel Cryptanalysis of Product Ciphers[J]. Journal of Computer Security, 2000, 8(2): 141 – 158.

[2] Chevallier – Mames B, Ciet M, Joye M. Low – cost solutions for preventing simple side – channel analysis: Side – channel atomicity[J]. IEEE Transactions on Computers, 2004, 53(6): 760 – 768.

[3] Markus G Kuhn. Cipher Instruction Search Attack on the Bus – Encryption Security Microcontroller DS5002FP [J]. IEEE Transactions on Computers, 1998, 47(10): 1153 – 1157.

[4] Dimitrios L Delivasilis, Sokratis K Katsikas. Side Channel Analysis on Biometric – based Key Generation Algorithms on Resource Constrained Devices[J]. International Journal of Network Security, 2006, 3(1): 44 – 50.

[5] Sergei P Skorobogatov, Ross Anderson. Opticail Fault Induction Attacks, Cryptographic[A]//Hardware and Embedded System Workshop(CHES – 2002)[C]. LNCS, Springer – Verlag, 2002, 2532: 2 – 12.

[6] Sergei P Skorobogatov. Semi – Invasive Attacks—A New Approach to Hardware Security Analysis[D]. University of Cambridge Computer Department PHD Thesis, 2004.

[7] Howard B Rockman. Intellectual Property Law for Engineers and Scientists[M]. IEEE PRESS, 2004: 425 – 428.

[8] Chipworks Structural Analysis Reports[EB/OL]. http://wenku. baidu. com/link? url = Y11Aq 7CJhxtOmQCb bI1znbI9MuaY5haGvoOK1AChjTHAdW4jg8zeqWQoEABpZigeb _ rGqza0xtd50CEwp1 – WDcDIrKi0OBdO6B _ yyq84k0_. 2013 – 01 – 25.

[9] About Chipworks[EB/OL]. http://www. chipworks. com/cn/about – chipworks.

[10] Sergei P Skorobogatov. Semi – invasive attacks A new approach to hardware scurityanalysis[EB/OL]. http:// www. cl. cam. ac. uk/ ~ sps32/phd. html.

[11] Carol Marsh, Tom Kean. A Security Tagging Scheme for Application Specific Intel Lecture Property Cores[EB/ OL]. http://www. design – reuse. com/articles/ 15105/ a – security – tagging – scheme – for – asic – designs – and – intellectual – property – cores. html.

[12] 周宝华,胡永楠,等. 可程式逻辑元件逆向工程之研究[J]. 大叶学报,2001,10(1):79 – 86.

[13] 马光圣,王馨迪,等. 新型 PLD 解析技术相关问题研究[J]. 应用科技,2000,27(10):18 – 20.

[14] 聂瑞清,肖梓祥,等. 在线式 PLD 器件解析技术研究[J]. 信息工程大学学报,2001,2(3):136 – 138.

[15] 姚海平. 芯片反向工程的深入剖析和再认识[J]. 集成电路应用,2004,20(6):12 – 16.

[16] 蒋平,李冬静. 信息对抗[M]. 北京:清华大学出版社,2007.

[17] 韩筱卿,王建锋. 计算机病毒分析与防范大全[M]. 北京:电子工业出版社,2006.

[18] 杨延辉,魏少军. 集成电路安全与系统科学思想的思考[EB/OL]. http://www. docin. com/p –

615622624. html.

［19］孟晓风,王国华,等.基于证据理论的 TPS 诊断性能综合评定［J］.北京航空航天大学学报,2006,32 (11):1324-1327.

［20］姚维保,韦景竹.我国集成电路产业的知识产权战略［J］.知识产权.2003,13(4):44-46.

［21］浅析芯片反向工程［EB/OL］. http://www. gotoic. net.

［22］2006 全球 IC 市场分析与预测高峰论坛［EB/OL］. http://www1. eccn. com/sym/060413/notice. asp.

［23］圣景微电子(上海)有限公司. http://www. eet-china. com/STATIC/SITE/SANGUINE. HTM.

［24］反向工程在未来的企业竞争中必不可少［EB/OL］. http://www. sciencetimes. com. cn/sbhtmlnews/ 200791205232232189324. html.

［25］集成电路布图设计保护条例［EB/OL］. http://www. sipo. gov. cn/zcfg/flfg/qt/xzfg/200804/t20080403_ 369209. html.

［26］姚海平.芯片反向工程的深入剖析和再认识［EB/OL］. http://www. cqvip. com/qk/96085X/200406/ 10489836. html.

［27］林强.芯片反向工程的研究与发展［EB/OL］. http://www. sootoo. com/content/398786. shtml.

［28］北京芯愿景软件技术有限公司. http://www. cellixsoft. com/cellixzh/Laboratory/introduce. html.

［29］谢国伟.集成电路发展史［EB/OL］.香港浸会大学. http://www. 942radio. com/Museum/57311486- 747f-4a6e-a728-81475a13df88. html.

第 2 章　加密器件内部结构

2.1　加密可编程逻辑器件的基本结构

可编程逻辑器件(Programmable Logic Device,PLD)起源于 20 世纪 70 年代,其主要特点是完全可以由电路系统设计者根据电路需要通过软件工具配置和编程,大多数可编程逻辑器件可以反复擦除、重复使用、重新设计,在修改和升级 PLD 内部功能时,不需修改原有外部电路,只需将新的逻辑功能程序编程进入 PLD 芯片便可。PLD 集成电路的出现彻底改变了硬件工程师传统设计电路系统的方法,真正意义上实现了从上至下的电路或系统的设计方法,也把硬件设计工作转化为软件开发,缩短了系统设计周期,实现了系统积木式设计,提高了系统设计的灵活性,因此,获得了硬件设计人员的广泛青睐。

可编程逻辑器件主要分为传统可加密型 PLD 和现场可编程门阵列(Field - Programmable Gate Array,FPGA)两大类。近年来,一些厂家相继推出了新的可编程逻辑器件实现技术,如 FPGA 就采用了反熔丝(Anti - fuse)实现技术和基于 Flash 的实现技术等。FPGA 采用新的实现技术后,除具有 FPGA 原有布线能力强、系统速度快、功耗低等优点外,还具有了传统 PLD 抗辐射能力强、可以加密(传统 FPGA 不加密)的特点。伴随着传统 PLD 和 FPGA 实现技术的相互融合,进一步模糊了 PLD、CPLD 和 FPGA 的区别,在电子设计领域已很难明确区分它们之间的界限,故在本书后面章节的相关论述中,如无特殊说明,PLD 泛指传统的 PLD、CPLD 和 FPGA。

可加密 PLD 按密度可以划分为低密度可编程逻辑器件(Low Density PLD,LD-PLD)和高密度可编程逻辑器件(High Density PLD,HDPLD)。LDPLD 主要包括可编程只读存储器(Programmable Read Only Memory,PROM)、可编程逻辑阵列(Programmable Logic Array,PLA)、可编程阵列逻辑(Programmable Array Logic,PAL)和通用阵列逻辑(Generic Array Logic,GAL)等。HDPLD 主要包括可擦除可编程逻辑器件(Erasable Programmable Logic Device,EPLD)、复杂可编程逻辑器件(Complex PLD,CPLD)和 FPGA 等器件。

不同厂家生产的不同密度的可编程逻辑器件虽然都可以实现不同用户所需要的各种逻辑功能需求,但其实现方式和内部结构却各不相同。最具代表的结构主要有两种:一是基于“与/或”阵列的结构;二是基于“门”阵列的结构。在实现时序逻辑电路设计时两种结构对时钟输入选择控制上的处理方法是不同的。下面对可编程逻辑器件内部结构进行介绍。

2.1.1 基于"与/或"阵列的结构

基于"与/或"阵列的 PLD 器件主要包括 PROM、PLA、PAL、GAL、EPLD 和 CPLD 等,这种结构的逻辑器件在实现用户逻辑功能时是通过对"与/或"阵列编程来完成的。第一个现场可编程逻辑电路是 PLA,其结构如图 2-1 所示。若根据"与/或"阵列编程的不同组合来分,还可进一步细分为:"与"阵列固定"或"阵列可编程的 PROM 结构;"与"阵列可编程"或"阵列固定的 PAL 结构;"与/或"阵列均可编程的 PLA 结构。一个 PLA 包含两级逻辑门:一个是可编程的"线与"逻辑,另一个是可编程的"线或"逻辑。PLA 结构允许其任何输入(或它们的补),在与平面中逻辑"与"在一起,因此,每个"与"平面输出可以对应任一输入的积项。同样,用户还可以配置每个"或"平面输出生成任何"与"平面输出的逻辑"或"。PLA 结构非常适合以"积和"形式实现的逻辑功能,主要缺点是制造费用和差强人意的高速性能。在 20 世纪 70 年代可编程逻辑器件制造较难,而且还会引入明显的传播延迟。为了改进 PLA 存在的不足,PAL 结构应运而生。PAL 结构如图 2-2 所示,和 PLA 结构相比,PAL 结构只有"与"阵列可编程,而"或"阵列是固定不变的。为了弥补固定"或"阵列不可编程导致的通用性不足的问题,PAL 器件出现了带有不同输入端口数的"或"门结构。

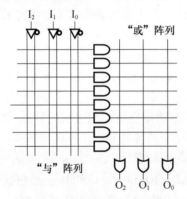

图 2-1 "与/或"阵列基本结构

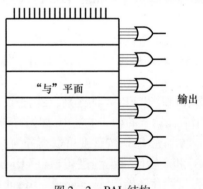

图 2-2 PAL 结构

通过对"与/或"阵列进行编程,数字系统工程师可以方便地实现所需要的逻辑功能设计,但这种简单的 PLA、PAL 结构还不能满足设计者对芯片引脚按需定义分配的需要,为此,可编程逻辑器件生产商在"与/或"阵列结构的基础上又引入了输出逻辑宏单元(Output Logic Macro Cell,OLMC)结构,如图 2-3 所示。通过对 OLMC 编程,可实现不同的输出方式,真正实现了集成电路从功能设计到引脚定义分配的任意设计。GAL、EPLD 和 CPLD 以后的可编程逻辑器件都具有这种结构。

可编程逻辑器件如果根据输出使能(OE)引脚是否可编程又可分为 OE 固定型和 OE 可编程型。

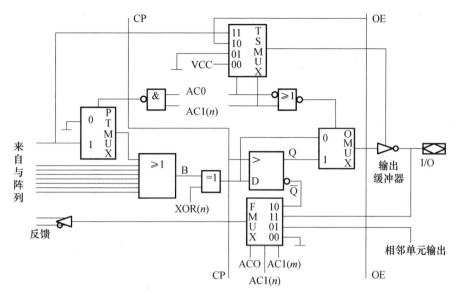

图 2 - 3　输出逻辑宏单元(OLMC)结构

1. OE 固定型

OE 固定型逻辑器件结构的特点是 OE 固定、时钟固定、无异步复位和同步预置。寄存器和组合电路 OE 固定型的宏单元的配置如图 2 - 4 和图 2 - 5 所示。

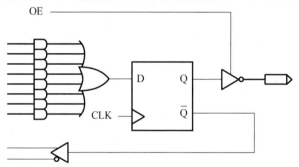

图 2 - 4　OE 固定型芯片寄存器配置

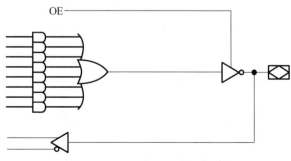

图 2 - 5　OE 固定型芯片组合配置

从图2-4和图2-5可以看到,寄存器模式下其三态门的高阻抗输出控制端的输入是由固定引脚直接作为 OE 的控制输入,触发器的 CLK 时钟输入也是由固定引脚的输入来直接控制所有的触发器。而在组合模式下其三态门 OE 控制端的输入则是一个积项。两种模式都存在反馈输入,区别在于组合模式下的反馈信号是在芯片引脚上可观察到反馈信号,寄存器模式下的反馈信号由寄存器输出端直接反馈,外部输出引脚无法直接观察到反馈信号的变化情况。针对这两种类型的集成电路芯片进行逆向分析时,难度相对较小,如果集成电路被设置成完全组合模式的功能结构,则 PLD 实现的都是基本组合逻辑功能,响应信号完全由输入激励控制,集成电路内部没有预置和记忆功能,所以逆向分析过程比较简单。如果芯片实现的是同步时序配置,那么芯片逆向分析过程将比组合配置的稍微复杂一些。但是,由于三态门的 OE 端及触发器的时钟输入均是固定的,所以在逆向分析过程中很容易判别出时钟与 OE 控制的输入引脚,正确判断出时钟和 OE 控制的输入引脚是 PLD 芯片逆向分析过程中非常关键的一步。因为时钟与 OE 都直接控制着芯片的输出结果,如果这两个引脚不能确定,那么在分析时序电路时就不可能获得正确结果。另外,这种结构的 PLD 芯片其内部也没有异步复位和同步预置设置,因此,在逆向分析时可以完全排除输出被复位或者受特殊初始状态影响的情况。

2. OE 可编程型

OE 可编程型 PLD 芯片的特点是三态控制输入端的输入可以通过编程来实现,即可以是一个乘积项来实现。换句话说,OE 控制可以由多个引脚不同组合来实现。PLD 集成电路中的宏单元都有一个专门的乘积项可作为输出端的高阻控制,这种结构的 PLD 一般具有异步复位和同步预置功能。OE 可编程型 PLD 的宏单元配置成触发器和组合电路三态输出的结构如图2-6和图2-7所示。

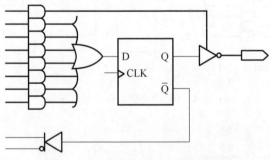

图2-6 OE 可编程型芯片寄存器配置

从图2-5中可以看到这类 PLD 器件的触发器模式其 CLK 输入也是由固定引脚输入实现的。这种结构同 OE 固定型 PLD 芯片相比,唯一的区别是三态门的 OE 控制输入端由可编程的乘积项来决定,而在 OE 固定型的 PLD 芯片中,三态门的 OE 控制输入端由一个固定的引脚实施控制。OE 可编程型就是三态控制端的输入引脚不再固定,且芯片内部每个宏单元都可能有一个独立的控制端,相互之间的

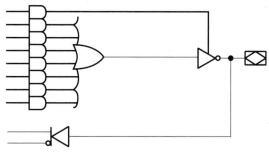

图 2 – 7　OE 可编程型芯片组合配置

OE 输入乘积项可以不同。这种 PLD 芯片结构提供的可编程功能明显比 OE 固定型芯片的更多更复杂,因此,在无损逆向分析时准确判定出各个 OE 引脚有一定的难度。不过由于这类芯片的 CLK 引脚是固定的,因此在逆向分析过程中确定 CLK 是否存在时钟输入是比较容易的,固定引脚作为 CLK 输入,对无损逆向分析时序逻辑芯片输入时钟的判定来说难度明显降低。

2.1.2　PLD 的时钟结构

　　PLD 不仅提供了可编程的逻辑功能和引脚分配,还同时提供了可编程设置时序时钟,时钟输入信号可以根据需要编程选择为时钟输入或正常输入,PLD 设计为纯组合电路时无需时钟输入,当把 PLD 设计成时序电路工作时通常有两种类型时钟配置方式:一是全局时钟配置;二是乘积项时钟配置。乘积项时钟是指由多个外部引脚组合成的乘积项作为芯片时序电路的工作时钟。由于 PLD 芯片在设计成时序逻辑电路中时钟类型是可编程配置的,因此逆向分析时需要正确判定时钟配置的类型。

1. 全局时钟

　　在 PLD 器件设计中全局时钟的实现往往由某一专用的输入引脚来担任,全局时钟控制设计中的每一个触发器,如图 2 – 8 所示。它直接连到器件中的每一个寄存器。这种全局时钟提供器件中最短的寄存器触发时钟延时。

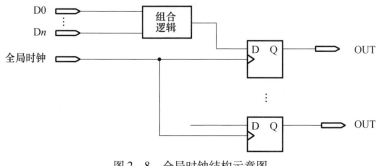

图 2 – 8　全局时钟结构示意图

2. 乘积项时钟

在许多应用中,整个设计项目都采用外部的全局时钟是不可能也是不切实际的。PLD 具有乘积项逻辑阵列时钟结构,允许配置任意函数独立地控制各个触发器,乘积项时钟结构如图 2 - 9 所示。

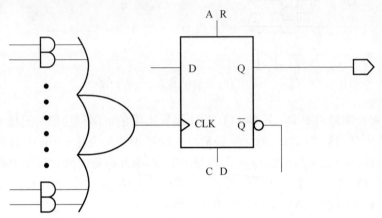

图 2 - 9   乘积项时钟结构示意图

这种时钟结构允许设计者组合多个输入引脚的逻辑功能作为触发器的时钟输入,每个触发器可独立配置不同的时钟。显然,这种乘积项作为时钟输入的结构使 PLD 的设计更加方便灵活,全局时钟结构完全可看成是乘积项时钟结构的一种特殊形式。乘积项时钟输入结构和全局时钟结构的混合使用也大大加大了逻辑逆向分析过程中对时钟输入类型的判定难度。

2.1.3   基于乘积项的 CPLD 结构

CPLD(Complex Programmable Logic Device,复杂可编程逻辑器件)是从 PAL 和 GAL 器件发展出来的器件,其规模更大,结构更复杂,属于大规模集成电路范围。CPLD 多是基于乘积项(Product Term)的结构,且基本都是由 EEPROM 和 Flash 工艺制造的,一上电就可以工作。采用这种结构的 CPLD 芯片主要有:Altera 公司的 MAX7000、MAX3000 系列(EEPROM 工艺),Xilinx 的 XC9500 系列(Flash 工艺)和 Lattice 的 ispLSI 系列、Mach 系列及 Cypress 的大部分产品(EEPROM 工艺)。

CPLD 的结构从本质上看也是从简单的 PLD 演化而来的,但 CPLD 的结构同简单 PLD 的结构相比提供了更大的"与"阵列和更灵活的输出结构。CPLD 由可编程逻辑的功能块围绕一个可编程互连矩阵构成。由固定长度的金属线实现逻辑单元之间的互连,并增加了 I/O 控制模块的数量和功能。可以把 CPLD 的基本结构看成由可编程逻辑阵列(LAB)、可编程 I/O 控制模块和可编程内部连线(PIA)等三部分组成。从实质上看,CPLD 基本上是扩充了原始的可编程逻辑器件 PAL 结构,虽然不同厂家生产的 CPLD 结构都很相似,都有百分之百的布通率,但可编程互连矩阵、时钟等方面还是有一定差别的。

1. AMD 公司的 Mach 系列 CPLD 内部结构

AMD 公司研发的 CPLD 系列包括 Mach 1 ~ Mach 5 共 5 个系列。每个 Mach 器件由多个类 PAL 块(或者优化的 PAL)组成。Mach 1 和 Mach 2 由优化的 22V16 PAL 组成,Mach 3 和 Mach 4 由几个优化的 34V16PAL 组成,Mach 5 与 Mach 3 和 Mach 4 相似,只是它提高了高速性能。所有的 Mach 芯片都使用 EEPROM 技术,下面以 Mach 4 为例来介绍其内部结构。

Mach 4 由 6 个类 34V16PAL 块组成,类 PAL 块间的所有连接(甚至是自相连)都经过中央开关矩阵实现。如图 2 – 10 所示,它有 16 个输出,34 个输入(其中 16 个是反馈输出),它的块与普通的 PAL 块有两大区别:①具有“与”阵列和宏单元(宏单元包括一个“或”门,一个“异或”门和一个触发器)之间的乘积项(PT)分配器;②增加了“或”门和 I/O 管脚之间的输出开关矩阵,使 Mach 4 更容易灵活编程使用。因为乘积项分配器可以把“与”阵列的乘积项方便地分配和共享给需要它们的“或”门,比 PAL 中固定数量的“或”门输入具有更多的灵活性。输出开关矩阵使任何输出宏单元输出(“或”门或触发器)驱动任何 I/O 管脚与类 PAL 块连接,提供了比 PAL 更大的灵活性,PAL 中,每个宏单元只能驱动一个特定的 I/O 管脚。Mach 4 的系统中可编程性和高灵活性的结合更容易支持硬件设计的变化。

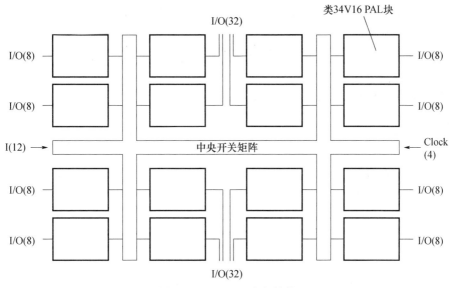

图 2 – 10　Mach 4 内部结构

1) PAL 块

PAL 块可以认为是芯片内相对独立的 PAL 模块,如图 2 – 11 所示。它具有的逻辑功能需要像 PAL 器件一样完整地连接。只有通过开关矩阵,PAL 块之间才能通信。每个 PAL 块由“与”阵列、乘积项分配器、输出/埋置宏单元、输出交换矩阵和 I/O 单元组成。"与"阵列产生基本逻辑,每个宏单元的乘积项数是可变的。乘积项分配器将乘积项分配到设计所需要的宏单元中。

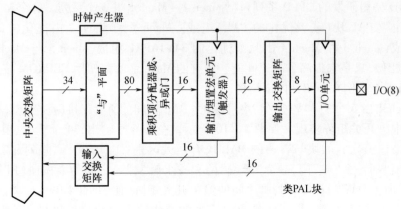

图 2-11 类 PAL 结构

2）开关矩阵

开关矩阵接收所有专用输入和来自输入开关矩阵的信号,并将它们接到所需的 PAL 块。只返回到同一个 PAL 块的反馈信号仍必须经过开关矩阵。这种机制保证了 Mach 中的 PAL 块间相互通信时都具有一致的、可预测的延迟。

3）乘积项阵列

乘积项阵列由形成逻辑关系的许多乘积项组成。"与"门的输入来自开关矩阵,输入信号为互补形成,便于实现逻辑关系。Mach 4 系列一般由 80 个逻辑乘积项组成,8 个乘积项用作输出使能,2 个乘积项用于 PAL 块全局初始化。

4）逻辑分配器

逻辑分配器框图如图 2-12 所示,把 80 个乘积项分配到需要它们的 16 个宏单元中。每个宏单元在同步模式下最多可分配 20 个乘积项,在异步模式下可分配最多 18 个乘积项。

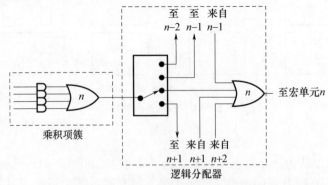

图 2-12 Mach 系列逻辑分配器示意图

5）宏单元

Mach 系列宏单元可设置为输出型和隐埋型。宏单元设置为输出型时可设置为触发器型、锁存型或组合类型,输出的极性也可编程设置。触发器类型还可设置为 D 型或 T 型触发器,以利于乘积项最佳。输出宏单元示意图如图 2 – 13 所示。

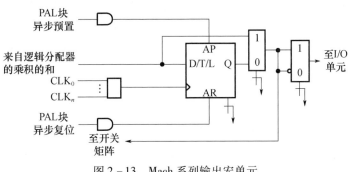

图 2 – 13　Mach 系列输出宏单元

宏单元的输出送到 I/O 单元,也可经过内部反馈到开关矩阵,无论 I/O 单元如何设置,总可利用反馈。如果用隐埋宏单元生成逻辑功能,则它与输出宏单元相同。在这种情况下,隐埋宏单元不与 I/O 单元相连,信号只能用于内部。隐埋宏单元也可以设置为输入触发器或锁存器。利用隐埋宏单元能使可用的宏单元数增加一倍而不增加引脚数。隐埋宏单元不再将其输出送至 I/O 单元,如图 2 – 14 所示。隐埋宏单元的输出只作为反馈至开关矩阵的内部反馈信号,这样不需额外的引脚就可产生延时或更复杂的控制逻辑。

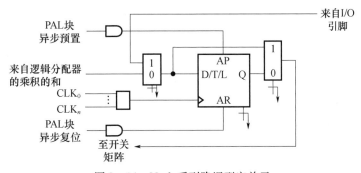

图 2 – 14　Mach 系列隐埋型宏单元

6）I/O 单元

Mach 系列的 I/O 单元由三态输出缓冲器构成,如图 2 – 15 所示。该三态缓冲器可设置为 3 种工作方式:总是允许、总是禁止或由乘积项控制。当用乘积项来控制时,又有两种乘积项可选用,两个乘积项中可任意选择一个进行控制。宏单元可设置为输出、输入、双向引脚或用于驱动总线的三态输出。

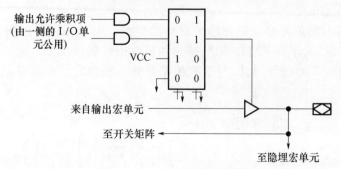

图 2 - 15　Mach 系列的 I/O 单元

2. MAX7000 的内部结构

Altera 公司的 MAX7000 内部结构如图 2 - 16 所示,主要是由可编程逻辑宏单元(Macro Cell, MC)、可编程连线阵列(PIA)和 I/O 控制块组成。宏单元是 MAX7000 的基本结构,由它来实现逻辑功能。可编程连线负责信号传递,连接所有的宏单元。I/O 控制块主要用于输入/输出的电气特性控制,例如,可以设定集电极开路输出、三态输出等。图中左上角的 4 个信号分别是全局时钟、全局清零和两个输出使能信号,这几个控制信号有专用连线与 CPLD 的每个宏单元相连,这些专用信号线到每个宏单元的延时相同且延迟时间保持最短。

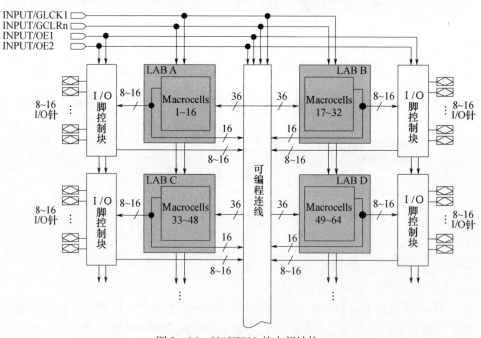

图 2 - 16　MAX7000 的内部结构

MAX7000 的宏单元结构如图 2 – 17 所示。宏单元是 CPLD 的基本结构,由它来实现基本的逻辑功能。

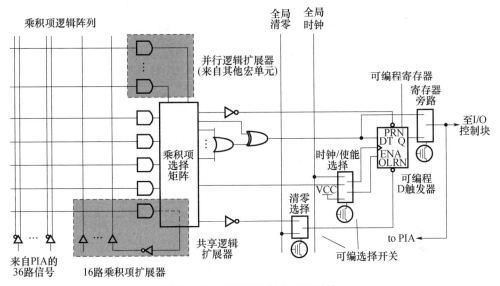

图 2 – 17　MAX7000 的宏单元结构

图中左侧是乘积项阵列,每一个交叉点都是一个可编程熔丝,如果导通就是实现"与"逻辑,后面的乘积项选择矩阵是一个"或"阵列,两者一起实现组合逻辑功能。图中右侧是一个可编程 D 触发器,其时钟、清零输入都可以编程选择,可以使用专用的全局时钟和全局清零,也可以使用内部逻辑(乘积项阵列)产生的时钟和清零。如果不需要触发器,也可以将此触发器旁路,信号直接输出给 PIA 或输出到I/O脚。

2.1.4　基于门阵列的 FPGA 结构

20 世纪 80 年代中期出现的 FPGA 属于 HDPLD,它由许多独立的可编程逻辑单元组成,这些逻辑单元的结构和"与/或"阵列的结构不同。FPGA 的目的就是为设计者提供更大的自由度,用户可以通过编程将这些独立的可编程逻辑模块连接起来实现不同的设计。FPGA 最早由 Xilinx 公司推出。多为基于查找表(Look Up Table)技术、SRAM 工艺的 FPGA,这类 FPGA 需要外挂配置用的 EPROM/EEP-ROM,如 Altera 的 FLEX/ACEX/APEX/Cyclone/Stratix 系列,Xilinx 的 Spartan、Virtex 系列等。除此之外,还有基于反熔丝技术、OTP(One Time Programmable,一次可编程)工艺的 FPGA,即多路开关结构的 FPGA。

典型的 FPGA 通常包含 3 类基本资源,即可编程逻辑功能块、可编程输入/输出块和可编程互连资源。可编程逻辑功能块是实现用户功能的基本单元,多个逻辑功能块通常规则地排列成一个阵列结构,分布于整个芯片;可编程输入/输出模块负责完成芯片内部逻辑与外部管脚之间的接口,围绕在逻辑单元阵列四周;可编程内部互连资源包括各种长度的连线线段和一些可编程连接开关,它们将各个可编程逻辑块或输入/输出块连接起来,构成特定功能的电路。用户可以通过编程决定每个单元的功能以及它们的互连关系,从而实现设计者所需的逻辑功能。不同厂家或不同型号的FPGA,在可编程逻辑块的内部结构、规模、内部互连的结构等方面经常存在较大的差异。

FPGA 主要由可配置逻辑块(Configurable Logic Block,CLB)、输入/输出单元(Input/Output Block,IOB)、RAM 块和可编程连线资源(Interconnect Resource,IR)四部分组成,FPGA 典型结构如图 2 – 18 所示。

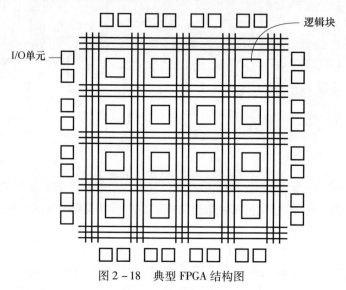

图 2 – 18   典型 FPGA 结构图

1. 可编程输入/输出单元(I/O 单元)

大多数 FPGA 的 I/O 单元被设计为可编程模式,即通过软件的灵活配置,可适应不同的电气标准与 I/O 物理特性;可以调整匹配阻抗特性,上下拉电阻,可以调整输出驱动电流的大小等。

2. 基本可编程逻辑单元(CLB)

FPGA 的基本可编程逻辑单元主要有两种实现模式:一是 SRAM 结构,该结构由 SRAM 控制晶体管开关的栅极节点的开断,也可以通过控制多路复用开关选择不同的输入作为输出,如图 2 – 19 所示;二是基于反熔丝结构,反熔丝结构使用改进的 CMOS 技术制造。反熔丝原本是开放电路,只有当编程时采取低电阻。

下面以 Actel 公司的可编程逻辑互连电路单元为例说明反熔丝实现模式,如图 2 –20所示,反熔丝位于两根互连线之间,反熔丝结构一般由 3 个夹层组成,导电体位于顶部和底部,中间夹层是绝缘体。未编程时绝缘层将顶层和底层导电体隔开,顶层和底层不连接,相当于断开状态;当对应位置的熔丝被编程后,绝缘体变为一个低电阻的连接器,此时将顶层和底层导体连接起来。

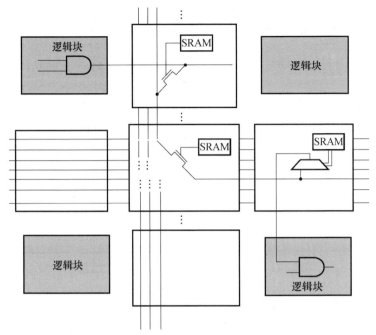

图 2 - 19　SRAM 可编程控制开关

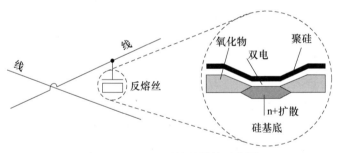

图 2 - 20　Actel 反熔丝结构示意图

基本可编程逻辑单元 CLB 负责完成纯组合逻辑功能。SRAM 结构的 FPGA 一般基于查找表实现,FPGA 内部寄存器可配置为带同步/异步复位和置位、时钟使能的触发器,也可以配置成为锁存器。FPGA 一般依赖寄存器完成同步时序逻辑设计。比较经典的基本可编程单元的配置是一个寄存器加一个查找表,但不同厂商的寄存器和查找表的内部结构有一定的差异,而且寄存器和查找表的组合模式也不同。

如 FPGA 中使用的四输入的查找表(LUT),每一个 LUT 都可以看成为一个有 4 位地址线的 16x1 的 RAM。当用户通过原理图或 HDL 语言描述了一个逻辑电路以后,PLD/FPGA 开发软件会自动计算逻辑电路的所有可能的结果,并把结果事先写入 RAM,这样,每输入一个信号进行逻辑运算就等于输入一个地址进行查表,找出地址对应的内容,然后输出即可。图 2 - 21 是一个四输入"与门"的例子。

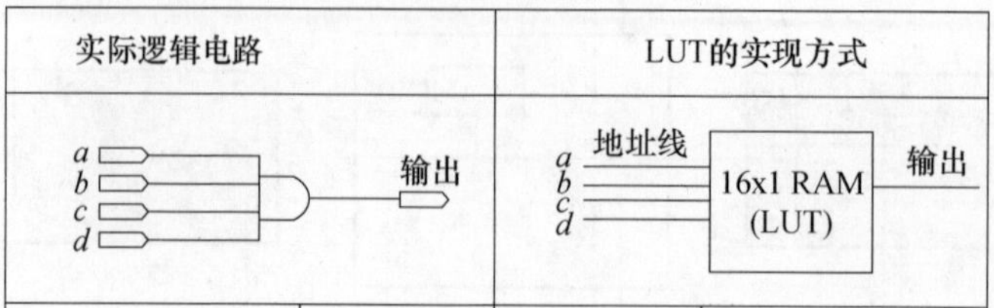

实际逻辑电路		LUT的实现方式	
a, b, c, d 输入	逻辑输出	地址	RAM中存储的内容
0000	0	0000	0
0001	0	0001	0
...	0	...	0
1111	0	1111	1

图 2-21　查找表结构实现四输入"与门"示意图

一个查找表就是一个一位宽的存储器阵列,存储器的地址线就是该逻辑模块的输入信号线,设计工程师可以将需要设计的逻辑功能的真值表直接编程存入存储器中,这样就可以实现设计者需要的任意的 k 输入逻辑功能。基于"门"阵列结构的 FPGA 比基于可编程"与/或"阵列结构的 CPLD 具有更高的集成度和更强大的逻辑实现能力,设计更加灵活和方便。

FPGA 的制造工艺决定了 FPGA 芯片中包含的 LUT 和触发器数量非常多,和 PLD 的逻辑单元相比要多许多,所以 FPGA 的平均逻辑单元成本要远远低于 PLD,这也是为什么 FPGA 在市场的占有量超过 PLD 的主要原因之一。FPGA 的主要不足是引脚至引脚之间的逻辑功能延迟在设计中无法准确给出,因为 FPGA 内部可编程的资源比较多,灵活性很强,同一种设计多次编译结果所走的路径都可能不同,即引脚到引脚之间的延迟也可能是不同的。另外,早期的 FPGA 还需要一个加载过程,即需要把设计编译的比特流加载到 FPGA 芯片内后,FPGA 方可按用户设计的功能工作。而 PLD/CPLD 上电便可按用户设计的功能工作,且引脚至引脚的延迟是确定的。

由于 LUT 主要适合 SRAM 工艺生产,所以大部分 FPGA 都是基于 SRAM 工艺的,SRAM 工艺的芯片在掉电后信息就会丢失,所以需要外加一片专用配置芯片,在上电时,由专用配置芯片把数据加载到 FPGA 中,然后 FPGA 就可以正常工作,由于配置时间很短,不会影响系统正常工作。基于查找表结构的 CLB 如图 2-22 所示。

采用反熔丝编程技术的 FPGA 内部具有反熔丝阵列开关结构,其逻辑功能的定义由专用编程器根据设计实现时给出的数据文件,对其内部的反熔丝阵列进行烧录,从而使器件实现相应的逻辑功能。采用反熔丝或 Flash 工艺的 FPGA,不需要外加专用的配置芯片,Actel 和 Quicklogic 是采用反熔丝多路开关结构的代表厂商。

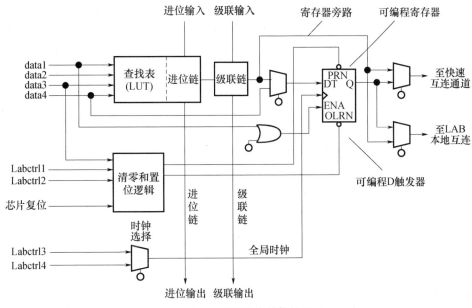

图 2 – 22　基于查找表结构的 CLB

Actel 公司生产的 Act3 系列器件的内部结构如图 2 – 23 所示。这种结构类似于传统的门阵列。逻辑块(Logic Array Block)以行的形式排列,在逻辑块的行与行之间是水平的连线通道(Routing Channel)和垂直的连线通道(在图中未表示出),在逻辑块和连线通道阵列的四周是 I/O 块(I/O Block)。逻辑块基于多路复用器,与查找表结构 FPGA 的逻辑块相比要小。Actel 芯片的互连被组织成水平连线通道形式,通道由不同长度的线段组成,通过反熔丝连接逻辑块到线段或线段到线段。由于信号通路会跨越多个逻辑块行,所以 Actel 芯片有垂直连线覆盖逻辑块。

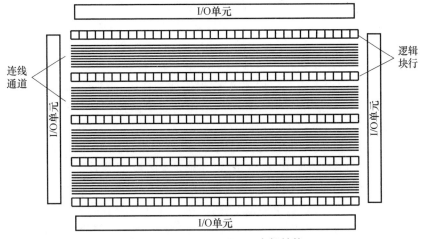

图 2 – 23　Actel FPGA Act 内部结构

与基于查找表结构 FPGA 类似,Actel 芯片的延时也不能完全预测,因为一个信号穿过的反熔丝数量依赖于 CAD 工具实现电路时所分配的线段数。

基于 Flash 工艺的 FPGA,主要集成了 SRAM 和非易失性 EEPROM 两类存储结构。其中 SRAM 用于在器件正常工作时对系统进行控制,而 EEPROM 则用来装载 SRAM。由于这类 FPGA 将 EEPROM 集成在基于 SRAM 工艺的现场可编程器件中,因而可以充分发挥 EEPROM 的非易失性和 SRAM 的重配置性。掉电后,配置信息保存在 FPGA 片内的 EEPROM 中,因此不需要外的配置芯片,这种方法有助于降低系统成本、提高设计的安全性。

逻辑块的核心是基于多路复用器的电路块,多路复用器的选择信号由二输入"与门"和二输入"或门"的输出决定,逻辑块的示意图如图 2 – 24 所示。大约一半的逻辑块中包含了触发器电路。多路复用器电路与两个逻辑门一起可实现大多数的逻辑功能。

利用多路开关的特性,在多路开关的每个输入端接入不同电平时,就有一种对应功能与之配对,也就实现了不同的逻辑功能。

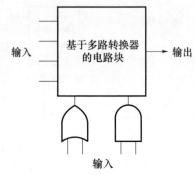

图 2 – 24　Act 逻辑块

2.2　MCU 结构及加密机制

2.2.1　MCU 结构

微控制器(Micro Control Unit,MCU),又称单片微型计算机(Single Chip Microcomputer)或者单片机,这种器件是将计算机的 CPU、RAM、ROM、定时计数器和多种 I/O 接口集成在一片芯片上,形成芯片级的计算机,为不同的应用场合提供不同组合控制。MCU 自 20 世纪 70 年代出现以来,在 40 多年的时间里得到了迅猛的发展和广泛的应用。随着微电子技术的飞速发展,微控制器以其性能好、体积小、价格优、功能齐全等突出优点被广泛应用于家用电器、计算机外设、通信、工业控制、自动化生产、智能化设备以及仪器仪表等领域,成为科研、教学、工业技术改造最得力的工具。MCU 也从最初采用普林斯顿结构的简单微控制器到现在普遍采用哈佛总线结构,微控制器取得了飞速的发展。

MCU 按其存储器类型可分为无片内 ROM 型和带片内 ROM 型两种。对于无片内 ROM 型的芯片,必须外接 EPROM 才能应用(典型芯片为 8031)。带片内 ROM 型的芯片又分为片内 EPROM 型(典型芯片为 87C51)、MASK 片内掩模 ROM 型(典型芯片为 8051)、片内 Flash 型(典型芯片为 89C51)等类型,一些公司还推出带有片内一次性可编程 ROM 的芯片(典型芯片为 87C51)。MASKROM 的 MCU 价格便宜,程序在出厂时就已经固化,适合程序固定不变的应用场合;FALSHROM 的

MCU 程序可以反复擦写,灵活性很强,但价格较高,适合对价格不敏感的应用场合或做开发用途;一次性编程 ROM 的 MCU 价格介于前两者之间,同时又拥有一次性可编程能力,适合要求有一定灵活性,又要求低成本的应用场合,尤其是功能不断翻新、需要迅速量产的电子产品。

MCU 主要有两种基本结构形式:一种是指令和数据混合存储的普林斯顿(Princeton)结构或冯·诺依曼结构;另一种是将程序和数据完全分开存储的哈佛(Harvard)结构。下面以市场广泛使用的微处理器 51 系列为例介绍 MCU 的内部结构。

51 系列 MCU 微控制器如图 2 - 25 所示,由中央处理器、时钟振荡器、中断控制、ROM、RAM、I/O 端口、串行口和定时器等组成。CPU 由控制单元、运算单元、寄存器单元和时钟等组成。运算单元是计算机对数据进行加工处理的中心,它主要由算术逻辑部件(Arithmetic and Logic Unit,ALU)、寄存器组和状态寄存器组成。

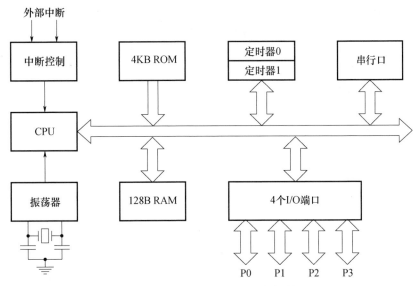

图 2 - 25　51 系列 MCU 内部结构

CPU 指令指示器指向内存中存放指令的地方,指示器指明在哪里取出指令,并把它交给解码器解释指令,然后,ALU 执行指令所要求的算术或逻辑操作处理。在 CPU 解释并执行完一条指令后,控制器会控制程序的取指令指示器在内存中取出下一条指令。该过程一直持续,一条指令接一条指令,直到所执行程序运行完成为止。

为了增加 MCU 的安全性和提高其运算速度,大部分现代微控制器采用了内嵌程序存储器的结构,即将控制器、运算器和存储器集成在单个芯片内部。在这种结构的内部,程序和数据与运算控制单元都在一个芯片内部,它们的存放形式和外部程序存储器的存放形式几乎是一样的,均用二进制数表示,都按照地址进行访问,对于芯片内部的各功能部件来说数据和程序处于同等地位。运算器主要功能是完成算术运算和逻辑运算,并将运算的中间结果暂存于运算器中的寄存器内,运算器通常由算术逻辑单元(ALU)和一系列的寄存器组成。控制器是整个芯片工作的控制中枢,主要功能是控制程序和数据的输入/输出,执行程序,处理运算结果。控制器一般由控制部件、地址形成部件、定时部件、微操作控制部件组成。其工作过程主要分为3个阶段:第一阶段通过地址形成部件形成正确的指令地址,根据生成地址从程序存储器中获取指令;第二阶段是指令译码器对获取到的指令进行指令分析,形成指令控制部件能够理解的操作码;第三阶段是指令控制部件根据不同的操作码生成具体的微操作控制信号,通过微操作控制信号来控制芯片内部所有的执行部件。运算器、输入/输出设备、控制器本身以及其他各执行部件则根据时序部件发出的节拍信号和微操作指令执行基本的操作。

控制器是整个微控制器芯片的控制核心,而控制器发出所需的微操作控制信号控制指令的依据是程序存储器中存放的指令序列。针对微控制器芯片进行逆向分析的主要目标之一就是通过各种解析手段,从程序存储器中获取内部加密程序。从 MCU 的内部结构不难发现,处理器在读取片内程序存储器时程序不会在外面总线上有反应,所以外部仪器无法观察到片内程序存储器存储的内容,另外加密微控制器芯片还通过采用各种加密机制和加密方法保护或者控制外界对芯片内部程序存储器的窥探式访问。

2.2.2 MCU 加密机制

带内嵌程序微处理器加密的目的就是防止片内程序和数据被非授权用户读取,阻止片内程序被读取的加密技术主要有口令加密、三级算法加密和一次性永久加密。

1. 口令加密

加密微处理器芯片若采用口令加密的方式保护芯片内部的程序存储器时,每次访问芯片内部程序和数据都需要提供正确的访问口令,大部分加密芯片对口令输入的次数还设置有限制,不允许多次尝试,一旦连续错误访问口令次数达到设置上限时芯片将启动自毁功能破坏片内存储的程序和数据。口令验证流程如图 2-26 所示,芯片内部对口令的输入错误次数进行计数,当计数值还未达到上限值又输入了正确口令,则错误计数器清零;口令输入错误次数超过上限值时,芯片启动自毁功能。芯片自毁一般有 3 种方法:一是彻底封锁从外部访问存储器的数据通路,但是不清除存储器内部信息;二是清除芯片内部存储器的所有程序和数据信息,芯片本身不会物理损坏;三是加密芯片启动内部的自损电路,摧毁芯片,芯片发生物理损坏,芯片永远无法正常工作。

所以,一些分析者试图通过口令猜测的方法实现口令类加密微处理器芯片内嵌程序和数据的读取是不现实的,采用这样的方法也存在较大风险。

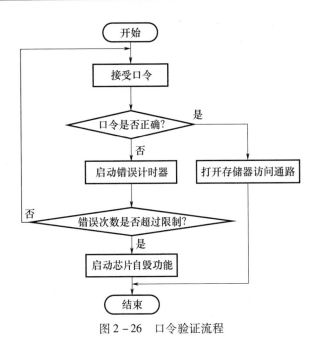

图 2-26　口令验证流程

对错误口令输入次数设置限定的方法,可以有效地防止用猜测口令的方法试探出正确的访问口令。但是,如果存放错误口令输入次数的存储器不具有掉电数据自动保护的功能,即使用类似于 RAM 存储器来存放错误口令计数时,逆向分析人员则可以通过频繁断电和上电的方法来破解。如若干次猜测失败可以总结出最大允许的限定次数 N,每当口令尝试次数达到 N 次时则关闭电源使保存错误口令次数的计数器复位为 0,接着再继续猜测尝试,直至猜对口令。如果使用的是 ROM,而非 RAM,那么暴力猜测口令的方法则完全行不通,就需要考虑使用其他的芯片逆向解析方法。

2. 三级加密

三级加密是在微处理器芯片中广泛使用的加密机制,这种加密方式多采用保密位熔丝、加密算法阵列和口令相结合的方法保护芯片内部的程序存储器,控制外部电路对其进行探测式访问。

早期的安全熔丝与芯片内部的主存储器部分保持分离状态,界限分明,比较容易被物理剖片后定位消除。随着半导体集成电路实现技术和工艺的发展与进步,安全熔丝已经被制作成主存储阵列的一部分,恰当地设置安全熔丝,可有效控制外部器件读写芯片内部数据。晶圆厂家使用与主存储器相同的工艺技术来制造安全熔丝,所以很难从空间上用物理剖片分析的方法对安全熔丝进行定位和复位操作。部分微处理器还使用主存储器的一部分作为安全熔丝或者加密寄存器控制外部器件对芯片内部数据的访问。作为安全熔丝的存储区域其地址可以是静态的也可以是动态的。静态是指作为安全熔丝的存储区域地址固定,而动态是指存储区域不固定,在上电初始化或者芯片复位时锁定某块随机地址存储区域作为安全熔丝。加密的存储区域在正常工作模式下可以被直接访问,但是这些区域的加密位一旦被编程为"0"(低),这些位便不能再被改变为"1"(高),只有通过芯片全擦除操作,它们才能被全部复位为"1",加密存储结构如图 2 - 27 所示。

其中,加密寄存器的各位一般定义如图 2 - 28 所示。

图 2 - 27　加密微处理器存储结构　　　图 2 - 28　加密寄存器结构

B0:加锁位。该位被用来保护芯片内部的数据,它可以在编程和校验操作时序结束后被设置,该位一旦被设置为"0",芯片内部的数据将被锁定,不能被修改或者删除。

B1:MOVC 指令限制位。该位用来控制 MOVC 指令的数据操作权限。当该位被设置为"0",芯片外部扩展程序存储器中的 MOVC 指令只可以访问外部扩展程序存储器中的指令,而不能访问内部程序存储器中的指令。而内部程序存储器中的 MOVC 指令则根据地址可以访问内部和外部程序存储器中的指令。

B2:加密位。逻辑"0"加密逻辑使能,逻辑"1"加密逻辑不使能。经过逻辑加密后,外界在访问内部程序和数据时必须提供密码。

B7:晶振频率控制位。

部分 MCU 除了口令和保密位外,还增加了加密算法阵列位,如 Intel 公司的 D87C51,片内设置有 64 字节的加密算法阵列,该阵列采用了 EPROM 工艺,最初未编程时为全"1"状态,6 条地址线用来选择加密阵列中的一个字节,这个字节然后与程序代码字节进行逻辑运算,创建一个加密字节。该算法阵列在未编程状态时,程序代码返回的是原始代码,即未经修改的形式。经过加密算法阵列加密的程序代码即使被读出,反汇编也无法理解。

3. OTP 加密

OTP(One Time Programming)加密即一次性永久加密的方式,它是指通过一次加密后芯片永久不可能再恢复到未加密前的状态的方式。OTP 加密方式一般有两种方法:一是永久性地破坏 MCU 的加密位或安全熔丝,使其永远表现为"0",不可恢复;二是永久性地破坏微处理器内部的数据总线,使外部引脚和内部片芯的数据线无法物理连接,这样就不能完全读取片内的程序和数据,这种加密方法常被称为破坏访问总线的加密模式。使用第一种加密模式的芯片将成为具有专有用途的一次性专用芯片,片内的加密位和程序存储器不能再被擦除,具有较高的可靠性且不占用芯片内部资源。由于从微处理器内部获得程序代码必须通过数据总线读出,所以破坏MCU访问总线的加密方式具有很高的安全系数,即使芯片逆向分析人员去除了安全保密位,芯片恢复至未加密状态,也无法读出片内程序的正确代码,因为破坏掉的数据通路始终是高电平或低电平,无法获取到芯片内程序单元真正的代码。

2.3 固件结构与加密方法

固件(FirmWare)通常是指具有软件功能的硬件,固件一般都是存有软件的ROM,所存软件一般担任着一个系统最基础、最底层工作,例如计算机主板上的BIOS、手机的SIM卡等。传统固件只是用于存放断电后不丢失的程序和数据。随着集成电路设计和制造技术的发展,固件与PLD、MCU等器件相结合,再加入安全保密措施,固件的概念已发生了很大变化。

2.3.1 固件结构

下面以XICOR公司生产的X76F100固件芯片为例来讨论固件的结构和加密方法。X76F100内部方框图如图2-29所示。它是一个由口令进行安全控制访问的固件,片内包含一个896位串行访问的Flash存储器阵列。存储器阵列由两个64位密码控制访问,只有密码正确才能进行读/写存储器阵列操作。

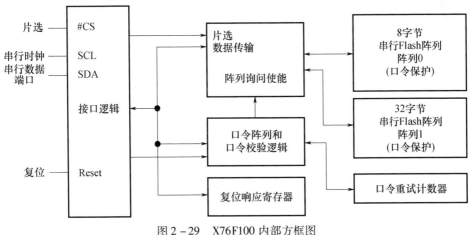

图2-29 X76F100内部方框图

X76F100具有串行接口并允许在两线总线协议下操作。总线信号有时钟输入(SCL)和双向数据输入/输出(SDA),器件访问控制是通过一个片选(#CS)来实施的。

X76F100 还具有同步响应复位功能,复位时自动输出一个符合存储卡行业标准的 32 位数据流。SCL 作为输入/输出芯片数据的时钟,SDA 是一个漏极开路的串行数据输入/输出引脚,在读周期时,数据从该引脚移出,写周期时数据从此引脚移入。在其他情况下此引脚处于高阻抗状态。#CS 为芯片选择信号,有效时芯片被选中。

X76F100 存储器阵列由 14 个 8 字节的扇区组成。对阵列的读/写操作总是从扇区的第一个地址开始。X76F100 有两个主要的操作模式:保护读和保护写。受保护的操作必须满足两个 8 字节密码中的一个。

2.3.2 访问操作

与 X76F100 通信的基本方法首先是在片选信号有效(LOW)时,产生一个开始条件,紧随其后的是正确的密码。所有器件出厂时密码设置为"0",用户必须执行响应以便轮询密码是否有效,开始一个数据传输前,只有正确的密码被接收后,才表明轮询已响应,数据传输才能发生。

为了确保数据传输的正确,RST 信号除复位时序外,正常工作时应保持低电位。数据传输以 8 位为单位,每传输 8 位跟一个响应信号,响应信号由接收端产生。每次传输完成后,或者试图非法访问受保护的存储阵列不成功后,X76F100 都会复位并进入待机模式。

X76F100 操作过程如图 2 - 30 所示。该类器件支持面向双向总线协议。协议定义了在总线上发送数据的任何设备作为发送器,接收数据的设备为接收器。控制传输的设备为主设备,被控制传输的设备为从设备。主设备启动数据传输并提供传输和接收操作的时钟。因此,X76F100 在应用中被视为一个从设备。

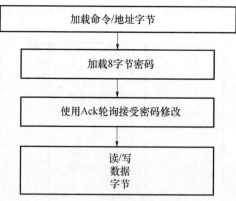

图 2 - 30　X76F100 操作顺序

2.3.3 操作时序

1. 时钟和数据规范

在 SCL 信号为低期间,SDA 信号线传输的数据状态可以发生改变,如图 2 - 31

所示。如果在 SCL 为高时,SDA 发生改变,则用于标志开始和停止条件。

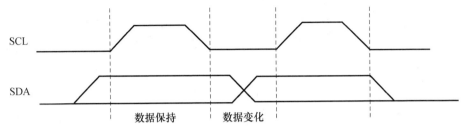

图 2 - 31　时钟和数据规范

　　开始和停止条件时序图如图 2 - 32 所示。当 SCL 为高电平时 SDA 从高电平跳变到低电平,表示所有命令可以执行时序的开始条件,X76F100 一直监视 SDA 和 SCL 信号线是否满足开始条件,如果没有开始条件到来,则不对任何命令作出响应。当 SCL 为高电平时 SDA 由低电平跳变到高电平,表示 X76F100 时序规范的停止条件满足,所有通信必须停止。停止条件也可用于重置设备命令或数据输入序列中。

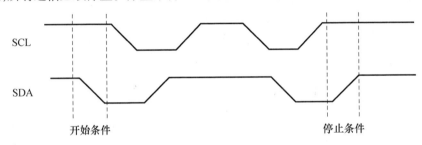

图 2 - 32　开始和停止时序图

　　在规范中应答主要用于标识一次成功的传送。无论是主设备还是从设备,传送完 8 位信息后,发送设备均要释放总线,在第 9 个时钟周期接收设备将把 SDA 线拉低,作为对接收到 8 位数据的应答。

2. 编程操作

1)扇区写

　　扇区写时序图如图 2 - 33 所示。要求在密码后紧接着发出 8 位写命令,然后发送数据字节,写命令字节包括要写入数据的扇区地址,数据从扇区的开始地址开始写入,一次必须传送完成 8 字节数据。最后一个字节传送完成后,发出一个停止条件启动写周期。

　　一旦停止条件发出,标志主设备写时序结束,X76F100 启动片内写周期,为了充分利用 5ms 的写周期,应答轮询立即启动。如果 X76F100 写操作未完成,则发出"no - ACK"响应,如果写操作完成,则发出"ACK"响应,主设备继续执行协议的其余部分,操作时序如图 2 - 34 所示。

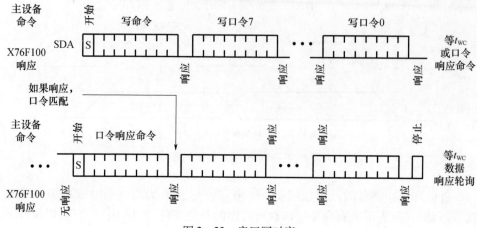

图 2-33 扇区写时序

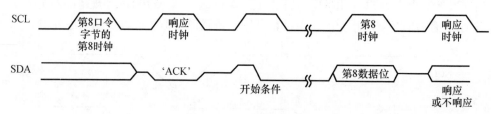

图 2-34 应答轮询时序

在密码时序之后,总是接着写周期,这样做的目的是为了阻止随机猜测密码。为了继续交换,X76F100 要求主设备执行一个专用的 55H 命令代码的密码应答轮询时序,使用者 10ms 定时响应一次或连续循环轮询,如图 2-35 所示。

如果插入的密码是正确的,在响应应答轮询序列密码时"响应信号"将作出应答。如果密码不正确,将无响应信号应答。密码是正确还是错误,必须等 10ms 写周期结束后才能确定。

2) 扇区读

扇区读的时序图如图 2-36 所示。初始化操作和扇区写时序类似,只是命令代码不同而已。扇区读时,扇区地址随读命令一起提供,一旦密码正确并获得响应,数据便可从扇区里读出,扇区读总是从第一个字节开始,但也可以在任何时刻停止读操作,随机访问存储阵列是不可能的,只能连续从扇区中依次读取数据,读完最后一个扇区时,

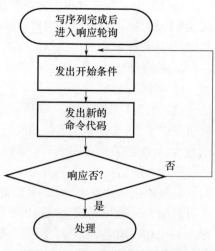

图 2-35 写时序完成后轮询过程

42

地址自动指向第一个扇区,数据能循环地读出,最后一位被读出后,一个停止条件发出,不需要发送应答处理。

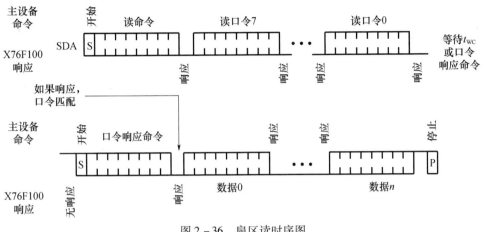

图 2 − 36　扇区读时序图

3) 密码改写

密码的改写是在正常的扇区写操作周期通过发送"改变写操作密码"或"改变读操作密码"命令来完成的,一个完整的 8 字节新密码必须发送,新密码改写成功后,一个密码改写有效的响应将发出,用户可以使用一个重复的响应轮询命令来检查新密码是否已正确地被修改。如果发出一个响应则表示密码修改有效。没有任何方法可以读取密码。

2.4　加密器件在系统中的工作模式

电子设备中广泛使用的加密集成电路器件主要有逻辑器件、微控制器和固件等,这些器件在电路系统中往往承担了核心控制作用。由于这些器件的功能各不同,在电路系统中的工作机制也不同,要完成加密器件无损逆向解析,必须了解掌握它们的工作机理,通过获取工作中的场景信息完成解析,或模拟仿真它们的工作状态来完成解析,是无损逆向分析常常采取的思路。

2.4.1　可编程逻辑器件工作模式

逻辑器件主要完成电路系统中时序逻辑的控制,纯逻辑器件必须与外围电路之间进行信息交互,即外部输入什么,一定有相应的输出响应。逻辑器件正是根据不同的外部输入才能实现不同的控制功能。因此,逻辑器件内部一般只能设计逻辑功能,通常不包含二进制代码程序,逻辑器件各引脚的属性(输入、输出、高阻、NC)由用户根据自己的需求设计。逻辑型器件一旦设计完成后其引脚属性和内部逻辑功能便和全定制器件一样,唯一不同的是功能和引脚属性无资料可查,所以逻辑型数字加密器件逆向分析首先需要进行引脚属性的判定,引脚属性确定后在输入引脚输入一个序列激励向量,在输出引脚一定会有一个对应输出响应向量序列。逻辑器件的工作示意图如图 2 - 37 所示。

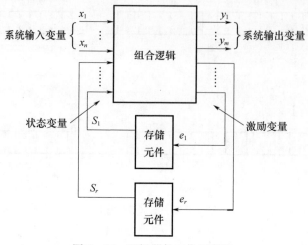

图 2 - 37   逻辑器件工作示意图

根据逻辑型器件的工作特点,采取脱机式和在线式相结合的逆向分析方法应该是可行的。

2.4.2   固件工作模式

针对固件芯片,由于芯片自身不能独立运行,它只是用于存放二进制程序代码或数据,固件本身需要和处理器或逻辑器件配合才能运行,在运行过程中固件始终是被动方,主要供处理器读/写程序和数据。例如,处理器读程序操作,处理器首先读取固件内的程序,然后处理器再执行所读取的指令,对操作对象进行运算处理。处理器访问固件工作示意图如图 2 - 38 所示。

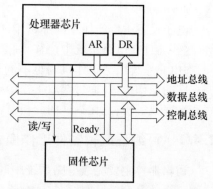

图 2 - 38   处理器访问固件工作示意图

固件一旦加密,用通用编程器无法读取存储于片内的程序和数据,微处理器在访问固件内部程序和数据时,除必须符合固件自身要求的协议规范外,加密固件在访问时往往还必须给出正确的访问授权密码,若连续多次给出错误访问密码,固件将启动自毁功能,破坏固件片内内容。

根据固件工作的特点,通过在线式采集设备提取访问授权密码和解析访问协议,采取在线窃取固件访问单元内容的方法完成固件芯片的逆向分析是合适的。

当然,也可以在访问授权密码和访问协议成功解析的基础上,完成固件芯片内部程序和数据的直接读取。

2.4.3　微控制器工作模式

对于微控制器件而言,其工作方式和逻辑型器件完全不同,逻辑型器件依靠外部输入序列来决定其输出,换句话说,每一事件一定有外部激励诱发。而微控制器在电路中可以直接执行芯片内部的程序,无需访问外部接口电路,直至运行到某一时刻时才将运算结果直接输出,即微控制器件可以没有任何外部激励输入的情况下便可自行决定其输出。另外,加密微控制器和固件相比也有很大不同,虽然都是存放二进制程序和数据,但微处理器从片内程序存储器中读取指令、执行指令、形成操作结果,整个操作过程均可以不和外部交换信息,即使指令中需要参与运算的数据,也可以事先存放于片内程序存储器中。换句话说,带内嵌程序的微控制器其工作过程主要使用的是片内总线,只有在必须和外部交换信息时才会使用外部总线,如果整个过程不需要和片外进行信息交互,完全可以不使用外部总线和外部其他器件交互信息。工作过程中物理测量仪器无法直接窃取加密微处理器内部存放的任何指令和数据。微处理器访问片内程序存储器示意图如图2-39所示。

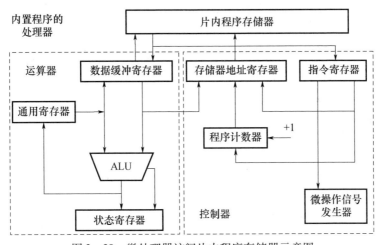

图 2-39　微处理器访问片内程序存储器示意图

针对微处理器的工作特点,显然,采用外部激励考查的"黑箱"式逆向分析的方法是行不通的,整个工作过程片内程序和数据可以不经过片外总线,即二进制程序流和数据流不会在微控制器的外部引脚上被观察到。根据加密微控制器工作过程既不会被外部输入诱发其内部程序代码输出,也不会在读取过程中被外部监测到的特点,所以针对微控制器的最佳逆向分析方法应采取直读式逆向分析,即绕开微控制内部设置的保密位和加密算法位的方法直接读取微控制器内部的二进制程序代码和数据。

参 考 文 献

[1] 曲伟建. EDA 技术在数字电子电路设计中的应用[J]. 国外电子元器件,2004,41(461):30 - 32.

[2] 宋万杰,罗丰,吴顺君. CPLD 技术及其应用[M]. 西安:西安电子科技大学出版社,2000.

[3] Dirk Jansen. 电子设计自动化手册[M]. 王丹,童如松,译. 北京:电子工业出版社,2005.

[4] 金凤莲. VHDL 语言在 EDA 仿真中的应用[J]. 现代电子技术,2005,28(6):115 - 116,122.

[5] 陈芳,黄秋萍. 基于多种 EDA 工具的 ASIC 设计[J]. 半导体行业,2006,5:42 - 46.

[6] Biran Dipert. 可编程逻辑器件指南[J]. 电子设计技术,2003,1:53 - 54.

[7] 李新红,李凤华,丛文. 基于 CPLD 组合逻辑电路的 VHDL 实现[J]. 北京电子科技学院学报,2006,16(4):65 - 69.

[8] 周维,何健鹰,聂菊根. CPLD 和 FPGA 编程与配置的实现[J]. 计算机与数字工程,2006,34(1):100 - 102,106.

[9] 齐洪喜,陆颖. VHDL 电路设计实用教程[M]. 北京:清华大学出版社,2004.

[10] 边计年,薛宏熙,吴强. 数字逻辑与 VHDL 设计[M]. 北京:清华大学出版社,2005

[11] 蒋毅. 可编程逻辑器件的应用参考[J]. 世界电子元器件,2005,9:31 - 34.

[12] 戚新宇. 基于 FPGA 设计的功能仿真和时序仿真[J]. 航空电子技术,2005,9:54 - 57.

[13] 王廷才. 基于 Multisim 的电路仿真分析与设计[J]. 计算机工程与设计,2004,5:176 - 178.

[14] 潘松,黄继业. EDA 技术实用教程[M]. 北京:科学出版社,2003.

[15] 张志杰,汪翔. 如何解决 FPGA 电路设计中的毛刺问题[J]. 世界电子元器件,2004,11:71 - 75.

[16] 任晓东,文博. CPLD/FPGA 高级应用开发指南[M]. 北京:电子工业出版社,2003.

[17] 刘艳萍,高振斌,李志军. EDA 实用技术及应用[M]. 北京:国防工业出版社,2006.

[18] 胡振华. VHDL 与 FPGA 设计[M]. 北京:中国铁道出版社,2003.

[19] 曾繁泰,侯亚宁,崔元明. 可编程器件应用导论[M]. 北京:清华大学出版社,2001.

[20] 侯伯亨,顾新. VHDL 硬件描述语言与数字逻辑电路设计[M]. 西安:西安电子科技大学出版社,1999.

[21] 曾繁泰,陈金美. VHDL 程序设计[M]. 北京:清华大学出版社,2005.

[22] 王振宇. MACH 器件的原理及应用. 国外电子元器件,2002,9:42 - 45.

[23] W78E51B Data Book[EB/OL]. http://www. winbond. com. tw.

[24] 张鑫. 单片机原理及应用[M]. 北京:电子工业出版社,2005.

[25] Dirk Jansen,电子设计自动化(EDA)手册[M]. 王丹,童如松,译. 北京:电子工业出版社,2005.

[26] John M. Yarbrough. Digital Logic Applications and design[M]. Beijing:China Machine Press,2002.

[27] Satish R Ganesan,Goran Bilski. Generating fast logic simulation models for a PLD design description[P]. United States:7131091, 2006 - 10 - 31.

[28] 边计年,薛宏熙,苏明,等. 数字系统设计自动化. 北京:清华大学出版社,2005.

[29] PAL16L8 DataSheet [EB/OL]. http://www. datasheetcatalog. com/datasheets_pdf/P/A/L/1/PAL16L8. shtml.

[30] MACH210 Datasheets[EB/OL]. http://www. latticesemi. com/lit/docs/datasheets/cpld/14128. pdf.

[31] Robert Dueck. Digital Design with CPLD Applications and VHDL[M]. Delmar/Thomson Learning,2005:306 - 379,475 - 503.

[32] Lattice Semlconductor Corp,GAL22V10 Data Sheet[EB/OL]. http://www. latticesemi. com.

第3章 脱机式逆向分析

3.1 逻辑器件脱机式逆向分析模型

不同结构类型的 PLD 器件,虽然其实现逻辑功能的方法各不相同,但实现的逻辑设计功能却可以完全相同。根据逻辑器件工作的特点,在其输入端施加激励向量时输出端一定有相应的输出给予响应,即可以把逻辑器件的功能看成一只"黑箱"进行逆向分析考查。为此,根据 PLD 器件的结构类型与特点建立逻辑功能"黑箱"问题模型,在 PLD 器件脱机的情况,也就是 PLD 器件离开原有电路系统在模拟仿真环境条件下,通过输入不同的激励测试向量来完成对不同结构类型和不同设计的 PLD 器件的逆向分析考查。这种分析方法称为逻辑器件脱机式逆向分析法。

脱机式逆向分析的关键是逻辑逆向分析建模,模型可以提供一种用数学或图解的方法表达 PLD 逻辑逆向分析的思想、概念和过程。本节通过对不同 PLD 芯片可以设计实现的所有工作电路进行分类,建立不同类型的分析模型,并给出模型的形式化描述,然后在所建模型的基础上展开逻辑逆向分析相关问题的分析研究。

通过第 2 章对 PLD 器件内部结构的分析介绍可知,数字电路工程师在利用 PLD 芯片完成设计时,主要是利用 PLD 内部提供的"与/或"阵列来完成逻辑功能设计,利用时钟结构来完成时序电路的配置。就时序逻辑电路而言,若从电路结构角度看,一个时序逻辑电路应包括组合逻辑电路和存储电路两大部分。若从逻辑功能角度看,一个时序逻辑电路的输出状态(次态),不仅与当前输入激励向量有关,而且与电路目前所处的状态(现态)有关。由于 PLD 器件向设计工程师提供了灵活的编程配置模式,所以电路工程师们完全可以根据不同的需要设计出不同功能的 PLD。设计完成的 PLD 虽然功能不同,但从逻辑功能逆向分析的角度看,可以将其归纳为组合逻辑和时序逻辑两种电路类型。

3.1.1 组合逻辑脱机逆向分析模型

组合逻辑电路是将一些基本门电路组合起来实现所期望的逻辑电路功能。常用的组合逻辑功能有加法器、乘法器、编码器、译码器等。组合逻辑电路在输入端施加不同的激励时,在其输出端便可获得相应的响应,电路中没有记忆单元,但可以有反馈通路。换句话说,组合电路任意时刻的输出状态只取决于该时刻各输入状态和带反馈输出状态的组合,而与电路的原状态无关。

根据组合逻辑电路的特点可建立对应的逆向分析模型如图3-1所示。设 $x_0,x_1,\cdots,x_n$ 为输入，$y_0,y_1,\cdots,y_n$ 为输出，令 X 是所有输入变量 $\{x_0,x_1,\cdots,x_n\}$ 的向量，Y 是所有输出变量 $\{y_0,y_1,\cdots,y_n\}$ 的向量。不带输出反馈逆向分析模型如图3-1(a)所示。根据图3-1(a)可知，在不带输出反馈模型的输入端施加不同的输入测试激励向量，在输出端采集对应的响应输出向量，建立对应的向量真值表，当所有输入激励向量遍历完成时，一张完整的向量真值表便形成了，运用逻辑综合处理工具对其进行综合处理分析便可生成该组合电路的逻辑功能。显然，针对这类纯组合无反馈的电路模型进行逆向分析相对比较简单。

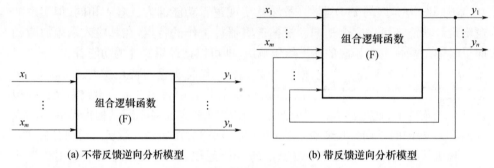

(a) 不带反馈逆向分析模型　　　　(b) 带反馈逆向分析模型

图3-1　组合逻辑逆向分析模型

带输出反馈逆向分析模型如图3-1(b)所示。在逆向分析过程中需将组合输出反馈和纯输入激励向量组合在一起进行考查，因组合输出反馈表现出来的是锁存器特性，即当前组合输出会立即反馈回逻辑函数网络，发生作用后形成稳定输出。在脱机式逻辑逆向分析中可以利用"线与"电路理论知识，将 $y_0,y_1,\cdots,y_n$ 等输出依次采用"线与"的方法，即将电路等价为不带反馈的组合输出后对其进行逆向分析，分析过程与不带输出反馈的纯组合模型逆向分析类似。

不带反馈的逻辑设计称为基本组合型，在PLD器件内部的实现结构可以用图3-2表示，基本组合型结构也称为纯组合电路结构，其显著特点是所有输出只与输入相关，如果输出发生变化，则在输入端必定有对应输入激励发生了电平改变，纯组合电路的特征可以用三元组 P 来描述：$P=\langle X,Y,F_y\rangle$。其中：

（1）输入端为一个有限的输入向量，输入向量定义为
$$X=\{x_1,x_2,\cdots,x_m\},x_i\in L,i=1,2,\cdots,m,L=\{0,1\} \qquad (3-1)$$

（2）输出端为一个有限的输出向量，输出向量定义为
$$Y=\{y_1,y_2,\cdots,y_n\},y_i\in L_z,i=1,2,\cdots,n,L_z=\{0,1,z\} \qquad (3-2)$$
其中：z 表示高阻态。

（3）一个输入输出映射函数
$$F_y:X\to Y,X\in L^m,Y\in L_z^n \qquad (3-3)$$

在基本组合型PLD芯片逻辑逆向分析过程中，任意的 $X\in L^m$ 都有对应的函数

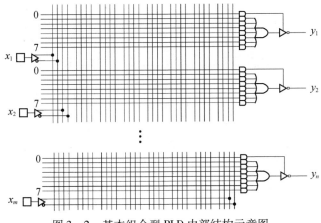

图 3 - 2　基本组合型 PLD 内部结构示意图

值 Y 给与响应,即根据 X 和 Y 形成的对应关系值 F_y 是可以唯一确定的。因此,只要输入所有激励向量 X,并在输出端提取相应的输出响应向量 Y,根据 X 和 Y 的对应关系的值便可推导求得 $F_y:X{\rightarrow}Y$ 的映射函数。

由式(3 - 3)可知: $Y \in L_z^m$ 的值由 $X \in L^m$ 决定, $X \in L^m$ 共有 2^m 个取值,因此顺序施加 2^m 个输入向量,并采集对应的输出向量,再通过逻辑综合处理软件工具便可完成映射函数的逆向求解工作。

带反馈组合型 PLD 是在基本组合逻辑型的基础上,将组合逻辑的某些输出引脚或全部输出引脚同时反馈作为输入的一种电路类型。输出反馈作为输入将影响其他输出或其自身的输出值。带反馈组合型 PLD 的内部电路结构如图 3 - 3 所示,结构特征可以用四元组 P 来描述: $P = \langle X,Y,B,F_y \rangle$,其中:

(1) 输入向量 X 的定义形式为

$$X = \{x_1,x_2,\cdots,x_m\}, x_i \in L, i = 1,2,\cdots,m, L = \{0,1\} \qquad (3-4)$$

(2) 输出向量 Y 的定义形式为

$$Y = \{y_1,y_2,\cdots,y_n\}, y_i \in L_z, i = 1,2,\cdots,n, L_z = \{0,1,z\} \qquad (3-5)$$

其中: z 表示输出为高阻状态。

(3) 一个有限的反馈向量 B 的定义形式为

$$B = \{b_1,b_2,\cdots,b_k\}, b_i \in L, i = 1,2,\cdots,k \qquad (3-6)$$

其中: k 最大值可为 n,即所有组合输出均反馈作为输入。

(4) 映射函数 F_y 定义形式为

$$F_y:X^* B{\rightarrow}Y; X \in L^m, B \in L^k, Y \in L_{zn} \qquad (3-7)$$

带反馈组合型 PLD 的逻辑逆向分析需要在基本组合型逆向分析处理过程的基础上进一步考虑反馈向量 B 的输入问题,即在考虑施加 2^m 个输入向量 X 的同时,还需要考虑 2^k 个反馈向量的问题,只有遍历收集完成所有输入向量 X 和反馈向量 B 作为输入激励和与之相对应的输出向量 Y,即完整地扫描 $(X,B) \in L^m * L^k$

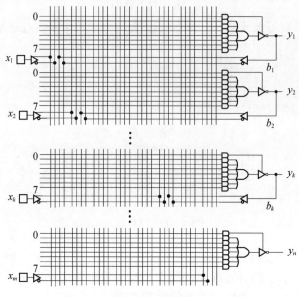

图 3 - 3 带反馈组合逻辑内部结构图

的 2^{m+k} 个取值,再通过逻辑综合处理软件工具才能完成带反馈组合型 PLD 映射函数的逆向求解工作。

3.1.2 时序逻辑脱机式逆向分析模型

1. 时序逻辑电路模型

"时序"是指将事件按时间排序,一个事件接着另一个事件发生,按照事件先后顺序进行处理的逻辑电路称为时序逻辑电路。时序逻辑电路与组合逻辑电路相比,在电路结构和逻辑功能方面各有其特点。从电路结构上讲,时序逻辑电路应包括组合逻辑电路和存储电路两部分,而且从输出端到输入端之间应存在反馈路径。存储电路一般由触发器组成。从逻辑功能上讲,一个时序逻辑电路任一时刻更新后的输出状态(次态),不仅与当时输入变量的状态有关,而且与电路原来所处的状态(现态)有关。时序逻辑电路模型如图 3 - 4 所示。

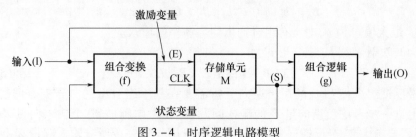

图 3 - 4 时序逻辑电路模型

组合变换(f)接收外部输入(I)和状态变量(S),组合变换(f)的输出作为存储单元(M)的激励输入。该激励输入的函数关系可写成 E = f(I,S)。存储单元在激励输入(E)和时钟(CLK)的作用下达到期望的输出状态值(S)。时序状态机的现态(S_t)与次态(S_{t+1})间的关系为:$S_{t+1} = f(I,S_t)$,表示时序状态机的次态(S_{t+1})依赖于现态(S_t)和当前输入(I),在下一个时钟脉冲到来时状态机的状态从 S_t 变为 S_{t+1}。输入变量(I)和状态变量(S)通过组合逻辑(g)产生输出 O,函数关系式可表示为:O = g(I,S)。

根据时序逻辑电路模型,PLD 器件设计成时序逻辑电路时主要有 5 种表现形式:

1) 组合逻辑的通用时序模型

当时序电路的输出随输入的改变而改变时,这种电路模型和纯组合电路模型基本上完全一致,时序模型如图 3 – 5 所示,输出 O 和输入 I 的函数关系可表示为 O = g(I)。

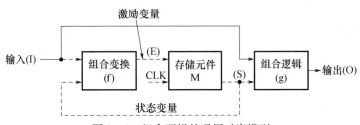

图 3 – 5　组合逻辑的通用时序模型

2) 时序延迟模型

时序延迟模型时序电路输出的变化依赖于输入的变化,当输入发生改变后经一定延迟后在输出端发生对应变化,模型如图 3 – 6 所示。这种电路模型从存储元件的输出到输入组合逻辑的输入没有反馈回路,输入变量提供到存储元件的激励经过存储元件一定的延迟后才输入到组合逻辑(g)。输出 O 可表示成输入 I 的函数 O = g(I),同图 3 – 5 所示的组合逻辑的通用时序模型相比只是增加了输入 I 的延迟时间。

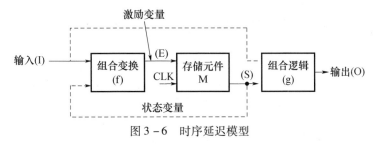

图 3 – 6　时序延迟模型

3) 时序计数器模型

时序计数器电路模型中每个时钟脉冲到达时都会改变计数器的计数,可以没

51

有外部输入,模型如图3-7所示。输入组合变换完成状态S_i转换作为存储元件的输入,激励输入$E=f(S_i)$,存储元件在激励输入E和延迟时钟的作用下生成状态机的次态(S_{i+1}),即$S_{i+1}=f(S_i)$,组合逻辑(g)完成输出(O)变化,输出$O=g(S_{i+1})$。

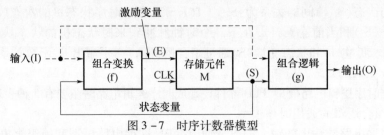

图3-7　时序计数器模型

4) Moore 机时序模型

在 Moore(摩尔)机时序模型中,存储元件的激励输入包括存储元件状态机的现态(S_t)和输入I组合生成,即$E=f(I,S_t)$,存储元件在激励输入E和时钟 CLK 输入的作用下生成状态机的次态(S_{t+1}),即$S_{t+1}=f(I,S_t)$,组合逻辑(g)完成输入到输出(O)组合逻辑的变化,输出$O=g(S_{t+1})$。Moore 机时序模型和时序计数器模型相比主要区别是有输入I,Moore 机时序电路模型如图3-8所示。

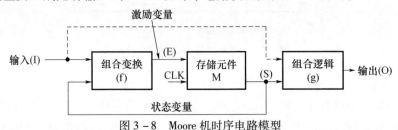

图3-8　Moore 机时序电路模型

5) Mealy 机时序模型

Mealy 机时序电路模型与 Moore 机的不同之处主要在于:其输出依赖于存储元件状态机的现态(S_t)和输入变量I,模型如图3-9所示。Mealy 机的变量关系为:$E=f(I,S_t)$,$S_{t+1}=f(I,S_t)$,$O=g(I,S_{t+1})$。

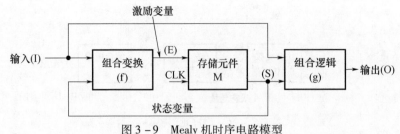

图3-9　Mealy 机时序电路模型

上述几种电路模型基本包括了 PLD 器件所有可能的时序逻辑电路设计,根据时序逻辑电路的几种模型,不难发现,它们均可包含组合变换(f)、存储元件(M)和组合逻辑(g)三大部分,每种具体时序逻辑电路模型只是分别将某部分的功能进行了弱化而已。

2. 时序逻辑逆向分析模型

在时序电路模型一节已经讨论了时序电路在任何时刻的输出不仅与该时刻的输入信号有关,而且还与电路原来所处的状态有关。当采用 PLD 器件进行数字时序电路设计时,也不外乎上述几种时序电路模型,根据这几种时序电路表现形式可建立脱机式 PLD 器件的时序逻辑逆向分析,模型如图 3 – 10 所示。

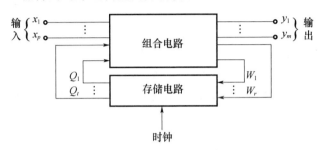

图 3 – 10　时序逻辑逆向分析模型

在该逆向分析模型中 $x_1, x_2, \cdots, x_p$ 为等价于二进制系统的输入,$W_1, W_2, \cdots, W_r$ 表示存储电路的激励,等价于状态机的现态,$Q_1, Q_2, \cdots, Q_t$ 表示作用次态,$Y_1, Y_2, \cdots, Y_m$ 可表示为二进制系统的输出向量。其对应关系可表示为

$$\begin{cases} y_i = F_i(x_1, x_2, \cdots, x_p; Q_1, Q_2, \cdots, Q_t) & i = 1, 2, \cdots, m \\ W_j = G_j(x_1, x_2, \cdots, x_p; Q_1, Q_2, \cdots, Q_t) & j = 1, 2, \cdots, r \\ Q_k = H_k(W_1, W_2, \cdots, W_r) & k = 1, 2, \cdots, t \end{cases} \quad (3-8)$$

式中:F_i 表示输出生成函数;G_j 表示反馈生成函数;H_k 表示次态生成函数。

根据时序逻辑逆向分析模型,在模型的输入端施加不同的输入向量,并不能获得完全对应的输出向量,真正的输出与当前所处的状态和输入端的输入向量相关,只有遍历所有状态和状态关联的全部输入向量并在输出端读取所有对应的输出向量,然后通过逻辑综合处理技术才能获得正确的逻辑等价功能。显然,如何快速遍历所有的有效状态和穷举各状态所对应的全部输入向量是逻辑逆向分析研究的关键,也是开展大规模可加密 PLD 逆向分析的瓶颈所在。

时序寄存器型 PLD 芯片又可分为同步时序型和异步时序型。同步时序 PLD 是以全局统一的时钟驱动所有寄存器输出,而异步时序寄存器型 PLD,它的寄存器的输入时钟可以独立控制,时钟不连在一起,时钟可以被选通或由其他寄存器直接驱动。

1) 同步时序型 PLD 电路分析

同步时序型 PLD 器件的特征电路结构如图 3 – 11 所示。可以用五元组 ***P*** 来描述:$\boldsymbol{P} = \langle \boldsymbol{X}, \boldsymbol{Y}, \boldsymbol{S}, \boldsymbol{F}_y, \boldsymbol{F}_s \rangle$,其中:

（1）输入向量 X 定义为

$$X = \{x_1, x_2, \cdots, x_m\}, x_i \in L, i = 1, 2, \cdots, m, L = \{0, 1\} \qquad (3-9)$$

（2）输出向量 Y 定义为

$$Y = \{y_1, y_2, \cdots, y_n\}, y_i \in L_z, i = 1, 2, \cdots, n, L_z = \{0, 1, z\} \qquad (3-10)$$

其中：z 表示输出为高阻状态。

（3）一个有限的状态集合定义为

$$S = \{s_1, s_2, \cdots, s_r\}, r \leqslant 2^k, k \text{ 为寄存器输出总数} \qquad (3-11)$$

（4）输出映射函数 F_y 定义为

$$F_y : X^* S \rightarrow Y \qquad (3-12)$$

（5）状态转换映射函数 F_s 定义为

$$F_s : X^* S \rightarrow S \qquad (3-13)$$

在图 3-11 中，由于输出映射函数的状态输出和状态转换函数的输出正好反（负）相，所以式（3-12）和式（3-13）中的两个函数可选取其中的一个函数分析便可，在逻辑逆向分析过程中若无特殊说明我们只选取 $F_y : X^* S \rightarrow Y$ 进行分析讨论。

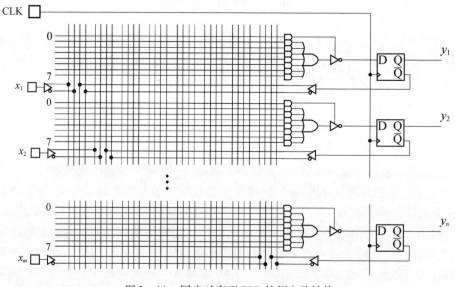

图 3-11　同步时序型 PLD 特征电路结构

同步时序型 PLD 逆向分析的关键在于同步寄存器输出端的响应输出向量要收集详尽完整，即要采集到所有时序状态下的所有输入向量对应的输出向量数据，所有状态均达到遍历（状态饱和）。所谓状态饱和是指在所有可能的时序状态下所有可能的输入向量均已分别施加到了芯片输入端，并收集完成其对应的输出向量，本书把这种状态称为饱和状态。

当一枚被逻辑逆向分析的器件处于某确定状态 $s \in S$ 时，可取任意的 $x_i \in L^m$，求得 $F_y(x_i, s)$，在同步时序型逻辑电路数据脱机式采集过程中采集电路只能提供

任意的输入向量 $x_i \in L^m$,却不能任意改变状态机的状态 $s \in S$,因此对于同步时序型 PLD 器件的脱机式逆向分析,必须要解决如何获得任意有效状态 s 的问题。

一个实际正常设计可以使用的同步时序状态机 PLD 器件,应满足定理 3.1。

定理 3.1　同步时序状态机 PLD 必须满足对任意的有效状态 $q \in S$ 和 $s \in S$,可以通过有限步的状态转移操作,便能实现从状态 q 驱动至另一状态 s,其中 $S = \{ v | v$ 为同步时序状态机 PLD 上电正常工作的状态 $\}$。

证明　设同步时序状态机中一个有效状态 $q \in S$ 和另一个有效状态 $s \in S$,S 表示该同步时序状机的所有有效状态的集合,假设在有限转移操作步骤内无法从状态 q 驱动至状态 s,则状态 q 和状态 s 间彼此不可达,则状态机一旦进入状态 q 将无法转移到状态 s。可以得出如下结论:电路系统在正常工作时状态 s 将永远无效,则所设计的状态 s 是多余的,即状态 s 是无效状态,与命题相矛盾。所以,对于一个有效状态 s,必须在有限步的状态转移操作后能从任意状态 q 驱动至 s。

根据定理 3.1,可以得出同步时序状态机 PLD 可以通过有限步的运算达到逆向分析的要求,并生成完整而且涵盖原始逻辑功能的数据集合。

芯片数据采集过程如下:

(1) 同步时序型 PLD 上电后必然处于某一状态,设其为初始状态 s_0。

(2) 取 s_0 的未遍历的输入向量 $x_i \in L^m$,采集 $y = F_y(x_i, s_0)$,$s = F_s(x_i, s_0)$,存储结果,设置 s 为新的状态。

(3) s 是否饱和?若饱和,转(4);若不饱和,$s_0 = s$ 返回(2)。

(4) 是否所有状态 $s \in S$ 均饱和?若饱和转(7);若不饱和,则转下一步执行。

(5) 对待分析的 PLD 器件重新上电,使其回到初始状态 s_0,s_0 是否饱和?若饱和,则转(6);若不饱和,则转(2)。

(6) 寻找从状态 s_0 驱动至未饱和状态 $s \in S$ 的途径,依照寻径的结果将被分析芯片的当前状态从 s_0 驱动至一状态 s,$s_0 = s$,然后转(2)。

(7) 采集结束。

在上述数据采集过程中,当一输入向量 $x_i \in L^m$ 是状态 $s \in S$ 的已作用输入向量时,是指在现态 s 条件下已经由数据采集电路求得了对应输出响应向量 $y_i = F_y(x_i, s)$,否则,称 x_i 为未作用的输入向量。如果在状态 s 条件下,任意的输入向量 $x_i \in L^m$,均为已作用的输入向量,则称状态 s 为饱和状态;如果还存在有 $x_i \in L^m$ 可作为输入向量,则称状态 s 为不饱和状态或称未达到状态饱和。

上述数据采集的关键是第(6)步,由定理 3.1 可知,第(6)步一定可以在有限步的操作内完成数据的采集和运算。因此,采集同步时序 PLD 电路的数据一定可以在有限步数内求得全部完整的数据。所以,同步时序型 PLD 电路逻辑逆向分析在理论上是完全可以解析成功的。

2) 异步时序型 PLD 电路分析

异步时序型 PLD 寄存器的输入时钟可以不连在一起,时钟可以被选通或由其他寄存器驱动。其内部结构示意图如图 3 – 12 所示。

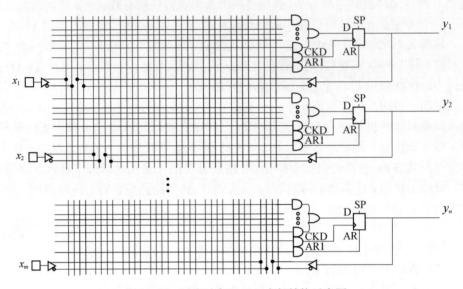

图 3 – 12　异步时序型 PLD 内部结构示意图

异步时序型 PLD 的特征可以由五元组 $\boldsymbol{P} = \langle \boldsymbol{X}, \boldsymbol{Y}, \boldsymbol{SW}, F_y, F_s \rangle$ 来描述,其中:

(1) 输入向量定义为

$$\boldsymbol{X} = \{x_1, x_2, \cdots, x_m\}, x_i \in \boldsymbol{L}, i = 1, 2, \cdots, m \qquad (3-14)$$

(2) 一个输出变量定义为

$$\boldsymbol{Y} = \{y_1, y_2, \Lambda, y_1, \Lambda, y_n\}, y_i \in \boldsymbol{L}_z,$$
$$\boldsymbol{L}_z = \{0, 1, z\}, i = 1, 2, \Lambda, n \qquad (3-15)$$

(3) 一个有限的状态变量定义为

$$\boldsymbol{SW} = \{x_1, x_2, \cdots, x_m, \boldsymbol{Y}\} \qquad (3-16)$$

(4) 特征函数 F_y 定义为

$$F_y : \boldsymbol{X}^* \boldsymbol{SW} \rightarrow \boldsymbol{Y} \qquad (3-17)$$

(5) 特征函数 F_s 定义为

$$F_s : \boldsymbol{X}^* \boldsymbol{SW} \rightarrow \boldsymbol{SW} \qquad (3-18)$$

对于任意的状态 $s_1, s_2 \in \boldsymbol{SW}$ 且 $s_1 \neq s_2$,存在一个输入序列,可使状态机从状态 s_1 转移到状态 s_2。待逆向分析的 PLD 器件虽然有多个不同的异步输入时钟,为便于说明,假设只有两个时钟分别为 CLK1 和 CLK2,在逻辑逆向分析过程中,可通过接口电路控制其在某一时刻只有 CLK1 时钟输入有效,CLK2 时钟处于固定电平,即 CLK2 无效,当 CLK1 时钟使状态从 q_1 转移到 q_2 后,时钟 CLK1 输入端电平保持不变,此时让 CLK2 时钟正常工作,按照同步时序型 PLD 电路一样逆向分析,便可采集完成 q_2 状态下所有 CLK2 时钟单独作用下的状态特征函数。之后,时钟 CLK2

输入端又保持不变,令 CLK1 时钟输入端工作,设法让 CLK1 作用的时序状态从 q_2 转移到 q_3,之后,再让时钟 CLK1 输入端电平保持不变,CLK2 时钟正常工作,如此循环直到所有可能的状态遍历完成为止,显然,这种脱机多逆向异步时序电路的方法就是将其转化为多个同步时序电路来分析,在此不再赘述。

3.1.3 逻辑器件脱机式逆向分析过程

由于 PLD 逻辑器件从内部逻辑功能到引脚属性的定义和分配均可由电路系统工程师自定义设计完成,换句话说某一型号的 PLD 器件,可以设计成千差万别的逻辑功能和引脚属性定义形式,任何一种 PLD 设计都可以看成是一种用户设计的专用集成电路(ASIC)。根据逻辑器件内部结构和工作特点,对其采取脱机式逆向分析的工作流程如图 3 – 13 所示。

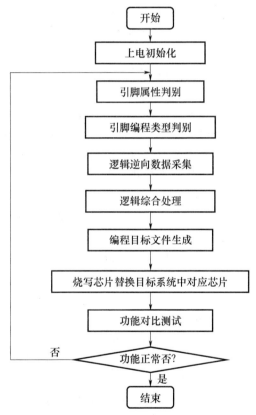

图 3 – 13 逻辑器件脱机式逆向分析过程

对加密 PLD 器件进行脱机式逻辑逆向分析时,首先需要搭建一个能够提供输入激励向量并能够采集 PLD 器件输出响应的实验环境,该环境应具有三态判别电路,能完成输出引脚高、低电平和高阻的识别,通过三态判别电路能实现 PLD 器件引脚属性的判别,判别电路将引脚划分为输入(I)、输出(O)和空引脚(NC);引脚属性判别出来后需进一步完成引脚编程类型的判别,在输入引脚集合(I)中需要分辨出时钟输入引脚和激励输入引脚,接着在输出引脚集合(O)中区分出组合输出、时序输出和三态输出。在确定了各引脚的编程类型后,便可通过逻辑逆向数据采集过程输入激励向量采集对应输出向量形成输入/输出数据真值表,运用逻辑综合处理软件生成逻辑功能等价的布尔函数或以硬件描述语言为主要形式的反设计文档,再经编译工具处理便可生成用于编程芯片的熔丝文件,最后将熔丝文件烧写到一个目标芯片中,将编程完成的芯片放入被逆向分析芯片所在的电路系统中进行功能对比验证,若验证结果与原芯片完全一致,说明逆向分析结果正确,逆向分析过程可以结束,否则调整逆向分析方法重新进行逆向分析。在整个过程中,引脚属性判别、状态数据采集及逻辑逆向综合是难点和关键点所在。

1. 引脚属性判别

芯片引脚属性及电路类型的正确判别是逻辑器件逆向分析能否成功的基础,一旦判别有误,将导致整个逆向分析过程失败。PLD 器件的引脚可以根据电路系统工程师不同的设计需要定义为:普通输入、时钟输入、异步置位/复位端输入、组合输出、时序输出(寄存器输出)和无用引脚(NC)等。引脚属性判别的任务就是通过各种测试向量对分析芯片进行考查完成对芯片引脚属性的判别。传统的判别方法是假设一条引脚具有某种类型的输出,然后对其他引脚施加用于考查该引脚属性的激励输入向量,并采集考查引脚上的响应情况,进行分析处理,按此方法依次对芯片各引脚分析处理,从而分析推导出芯片各引脚的属性。除了芯片的 NC 引脚外,所有的引脚与引脚之间都具有一定的关联性。这种假设某引脚属性然后进行考查分析的方法,每次只能判明一条引脚,判别次数与引脚数相等。每次假定一条引脚属性后判别验证假设是否正确所需时间显然与引脚数目呈指数增长。如何使用较少的判别激励向量短时间内完成引脚属性的正确判别,或采用什么样判别策略来提高引脚属性判别的速度是引脚属性判别需要解决的关键性问题。

2. 脱机式数据采集

脱机式逻辑器件逆向分析需要完成用于综合分析处理的数据采集,采集 PLD 芯片的数据必须正确且完整。对于设计为组合类型工作的 PLD 芯片,对其进行分析数据的采集相对简单,只需要向所有用作输入的引脚施加全部的输入向量并采集其对应输出响应向量即可。为了保证所有的用于综合分析处理的数据采集完整,一般使用"穷举"的思想来实现。假设逆向分析的 PLD 芯片的输入引脚数为 n,则需要采集的数据向量为 2^n。如果被分析的 PLD 芯片是时序逻辑电路,则其数据采集量将更大也要复杂得多。假定 PLD 芯片的输入引脚数为 n,时序输出引脚的个数为 m,数据采集时需要采集每个状态下所有输入向量及其对应的输出向量值,采集的数据量为 2^{n+m},除了数据量比纯组合逻辑电路大外,由于时序状态机的状态可达路径分布并不均匀,大量的状态间需要经过多个中间状态才可达,因此,要实现状态间快速可达,应记录状态转移路径,以便实现状态间的快速转移(状态回溯),从而实现所有测试向量快速遍历。显然,PLD 芯片数据采集的难点主要集中在时序逻辑电路上,其涉及的主要技术难点如下:

1) 状态转移关系图的记录

时序电路的状态跳转具有不确定性和不均匀性,为了快速穷举完成时序状态机的所有可能的未知状态,采集过程中需要知道已完成的采集情况,并据此作为依据施加未测试的激励向量,通过状态转移关系图可以将时序状态机快速驱动到某一未达到饱和的状态继续采集。为此,需对状态转移关系图进行记录。由于状态的出现以及转移关系是未知的,且状态的规模与所设计的时序寄存器输出个数呈指数关系。所以,脱机式逆向分析需要研究未知状态网络的存储与表示,研究记录状态间的转移关系是加速逻辑逆向数据采集需要考虑的重要问题。

2) 最短驱动路径

在状态转移关系转移图建成后,为了加速完成时序电路芯片的数据采集,必须依据已记录的状态转移关系图,寻找到达未饱和状态的最短路径以完成数据采集的状态迁移,根据此路径找到特定状态后,施加该状态对应的输入激励向量,采集对应输出向量值。因此,研究快速路径驱动和寻找最短路径是时序型逻辑器件数据采集过程中十分重要的技术问题。本书重点介绍采用自然路径和基于蚂蚁算法相结合的状态驱动算法,并根据逆向数据采集的特点将其分为两个阶段选择不同状态驱动思想来实现状态回溯,该思路可缩减状态间转移路径的长度,加快数据采集过程的完成。

3) 超大规模数据存储

对于时序型逻辑器件,需要采集的数据量高达 2^{n+m},当 $n+m$ 的值大到一定程度时,要想将所采集的数据都存放在内存是不现实的,时空需求矛盾十分突出,因此,超大规模数据存储是数据采集过程中需要解决的技术问题。

3. 脱机式逻辑逆向综合

逻辑综合主要完成对采集数据的综合分析处理,生成引脚间的逻辑布尔方程式,以实现加密 PLD 器件逻辑功能的逆向分析。为区别于芯片正向设计中的逻辑综合,本书将称其为逻辑逆向综合。其涉及的主要关键技术如下:

1) 大数据量逻辑逆向综合处理算法

在逻辑逆向分析中采集的数据是芯片设计功能的数据向量全集,随着 PLD 芯片引脚数目的不断增多,脱机式逆向采集的数据量呈指数增长。对于有 n 个输入引脚、m 个寄存器输出引脚的芯片,需采集的数据向量就高达 2^{n+m}。另外,在逆向逻辑综合处理过程中,因无法确定输出引脚和输入引脚的对应关系,所以只有假设某输出引脚和所有的输入引脚存在函数关系,这样原始的解的假设空间就会远远大于正向设计中逻辑综合算法需要处理的数据空间。这些因素导致了逆向逻辑综合巨大的时空需求矛盾。因此,逻辑综合要解决的关键性技术问题就是如何在有限的时间和空间的约束条件下,完成对逆向采集的超大容量数据进行逻辑综合分析处理。

2）时序型芯片的快速综合处理

对时序芯片进行数据采集时,得到的数据往往是多个不同状态的彼此可能不连续的数据。同一状态的输入向量和输出响应向量数据可以让其保持格雷编码的约束关系,而不同状态之间的数据其离散度较大。对这种状态分离式条件下采集的离散数据进行逆向综合处理,会遇到由于状态离散而引起的中间结果集规模庞大难以并行处理的问题,进而会严重影响综合处理的速度,甚至可能导致计算处理系统的存储器崩溃的问题。

3）逆向综合过程中覆盖造价的选择与确定

在正向逻辑综合中,优化结果是在已知确定的约束条件下产生的,即便这种优化结果的造价不是最小,只要能够满足约束条件,就可以被设计人员接受,因此其结果优化程度的可选择性比较大。而在逆向逻辑综合中,由于难以在优化之初就确定约束条件,因此,优化结果的造价应尽可能最小。其中涉及的关键技术包括极值的选择、最小覆盖的求解、多输出间共享乘积项的提取等。

3.2　脱机式逆向分析硬件平台

脱机式逆向分析硬件平台的原理框图如图 3 - 14 所示,主要包括译码/解码电路、输入控制电路、分析芯片电源控制电路、三态分离控制电路和用于放置芯片的锁紧座等组成。

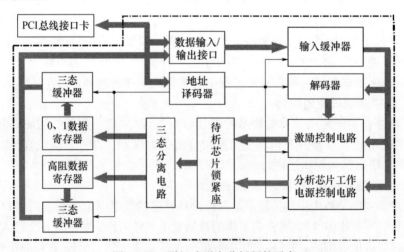

图 3 - 14　脱机式逆向分析硬件平台

3.2.1　输入激励控制电路

输入激励控制电路的主要功能:锁存数据线上的激励输入向量,并控制锁存后的激励输入向量流向锁紧座上被分析 PLD 芯片的相应输入引脚。为支持多种结构,不同规模和封装的可编程逻辑器件的逆向分析,输入激励控制电路应支持实现对锁紧座每一引脚的独立编程控制。其原理如图 3 - 15 所示。

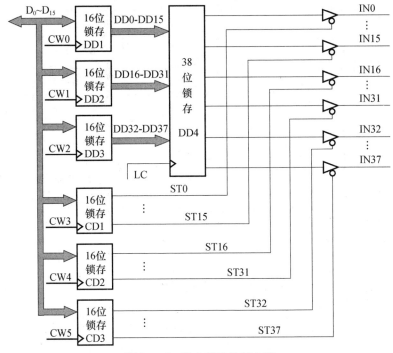

图 3 - 15　输入激励控制电路

$D_0 \sim D_{15}$ 为与通信接口相连的数据总线,宽度为 16 位,IN0 ~ IN37 为与锁紧座的连线,称为片连总线,宽度为 38 位,为了使各输入端输入数据在时间上同步,输入激励控制电路采用了二级锁存,第一级锁存包括两个 16 位锁存和一个 6 位锁存,分 3 次将激励输入锁存好,第二级锁存为 38 位锁存,将激励输入数据同时送至三态门输入端。三态控制主要用于控制是否把激励输入送到锁紧座的对应引脚,第二级的 38 个三态控制信号同样由两个 16 位锁存和一个 6 位锁存提供,一般在采集开始前一次性完成设置,设置值由分析器件的引脚属性决定,此后这些锁存器中的数据保持不变。控制信号 CW0 ~ CW5、LC 由译码电路产生,锁存器的锁存操作在时钟的上跳沿时完成。

3.2.2　逆向分析芯片输出响应回收电路

逆向分析芯片输出响应回收电路包含三态分离电路和数据缓冲电路。回收电路主要用于采集分析芯片对输入激励信号的响应,并将响应信号缓冲等待读取。其原理如图 3 - 16 所示。

因脱机式逆向分析硬件平台数据线宽度 16 位,锁紧座数据总线宽度为 38 位,

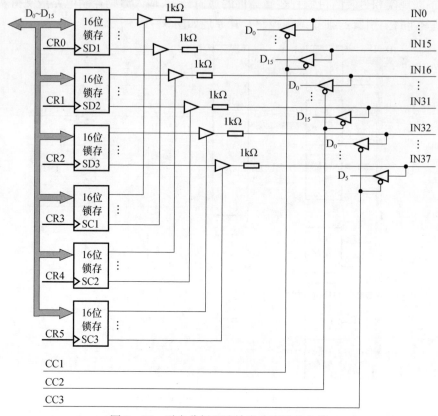

图 3-16 逆向分析芯片输出响应回收电路

因而针对锁紧座内的逆向分析芯片,因不能确定哪一条引脚为输出,所以采集其输出响应必须面对所有可能的情况,即全部 38 位均可能作为逆向分析芯片的输出,所以输出响应的采集需要分 3 次才能完成,控制读取信号分别由 CC1、CC2、CC3 担任。由于高阻输出电平值直接读取时可能得到的值为"0"或"1",不能从读取到的数值直接进行识别,为此需要有三态分离电路。三态分离电路针对逆向分析芯片输出为高阻态(Z)时表现为开路的特点,特意向逆向分析芯片表现为输出的引脚分时施加高和低电平,并串入 1kΩ 电阻,显然,逆向分析芯片如果输出电平为高或低时,其电平值不会发生改变,当输出为高阻时,引脚的电平值将随串入电阻另一端电平的变化而变化。

SD1、SD2、SD3 为三态判别数据锁存器,SC1、SC2、SC3 为三态判别控制数据锁存器。其判别过程如下:首先给 SD1~3 输出全"0",给 SC1~3 输出全"1",给 CC1~3 输出全"0"以读取芯片的引脚数据;然后给 SD1~3 输出全"1",给 SC1~3 输出全"1",给 CC1~3 输出全"0"以读取芯片的引脚数据。通过两次读得的数据进行比较,即可判别出输出的 3 种状态,若两次均为"0",则其输出低电平;若两次均为"1",则其输出高电平;若第一次为"0"、第二次为"1",即引脚输出随施加电平而变化,则为高阻态。

3.2.3　分析芯片电源控制电路

不同型号和不同封装的 PLD 芯片,其电源和地引脚的分布位置一般不同。硬件逆向分析平台为支持各种可编程逻辑器件的脱机式逆向分析,应为各种逆向分析的芯片设计制作专门的适配器转接头,将不同封装的逆向分析芯片规约为双列直插的形式,以此降低电源控制电路设计实现的难度。

有时为了采集完成时序逻辑电路芯片的所有状态及状态转移向量,还需要多次复位分析芯片,因此芯片锁紧座的电源输入端与电源控制电路之间应能够通过程序控制开关。分析芯片供电电源控制电路原理图如图 3 – 17 所示。

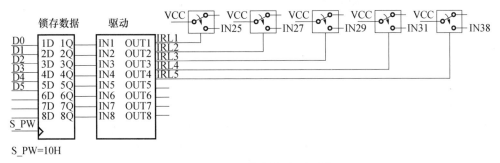

图 3 – 17　电源控制电路原理图

给引脚数为 20 针、24 针、28 针、32 针、40 针的芯片加电时,只需分别给 40 针连接器(IDC40)的 IN25、IN27、IN29、IN31、IN38 脚电源开关接通即可。

3.3　引脚属性判别

芯片引脚属性及电路类型的正确判别是逻辑芯片逆向分析的第一步,判别的正误,将直接关系到逆向分析过程的成败。PLD 器件的引脚可以根据电路的实际需要定义为输入、输出和无用引脚(NC),输入又可以进一步分为时钟输入、异步置位/复位端输入,输出也可以定义为组合输出、时序输出(寄存器输出)等。芯片引脚属性是指 PLD 器件在工作时其引脚表现为输入、输出或者无用引脚的特性。引脚属性判别的任务就是实现对逆向分析逻辑芯片引脚属性的判别。

3.3.1　引脚判别原理

目前广泛应用的 PLD 器件一般由可编程的"与"阵列,固定的"或"阵列和可编程的输出宏单元组成。其输入/输出等效图如图 3 – 18 所示。

图 3 – 18 中输入引脚经互补缓冲器进入"与"阵列,互补缓冲器等效于两个 CMOS 反相器。由于 MOS 管的输入阻抗非常大($10^9 \sim 10^{14}\Omega$),因而测试点与输入

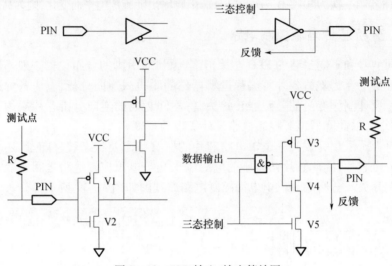

图 3-18　PLD 输入/输出等效图

引脚的电平基本一致。数据输出经三态门至输出引脚,三态门由 CMOS 反向器和一个控制 MOS 管及"与非"门构成。当输出使能控制端为低电平时,V5 截止,"与非"门输出高电平,V3 截止,输出为高阻。输出使能为高时,V5 导通,反相器正常工作。若与"与门"相连的数据输出端为低电平,则 V4 导通,输出引脚与地相连,此时在测试点施加高电平,负载电流灌入 V4,不会将输出引脚电平拉高。反之为高电平时,则 V3 导通,输出引脚与电源相连,此时在测试点输入端施加低位电平,负载电流流出 V3,也不会将输出引脚电平拉低。具体情况如表 3-1 所列。

表 3-1　输入输出引脚电平表现

引脚电平 / 测试点电平	输入引脚	输出引脚		
		三态控制端(L)	三态控制端(H)	
			数据输出(L)	数据输出(H)
0	0	0	1	0
1	1	1	1	0

由表 3-1 可得引脚 I/O 属性判别的依据是:输入引脚的电平值随测试点施加电平的变化而变化(高阻特性);三态门关闭时,输出引脚的电平表现同输入引脚;三态门打开时,输出引脚电平不受测试点施加电平的影响。

引脚属性判别完成后,可以进一步对输出引脚类型进行判别,输出引脚可分为寄存器输出和组合输出,寄存器输出为时钟沿翻转,而组合输出为电平翻转。寄存器输出引脚和时钟引脚的判别是同步进行的。控制输入引脚电平值不变,在待定时钟引脚产生一个正向脉冲,若上升沿触发了某些引脚电平的翻转,且这些引脚在待定时钟引脚为低电平时没有继续翻转,由逻辑器件的输入输出函数的单值性(一个输入只能产生一个输出)可知,待定引脚必然具有时钟功能,发生翻转的引脚中必然存在寄存器输出引脚。

异步复位和同步置位引脚通常用于使寄存器回到基准状态,由于同步置位需要时钟沿触发,可以将其看成是触发状态转移的输入引脚,不需要另作判别。异步复位可以直接触发寄存器的状态转移,状态转移的目标态是固定的,且此时时钟并未发生翻转,据此可以将其和时钟引脚区分出来。

3.3.2　逻辑器件引脚属性判别

引脚属性判别前,先假定 PLD 芯片所有引脚的集合为 P,输入引脚的集合为 I,输出引脚的集合为 O,无用引脚的集合为 NC,集合间的关系满足:$P = I \cup O \cup NC$,且任意输入引脚 $I_i \in I$,任意输出引脚 $O_i \in O$,必然存在 $I_i \in P$ 和 $O_i \in P$。

加密 PLD 被看作一只"黑箱",把它从实际工作电路中分离出来进行考查分析研究,这种分离不是绝对的而是相对的,当把它从系统分离出来时不仅要判定它与原工作电路环境之间的边界,同时还应考查它与实际工作环境相互作用的关系。如果把工作电路环境对加密 PLD 的作用看作"输入",而把它对工作环境的作用当作"输出",那么就可以把不受工作环境的影响也不对实际工作电路环境发生任何作用的引脚称为"无用引脚"(NC),加密可编程逻辑引脚属性示意图如图 3 – 19 所示。

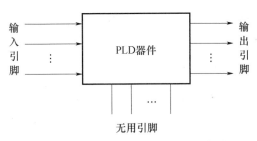

图 3 – 19　PLD 可编程引脚属性示意图

显然,加密逻辑器件引脚属性判别完全符合"黑箱"考查的特征,即在黑箱的输入端输入一组测试向量,在黑箱的被考查输出端一定有一组对应的输出。

从引脚属性示意图 3 – 19 可知,在无用引脚上无论施加什么样的测试向量,在其他引脚上均不会有任何变化;而对于输出引脚,根据数字电路理论可知,当被考查的 PLD 芯片被供电后,在其输入引脚上不施加任何电平信号的情况下,部分输出引脚仍会输出一固定电平信号(非三态控制输出引脚),即表现出输出引脚的特性,根据这一特性可以静态观察出部分输出引脚。剩余部分引脚再利用假设引脚属性,然后通过动态测试序列向量考查的方法来完成。为了分析问题方便,在后面讨论中若无特殊说明时不涉及电源引脚的讨论分析。针对 PLD 引脚属性的判别主要有传统方法和快速判别方法。

1. 传统引脚属性判别法

传统判别方法是依次假设一条引脚为具有某种类型的输出,然后对其他引脚施加用于考查该引脚属性的激励输入向量,并采集考查引脚上的响应输出进行分析处理,从而依次推导出芯片各引脚的属性。除了 NC 引脚外,所有引脚与引脚之间都具有一定的相关性。这种假设某引脚属性然后进行考查分析的方法,每次只能判明一条引脚,判别次数与引脚数相等。每次假定一条引脚属性后判别验证假设是否正确所需时间显然与引脚数目呈指数增长关系。

显然,这种方法因采用的是逐一考查未知 I/O 引脚的思想,判别结果的准确性比较高,但是随着待解逻辑器件引脚数目的增加,考查时间会很长,另外,引脚数目的增加,可编程引脚的个数也会不断增多,未知 I/O 引脚的规模不断扩大,使得判别引脚属性的时间消耗大大增加。假如一枚具有 n 个固定输入引脚、m 个 I/O 引脚的逻辑器件,在最坏情况下,判别 I/O 引脚所花费的时间为 $2^{(n+m-1)} \times m \times t$($t$ 为一次读写所花费的时间),如果输入引脚增加 s 个,则增加的时间为原来的 2^s 倍,从时间的花费和成本来考虑,这样的算法将难以接受。

2. 固定输入判别法

该方法是遍历逻辑器件的所有固定输入引脚,采集所有未知 I/O 引脚的输出结果,通过比较不同输入激励下每一个 I/O 可编程引脚的对应输出结果值,来判定 I/O 引脚的属性。

对于一个有 n 个固定输入引脚和 m 个 I/O 引脚的逻辑器件来说,在最坏情况下,判别完成所有 I/O 引脚需要的时间为 $2^n \times t$,相比传统判别法有很大提高。但该法也存在一个缺陷:由于在正向设计中,I/O 可编程引脚有可能被配置为输入引脚,而固定输入判别法在进行判别时并没有将这些被配置为输入的 I/O 引脚作为输入变量进行测试,有可能出现引脚判别结果不完整的情况。

研究高效的测试激励生成算法和判别策略是提高引脚属性判别速度与准确率的关键。当逆向分析逻辑器件的引脚数目较少时,采用全码测试,即"完全穷举法"进行遍历是可行的,但随着芯片引脚数目的增多,穷举测试时间增加过快,工程上无法接受,此法显然是行不通的。

3. 引脚属性快速判别

引脚属性快速判别是在引脚属性判别中先采用静态观察法发现一些输出引脚,对剩余未确定属性的引脚再采用"搏动"策略的思想进行假设判定,即在判别过程中假定某一引脚为输出时,通过对其他引脚施加输入激励,在假定的输出引脚上一旦发现有电平变化(搏动),便可判明该引脚为输出引脚,立即停止对该引脚属性的判别,继续分析其他未曾判别的引脚。

根据数字电路理论,当被考查的 PLD 芯片供电后,在其输入引脚上不施加任何电平信号的情况下,部分输出引脚仍会输出一固定电平信号(非三态控制输出引脚),即表现出输出引脚的特性,根据这一特性可以静态观察出部分输出引脚。

1）静态观察法

静态观察法就是在引脚属性判别中运用数字电路理论中关于门电路的一些特征来实现部分引脚属性的判别。如不带三态控制的门电路在正常工作条件下,即使在门电路的输入端不施加任何激励,在输出端也会观察到一个固定电平信号输出;同样,带三态控制的门电路当三态门开启条件满足时,在三态控制的门电路输出端也会观察到一个电平信号输出。根据数字电路的这一特点可实现部分输出引脚的判定,这样就可以减少待定引脚的判定数量,加速引脚属性的判别过程,通常把这种给被分析芯片上电却不施加任何输入激励的方法称为静态观察法。

静态观察法判别过程如下:

（1）对加密 PLD 供电,并断开所有可能存在的激励输入连接。

（2）取 $i=1$,从引脚 $P_i \in P$ 开始观察。

（3）观察引脚 $P_i \in P$ 是否有固定电平输出,若有则将 P_i 加入输出集合 O 中。

（4）$i=i+1$,若 $i>n$（n 为逆向分析 PLD 芯片引脚总数）成立则转(5),否则转(3)。

（5）结束。

静态观察法可以准确地通过芯片引脚是否有电平输出来判定该引脚是否为输出。而对于那些拥有三态控制输出的引脚来说,当三态门开启条件不满足时,输出引脚的特性表现为高阻状态,与输入引脚的电气特性一样难以区分,静态观察法无法判定,须采用动态测试法来判定剩余未确定的引脚。

2）动态测试法

虽然静态观察法可以快速地判定出部分输出引脚,但对部分存在三态控制输出的引脚可能仍无法判出,除此之外,对输入引脚 I 和无用引脚 NC 采取静态观察法也无法分辨,须采用动态测试法才能完成剩余引脚的判别工作。动态测试法是指在引脚属性判别过程中假定一引脚为输出引脚,在其他可能为输入的引脚上施加测试向量,观察假定引脚的变化情况,如果该引脚有电平输出则可判定假定引脚的假设是正确的,如果整个动态测试过程中假定引脚始终没有电平输出发生,则可断定假设不正确,该引脚应为输入引脚或无用引脚。

动态测试法应在静态观察法之后实施,这样可以减少动态测试的工作量。动态测试法的主要任务是完成剩余未知引脚属性的判别,通过动态测试将剩余引脚划分为输出引脚（O）、输入引脚（I）和无用引脚（NC）集合。设静态观察法已判定的输出引脚集合为 O',动态测试法判出的输出引脚集合为 O'',则有 $O = O' \cup O''$ 成立。动态测试法判定引脚属性主要分为两个阶段,即剩余输出引脚的判定和输入引脚与无用引脚的划分。

剩余输出引脚的判定:首先假设被考查芯片的输出引脚数目为 q,$q = \text{number}(O)$,由静态观察法已判定为输出的引脚数目为 m,$m = \text{number}(O')$,未判出的输出引脚数目为 r,无用 NC 引脚数目为 v,$v = \text{number}(\text{NC})$,真正为输入的引脚数目为 $t = \text{number}(I)$,芯片引脚总数为 n,则有 $q = m + r$,$n = q + t + v$ 成立。

剩余输出引脚的判定过程如下：

（1）令 $i=1, r=0, O=\varnothing$。

（2）假定引脚 $P_i \in P-O'-O''$ 为输出引脚进行考查。

（3）在 $j=1,\cdots,n-m-r, j \neq i$ 且 $P_j \in P-O'-O''$ 引脚上依次施加测试向量组合，检测引脚 P_i 是否有电平输出。

（4）若引脚 P_i 上没有电平输出转入（5），否则引脚 P_i 上有电平输出表明该引脚的属性为输出，则将该引脚加入集合 O'' 中，$O''=O'' \cup \{P_i\}$，$r=r+1$。

（5）$i=i+1$，判断 $i>n-m-r$，若成立转（6），否则转（2）。

（6）结束。

剩余输出引脚的判定结束后必然有 r 个在静态观察法中没有判出的输出引脚，这些引脚被存放在集合 O''，输出集合 $O=O' \cup O''$，输出引脚数 $q=\text{number}(O')+\text{numberf}(O'')=m+r$。至此所有输出引脚全部判定，但输入引脚和无用引脚还没有完成划分。

关于输入引脚和无用引脚的判定问题学者们有两种不同的观点：一是无需区分，在逆向数据采集过程中将无用引脚和输入引脚等同对待，逆向采集数据提交综合处理时将自动去除无用引脚（NC）；二是在引脚属性判别时就将输入引脚和无用引脚加以区分。第二种观点虽然在引脚属性判定过程中浪费了一些时间，但和第一种方法相比在逆向数据采集和综合阶段浪费的时间要小很多，且第二种方法在后面的逆向数据采集和逻辑综合处理过程中将大大缩减时空需求，故在逻辑逆向分析研究中选取第二种思路的人较多。

芯片引脚在输出引脚被全部判定后，下一步需要完成对输入引脚和无用引脚的划分。为了将问题论述的更清楚，可以采用三元组 P 来加以描述：$P=\langle \boldsymbol{X}, O, F_o \rangle$，其中：

（1）$\boldsymbol{X}$ 表示未区分输入引脚和无用引脚集合上定义的输入向量：

$$\boldsymbol{X}=\{x_1, x_2, \cdots, x_{n-q}\}, x_i \in \boldsymbol{L}, i=1,2,\cdots,n-q, \boldsymbol{L}=\{0,1\} \qquad (3-19)$$

（2）输出集合 O 上定义的输出向量为

$$O=\{O_1, O_2, \cdots, O_q\}, O_i \in \boldsymbol{L}_z, i=1,2,\cdots,q, \boldsymbol{L}_z=\{0,1,z\} \qquad (3-20)$$

由式（3-19）和式（3-20）可推导出 $O=F_o(\boldsymbol{X})$，假设 x_i 表示输入引脚 i 的原变量输入向量，如式（3-21）所示，则 $/x_i$ 表示输入引脚 i 的反变量输入向量。如式（3-22）所示。

$$\boldsymbol{x}_i=\{x_1, x_2, \cdots, x_i, \cdots, x_{n-q}\}, x_i \in \boldsymbol{L}, i=1,2,\cdots,n-q, \boldsymbol{L}=\{0,1\} \qquad (3-21)$$

$$/\boldsymbol{x}_i=\{x_1, x_2, \cdots, /x_i, \cdots, x_{n-q}\}, /x_i \in \boldsymbol{L}, i=1,2,\cdots,n-q, \boldsymbol{L}=\{0,1\}$$

$$(3-22)$$

当向量 $\boldsymbol{x}_i$ 的输入引脚 i 保持原输入电平值不变时，即引脚 i 输入值恒定不变，其他引脚可以由 0 到 1 任意组合，则向量 $\boldsymbol{x}_i$ 可以有 2^{n-q-1} 种向量取值，若任意 $F_o(\boldsymbol{x}_i)=F_o(/\boldsymbol{x}_i)$，则可判定假定的输入引脚 i 为无用引脚。

输入引脚和无用引脚的划分算法过程如下：

（1）令 $NC = \varnothing$，$i = 1$，无用引脚数 $v = 0$，$x_i = 00\cdots0$。

（2）在所有的引脚 $P_j \in P - O - NC$，$j = 1, \cdots, n - q - v$，施加激励输入向量 $\boldsymbol{x}_i$，读取 $O_i = F_o(\boldsymbol{x}_i)$。

（3）在所有的引脚 P_j 上施加激励输入向量/$\boldsymbol{x}_i$，读取/$O_i = F_o(/\boldsymbol{x}_i)$。

（4）O_i 是否等于/O_i，若相等转（5），若不相等转（6）。

（5）$\boldsymbol{x}_i$ 逻辑加 1，$\boldsymbol{x}_i = 111\cdots1$，若成立，则将引脚 P_i 加入 NC 集合，$v = v + 1$，转（6），否则转（2）。

（6）$i = i + 1$，i 是否大于 $n - q - v$，若成立转（7），否则 $\boldsymbol{x}_i = 00\cdots0$ 并转（2）。

（7）算法结束。

算法结束后，在集合 NC 中存放的便是无用引脚，则输入引脚的集合 $I = P - O - NC$。

3）电平"搏动感知"技术

静态观察法和动态测试法可以准确确定加密 PLD 逻辑器件引脚的属性，并将器件的引脚集合划分为输入引脚集合 I、输出集合 O 和无用引脚集合 NC。通过前面的分析可知，静态观察法与芯片引脚数无直接关联，在整个引脚属性的判别过程中静态观察法所占的时间很少，几乎可以忽略不计。经过静态观察法判别后的剩余引脚，采用动态测试法进行剩余引脚的属性判定时，输入引脚与无用引脚的划分所花的时间几乎随剩余引脚的数目呈指数倍增长，当芯片引脚数目较少时判别引脚属性的时间尚可接受，当引脚数目较大时这种多遍（遍数等于剩余引脚数目）穷举遍历判定所花时间较长，必须研究新的技术和方法来降低其时间复杂度。下面介绍电平"搏动感知"技术的原理。

"搏动感知"模型如图 3 - 20 所示。

从模型图 3 - 20 可知，当采用动态测试法测试剩余不确定引脚时，PLD 逆向分析电路按照图 3 - 20 模型向 PLD 器件施加动态测试向量，动态测试向量经隔离电阻后输入到 PLD 器件的各个未确定引脚属性的引脚，如果动态测试向量正好开启了 PLD 器件某些输出引脚的三态控制机制，则这些未判定的引脚必然表现出输出特征，当这些输出引脚的电平值和测试向量对应分量不相等时，在电阻两

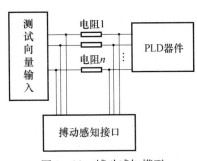

图 3 - 20　搏动感知模型

端表现为不同电平，将产生电平搏动，搏动感知接口读取感知向量与测试输入向量进行比较，对应位置的电平值不同者可判明为输出引脚，其他未确定引脚属性的剩余引脚继续穷举式测试。

为便于定量分析，设测试向量为 $\boldsymbol{X}$，定义如式（3 - 23），搏动感知向量为 $\boldsymbol{Y}$，定

义如式(3-24)。

$$X = \{x_1, x_2, \cdots, x_i, \cdots, x_n\}, x_i \in L, i = 1,2,\cdots,n, L = \{0,1\} \quad (3-23)$$

$$Y = \{y_1, y_2, \cdots, y_i, \cdots, y_n\}, y_i \in L, i = 1,2,\cdots,n, L = \{0,1\} \quad (3-24)$$

搏动感知判别算法:

(1)置 $O = \varnothing$,测试激励向量 $X = 00\cdots0$,步长向量 $V = 00\cdots0$。

(2)读取搏动感知向量 Y。

(3)求 $X \oplus Y$ 的值,若为 0 转(5),否则转(4)。

(4) $V = V \cup (X \oplus Y)$。

(5) $X = X \cup (V+1)$,X 是否等于 $11\cdots1$,若等于则转(6),若不相等则转(2)。

(6) V 若为 0 表示没有输出,转(7),否则将向量 V 中对应为 1 的位转化为输出引脚编号。

(7)算法结束。

采用搏动感知技术,将传统单个引脚属性假设判定方法转化为将所有引脚组合优化为一个向量来同时考查,一旦电阻阵列两端电平出现搏动便可判明对应引脚属性为输出,并将该引脚加入输出集合 O 中,剩余不确定引脚继续作为一个输入向量进行穷举考查。搏动感知判别算法的时间复杂度小于 $O(2^{n-m})$,和动态测试算法的时间复杂度 $O(n \cdot 2^n)$ 相比,加速比为 $(n \times 2^m)$ 倍,n 为芯片引脚数,m 为静态观察已确定的输出引脚数。

4)测试序列码生成技术

虽然搏动感知判别算法的速度和动态测试算法相比有了大幅提升,但时间复杂度依然为指数级。究其原因主要是这两种方法在测试向量的选取中都采取了穷举遍历技术,本节从提高判别算法性能的目标出发,重点介绍测试向量的生成策略。

通过前述的分析可知,要达到快速判别 PLD 引脚属性的目的,除了有一个好的引脚属性判别算法外,还需要有好的测试向量序列支持。一个好的测试向量序列应具备以下特点:

(1)能准确判定出待逆向分析 PLD 芯片所有引脚的属性。

(2)测试向量序列的测试码集合较小,编码距离最好为 1,编码的各位取值应均匀,即编码各位为"0"或"1"的概率相等。

为便于下面深入讨论分析,下面先给出如下定义:

设向量 U 和 V 分别为某一引脚 P_i 的测试输入向量,如果:

(1)测试向量 U 使引脚 P_i 的输出为逻辑"1"或"0",则称向量 U 为成功测试向量。

(2)测试向量 V 使引脚 P_i 的表现为"高阻"状态,则称向量 V 为无用测试向量。

根据上述定义可知,穷举遍历测试向量中包含了大量的无用测试向量。成功测试向量构成的集合只是测试向量全集的一个子集,只要成功测试向量集合包含了必要的测试序列,便可完成加密 PLD 器件引脚属性的判别。根据大量的实验统计分析,一枚加密的有 n 个引脚的逻辑不明芯片,只需选取 n^2 个好的测试向量便可快速完成成功率高达 95% 的引脚属性的判别。其余可能存在的 5% 的漏判引脚包含未判出的输出引脚和未从输入集合中剔除的无用引脚,这些引脚可在数据逆向采集和逻辑综合过程中完成修正。

根据概率论的思想,在穷举遍历向量集合中产生一个数据量相当大的随机测试向量序列,该序列包含一个小且对引脚属性判别是完备的成功测试向量序列集合的概率是极大的。所以,在成功测试向量集合的生成中可采用线性随机序列法生成该集合中的元素分量。

成功测试向量集合的生成过程:

(1) 随机选取一个非全"0"的 n(芯片引脚数)位二进制数作为成功测试向量的基码。

(2) 选取一个 n 次特征多项式,其对应系数作为特征常数。

(3) 将测试向量的基码送入 n 位移位寄存器中,移位寄存器向左移一位,判断进位位是否为 1,若为 1 转(4),否则转(5)。

(4) 寄存器内容与特征常数模 2 加,送回移位寄存器,并作为下一测试向量的基码。

(5) 将移位寄存器的二进制序列作为成功测试向量集合的一个元素。

(6) 测试向量集合是否已满足要求,若满足转(7),否则转(3)。

(7) 结束。

将成功测试向量集合中的测试向量用于电平"搏动感知"测试中,引脚属性判别的时间复杂度将变为 $O(n^2)$。

3.3.3　I/O 引脚编程类型判别

可编程逻辑器件除了引脚属性可由设计者编程指定外,I/O 引脚的编程类型(工作方式)同样可以由用户自行定义。

1. 输出引脚编程类型判别

输出引脚主要有 4 种编程类型:

(1) 无组合输出反馈(C)。

(2) 带组合输出反馈(CF)。

(3) 无时序寄存器输出反馈(R)。

(4) 带时序寄存器输出反馈(RF)。

为了便于后面讨论,特设各种编程类型引脚数为:输入引脚数为 a,输出引脚数为 b,无用引脚数为 c,组合输出引脚数为 d,时序输出引脚数为 e。

1) 输出引脚编程类型判别原理

对于数字电路芯片来说,若某一引脚被定义为具有正常逻辑功能的输出时,可能表现出 3 种状态,即高电平、低电平和高阻。换句话说,一条引脚被定义为具有正常逻辑功能的输出时,输出引脚的状态必然会随着输入激励向量的变化而变化。PLD 定义的输出引脚主要有两种编程类型:组合输出和时序寄存器输出。组合输出又分为无反馈组合输出和带反馈组合输出。时序寄存器输出同样也分为无反馈的时序寄存器输出和带反馈的时序寄存器输出两种输出。

组合输出和时序寄存器输出的主要区别在于输出引脚电平的变化是否受输入时钟的影响。判别可以依据这一特征来完成,如果一输出引脚输出电平的变化随着输入时钟的变化而变化,且该输出引脚在时钟引脚输入电平保持不变,其他输入激励穷举遍历时输出电平不发生变化,则可断定该输出引脚为时序寄存器输出(异步复位输入不考虑在内),否则为组合逻辑输出。在已判定输出引脚为组合逻辑或者时序寄存器输出的基础上,可进一步依据在输入引脚上施加相同的输入激励,观察输出引脚是否有相同的输出来判定是否存在反馈输入,若输入相同激励发现有对应不同输出响应,则可断定加密 PLD 存在反馈机制。

2) 判别过程和判别算法

根据 PLD 编程类型判别原理,判定 PLD 芯片引脚为组合输出和时序寄存器输出的过程如图 3 – 21 所示。针对某一输出引脚的判别过程主要包括两个阶段:第一阶段确定该引脚是组合编程类型还是时序编程类型;第二阶段确定该引脚是否存在反馈机制。首先,根据前面已判定的输入、输出和无用引脚的结论,完成对加密 PLD 芯片上电后的初始化。然后,在输入引脚上施加输入向量 X,观察被选定的输出引脚电平是否发生变化,若发生变化则记录当前的输入激励向量 x_i,依次对记录的向量 x_i 按位取反再施加到输入端,考查输出引脚是否有变化,若发生改变则将刚施加的激励向量对应取反位恢复为原值,再将其作为激励向量施加到输入引脚,观察输出引脚是否恢复为原电平输出,若恢复为原电平输出则为组合输出,否则可断定该引脚为时序寄存器输出。依此思路循环往复判别所有输出引脚,便可将全部输出引脚划分为组合和时序型输出,判别时间复杂度为 $O(b \times 2^a)$(a 为输入引脚数;b 为输出引脚数)。

关于反馈机制的判别,主要包括组合输出反馈判别和时序寄存器输出反馈判别。带组合输出反馈和无组合输出反馈的判别,可通过采集组合输出向量和施加不同顺序输入向量后再施加相同输入向量检查输出向量是否相同的方法来实现。

组合反馈机制判别算法实现过程如下:

(1) 输入任意向量 x_i,采集对应组合输出向量 O_i。

(2) 设置输入向量 $x_j = 000\cdots0$。

(3) 输入向量 x_j 施加到芯片输入端,并采集输出向量 O_j。

(4) O_j 是否等于 O_i,若成立,转(7),否则转(5)。

(5) 输入向量 x_i,采集对应组合输出向量 O_i'。

(6) 若 $O_i' = O_i$,转(7),否则置组合反馈标志并转(8)。

(7) $x_j = x_j + 1$,x_j 是否为 $000\cdots0$,若条件成立则转(8),否则转(3)。

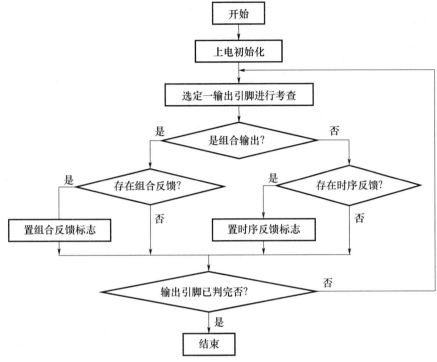

图 3 - 21　输出引脚编程类型判别过程

（8）算法结束。

经过上述过程的判别后可判定一输出向量是否存在组合反馈机制,依据此思路取所有不同的输出向量按照上述过程进行判别,结束后若反馈标志中没有任何反馈信息,则表明该 PLD 器件不存在组合输出反馈,否则为带组合输出反馈。

是否带时序寄存器输出反馈的判别是依据时序状态机的现态、次态和激励输入向量三要素来判定的。其判别原理是假设有任意的现态 A 和 B,且 $A \neq B$,在现态 A 和现态 B 条件下分别施加相同的激励输入向量,采集其次态,依此思路继续下去,如果所有次态均相等,可判定时序寄存器输出不含输出反馈,否则为时序寄存器输出反馈。

3）输出引脚编程类型的快速判别

加速输出引脚编程类型判别的关键在于了解影响判别速度的瓶颈是什么。下面首先对判别开销进行分析,在此基础上介绍输出引脚编程类型的快速判别的思路和方法。

（1）输出引脚编程类型的判别开销。

引脚编程类型的判别主要分为两个阶段:一是组合逻辑与时序寄存器输出的判别;二是是否存在输出反馈机制的判别。针对第一阶段关于组合逻辑与时序寄存器输出引脚的判别,国内外广泛采用的判别方法是通过对所有输出引脚逐一鉴别考查完成。具体做法是先选定任一输出引脚作为考查对象,然后在输入引脚上穷举所有的输入激励向量,若输出引脚电平发生变化,则将使该输出引脚电平发生变化的输入向量按位序每次只取反一位,若某一输入位取反后被考查输出引脚发生电平变化,再一次将该输入位取反输入,若输出引脚电平再次发生改变,则证明被考查的输出引脚为组合输出。按照此思路将所有输出引脚考查完毕的时间复杂度为 $O(a \times b \times 2^a)$,其中 b 为输出引脚数,而 a 为输入引脚数。关于是否存在反馈机制的判别,是引脚编程类型判别的第二阶段,该阶段是根据其具体电路特征来完成的。对于组合逻辑电路则是通过采集输出向量值和对应输入激励向量来对比分析完成;而时序逻辑则是将时序状态机的现态和输入激励向量作为次态的输入激励来对比分析,若任意的现态和相同输入激励产生的次态均相同则可断定为时序不反馈。

(2) 输出引脚编程类型快速判别。

通过前面的分析介绍可知,只有在时钟激励的作用下,寄存器(R)和寄存器反馈(RF)的输出才会随着输入向量的变化而变化,即在输入向量作用下时钟输入必须要有从"0"→"1"→"0"或"1"→"0"→"1"的变化,而组合输出(C)和组合反馈输出(CF)的输出电平会随着输入向量的变化而变化。因而,R、RF、C 和 CF 判别的区别在于是否施加了时钟激励。由于 PLD 在设计中时钟输入引脚可由设计人员自由分配,因而时钟引脚的确定是判别过程的首要任务,常规的做法是先确定时钟激励输入端,之后,依次对每个引脚进行 C 和 R 输出判别,完成后再进行 C、CF、R 和 RF 的判定。

显然,常规判别 C、CF、R 和 RF 的方法实现起来较为简单,但时间开销较大。为降低时间复杂度,提高逆向分析效率,实现输出引脚编程类型快速判别需将输出引脚结合在一起进行考查。

快速判别的思路是:首先在输入端施加输入向量 $x_i \in X$,采集对应输出向量 y_i,再在输入端施加输入向量 $x_j \in X, x_i \neq x_j$,采集对应输出向量 y_j,比较 y_i 是否等于 y_j,如果相等表明输出没有发生变化,继续输入新的输入向量 $x_k \in X, x_k \neq x_i \neq x_j$,采集对应的输出向量 y_k,当遇到 y_k 不等于 y_i 时,再次输入 $x_i \in X$ 向量,采集新的输出向量 y_i',则表现为时序寄存器输出的引脚是 $y_i \oplus y_i' \cap y_i \oplus y_k$。结合快速判别的思路和前面介绍的测试序列码技术,新的输出引脚编程类型判别算法如下:

(1) 置 $i=0, R=000,\cdots,0$(a 个 0,a 为芯片输入引脚数)。

(2) 按照测试码选取原则选择一编码作为输入向量 x_i,施加到所有输入引脚,采集对应输出向量 y_i。

(3) $i=i+1, i>a^2$ 是否成立,若成立转(9),否则继续。

(4) 按照测试码选取原则选择一组新的编码作为输入向量 X,并施加到所有输入引脚。

(5) 采集对应输出向量 y_j, y_i 是否等于 y_j,若相等转(2),否则继续。

（6）$R = R \cup y_i \oplus y_j$。

（7）重新在输入端施加输入向量 x_i，采集对应输出 y_i'，y_i' 是否等于 y_i，若相等转（2），否则继续。

（8）$R = R \cap y_i \oplus y_i'$，转（2）。

（9）R 中为 1 的位，表示对应输出引脚为时序寄存器输出，判别结束。

优化后的判别时间复杂度变为 $O(a^2)$，和传统判别时间复杂度 $O(a \times b \times 2^a)$ 相比优势明显。在 C 和 R 判断完成后可进一步判定 C、CF、R 和 RF，其判定过程与 C 和 R 判别过程类似。

2. 输入引脚类型编程判别

加密 PLD 器件输入引脚的编程类型和输出引脚一样，同样可以由用户自行定义。本小节主要介绍输入引脚的特点、判别方法和加速输入引脚编程类型判别的原理和方法。

1）输入引脚种类和特点

对于一加密 PLD 芯片如果在其选定的引脚上施加一个电平信号，当施加的输入电平信号发生变化（由逻辑"0"→"1"或"1"→"0"）时，可引起芯片输出电平值发生变化，则说明该引脚为输入引脚。输入引脚可由设计者定义为以下几种编程类型：

（1）纯逻辑功能输入（I）。

（2）时钟输入（CLK）。

（3）三态控制输入（OE）。

（4）异步复位输入（AR）和同步置位输入（SP）。

在 PLD 设计中，时钟输入是在以电平值发生变化时时序寄存器新的输入值才被锁定，即时钟引脚的输入电平从"0"→"1"或"1"→"0"跳变时，时钟才起作用。带三态控制输出引脚的主要特点是：一旦其三态控制输入的电平发生改变，受三态控制输出的引脚将随之发生改变，如果输入引脚电平变化前，输出引脚输出为有效电平（高或低电平），那么变化后输出引脚输出为高阻状态，反之亦然。

异步复位输入和同步置位输入与时钟输入有直接或间接的关系，异步复位输入的特点是：如果该引脚电平发生变化，可使输出为高电平的所有时序寄存器输出变为低电平状态输出。同步置位输入的特点是：在其置位输入端电平发生变化后，在输入时钟作用下，可使那些输出为低电平的时序寄存器输出变为高电平状态输出。而那些设计为纯逻辑功能的输入则只是实现设计所需的正常逻辑功能。

2）输入引脚编程类型判别原理

当时钟输入引脚有时序脉冲出现时，寄存器输入端的电平值将会被锁存到该寄存器的输出端。由此可以得出时钟引脚的判别方法是：将某一输入引脚的输入电平从逻辑"0"变为逻辑"1"再变为逻辑"0"，若这种有规律性的变化是导致时序寄存器输出引脚发生电平改变的唯一途径，则可断定该输入引脚为时钟输入引脚。

三态控制输入引脚的判别相对较简单,可根据输出引脚是有效电平输出还是高阻状态输出来判定。

异步复位引脚的作用是将时序寄存器的输出全部复位为逻辑"0",即低电平输出。根据异步复位的工作机制可采用如下方法来判定:首先在时钟引脚的作用下,将时序寄存器的输出驱动到有高电位输出的状态,然后保持时钟引脚输入电平不变,即没有脉冲出现,依次改变其他引脚,若某引脚电平的变化使寄存器输出变为逻辑"0",则可断定该引脚为异步复位引脚。同步置位输入与时钟输入有直接关系,当时序寄存器输出引脚和时钟引脚均已确定后,可驱动输入向量和时钟输入使一些时序寄存器的输出为低电平状态,如果一引脚输入电平发生变化后时钟有效,且可使所有寄存器的输出为高电平(逻辑"1"),则该引脚为同步置位输入引脚。显然所有输入引脚中扣除时钟输入引脚、三态控制输入引脚、异步复位引脚和同步置位输入引脚便是纯逻辑功能输入引脚。

3. 输入引脚编程类型判别流程

输入引脚编程类型的判别过程如图 3 - 22 所示。首先在所有输入引脚集合内判别出三态控制输入引脚,并设置三态输入引脚标志 OEF;之后根据所分析的加密 PLD 芯片是否存在时序逻辑电路输出,即时序寄存器输出标志是否为"0",如果标志为"0"说明所分析的加密 PLD 器件只存在组合逻辑输出,无需进行其他判别工作。如果存在时序输出引脚,下一步应依次进行时钟输入引脚、复位输入引脚和置位输入引脚的判别,对所有输入引脚考查完成后,对应时钟输入、复位输入和置位输入标志将设置完成,依据程序判定过程中所设置的标志和引脚间的映射关系便可获得对应的时钟输入、复位输入和置位输入引脚。输入引脚集合中去除三态输出控制输入引脚、时钟输入引脚、复位输入和置位输入引脚,剩余引脚便为纯逻辑功能输入引脚。

输入引脚编程类型的判别过程相对比较简单,从输入引脚集合中识别出三态输出控制输入引脚、时钟输入引脚、复位输入、置位输入引脚和纯逻辑功能输入引脚的时间复杂度分别为 $O(a)$,a 为输入引脚数。

3.4 状态数据采集

3.4.1 逻辑逆向分析数据采集的理论

1. 基本概念、术语及约定

为便于后面讨论,特将一些基本概念和术语作以下约定:

定义 3.1 现态:时钟跳变之前寄存器中存储的状态。通常用 S_i 表示。

定义 3.2 次态:时钟跳变之后寄存器中存储的状态,它一般由现态和当前输入决定,通常表示为 $S_{i+1} = f(I, S_i)$。

现态和次态是相对的不是绝对的,当前的次态在下一时钟节拍,将变为现态。

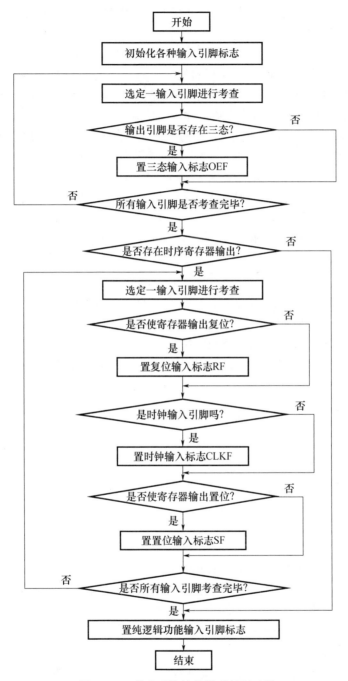

图 3 - 22　输入引脚编程类型判别过程

定义 3.3　有限状态机(Finite State Machine,FSM):输入集合和输出集合都是有限的,并且只有有限数目的状态,状态机的本质就是对具有逻辑顺序或时序规律事件的一种描述方法。

定义 3.4 可达状态:在 FSM 中,从初态 S_0 开始,时序寄存器的输出会随着输入激励向量的变化而变化,时序寄存器的一次输出向量值 S_i 称为现态的一个可达状态,可达状态也可以是状态自身。在一现态条件下针对该现态的所有作用输入向量产生的次态向量构成的状态集合称为可达状态集。

定义 3.5 已作用输入向量:在现态 $S_i \in S$ 条件下,施加一激励输入向量 $x_i \in X$,采集次态 $S_i \in S$,称 x_i 为状态 S_i 的已作用输入向量,否则称为未作用输入向量。

定义 3.6 饱和状态:在现态 $S_i \in S$ 条件下,如果任意 $x_i \in X$ 为已作用输入向量,则状态 S_i 为饱和状态,否则 S_i 为不饱和状态,或称为未达到状态饱和。

定义 3.7 状态穷举:对某现态 $S_i \in S$ 条件下,在输入端穷举所有输入向量的过程称为状态 S_i 的状态穷举。

定义 3.8 状态加全:FSM 中所有状态均达到饱和状态时称为状态加全。

定义 3.9 未知状态:对一现态 $S_i \in S$,若在输入端施加一输入向量,必然在输出端产生一次态,次态的值是不可控也是未知的,把这种状态称为已知现态和输入向量条件下的不可知次态,或不确定状态,简称未知状态。

2. 组合型电路逻辑逆向分析数据采集

对于设计为组合逻辑电路的加密 PLD 芯片,其引脚编程类型主要有以下几类:

(1) 纯逻辑功能输入引脚(I)。

(2) 三态控制输入引脚(OE)。

(3) 组合输出引脚(C)。

(4) 组合反馈输入引脚(F)。

(5) 空脚(NC)。

组合逻辑电路的采集过程为:在三态控制输入引脚上施加电平,保证输出引脚为非高阻状态,将 I 和 F 均作为输入,C(包括 F)作为输出,顺序输入全码输入向量,采集对应输出响应向量,形成完整的激励和响应向量真值表,便可完成组合电路的逻辑逆向分析数据的采集。

显然,组合电路的逻辑逆向分析数据采集过程相对而言较为简单,所以在本书中不再做深入讨论。

3. 时序型电路逻辑逆向分析数据采集

时序型逻辑电路不同于组合电路,其主要特点是:它的输出不仅与当前的输入有关,而且还与当前的电路状态(现态)有关,而现态一般由前一时刻的输入和状态决定,这种状态间的转换关系在数据采集过程中事先又是无法预知的。如何在采集过程中发现未知状态间的相互转移关系,加速状态加全,快速实现状态饱和,需要对状态集以及状态间转移关系进行记录存储。通过从存储记录的路径中寻找最短路径,可以快速实现从饱和状态转移到未饱和状态。显然,时序型逻辑电路逆向分析数据采集和组合型逻辑电路相比要复杂很多。

1) 时序型电路可达状态网络记录的必要性

时序型加密 PLD 逆向数据采集具有如下特点:

(1) 状态间相互可达的状态转移路径可以有很多条,且采集前是无法预知的,即事先具有不确定性。正常可工作的时序电路从一个状态转移到其他状态一定存在转移路径。如果存在多条路径究竟哪条最短,事先也是无法预知的。

(2) 状态可达网络的遍历具有特殊性。加密 PLD 逆向分析不仅需要对所有可达状态进行遍历,而且还需要对这些出现的可达状态进行穷举加全,使所有状态均达到状态饱和,即状态可达网络的节点需要多次遍历,与其他诸如邮政网络节点遍历相比完全不同。

(3) 状态可达网络的规模存在动态性,不同时序型加密 PLD 芯片的设计千差万别,可达状态数目是完全不同的,在逆向分析数据采集过程中可能还有新的可达状态不断出现,需动态加入到状态可达网络中。

(4) 未知状态的出现存在不可控性。时序型加密 PLD 除了输入向量可控外,在时序状态机的现态输入激励向量产生什么样的次态,事先也是无法预知的,更是不可控的。

对时序型加密 PLD 逻辑器件进行逆向分析数据采集时,必须对出现的任何一个有效状态的输入激励向量进行穷举,使所有状态均达到饱和。由于加密 PLD 芯片一般不具有寄存器预置功能,因此,在逆向数据采集过程中必须按未知状态出现的次序,将状态对应的输入激励向量按全码测试顺序依次作为输入向量,采集对应的响应输出,完成逆向数据采集工作。因加密 PLD 芯片状态间的可达关系是未知的,可达状态的出现存在很大的随机性,有些状态出现概率高,达到状态饱和的时间就短,而有些状态出现的概率低,达到状态饱和的时间就长,这种状态出现的不均匀性,导致时序型电路的逻辑逆向数据采集时间无法预测。

对于时序型电路的逻辑逆向数据采集,需要对每个可达状态穷举,使所有状态达到饱和。由于逆向数据采集前所有可达状态的出现是不可预知的,如果没有时序状态间的转移路径记录,唯一的方法就只有依赖自然驱动,这也是早期逆向分析过程广泛采用的数据采集方法。自然驱动就是无需记录状态间的转移关系,当现态出现时在该现态对应的激励向量的作用下进入一次态,若该次态为未饱和状态,则以该次态为新的现态并以其对应的激励向量作为输入,若该次态为饱和状态,则顺序输入对应激励,只是不记录数值,使其次态为不同于现态的新状态,依次按照这样的顺序找到未饱和状态。

为便于定量分析,设逆向分析芯片的饱和状态数为 n,未饱和状态数为 m,显然时序芯片的有效状态数为 $n+m$,从一现态通过施加全码自然顺序的输入向量驱动到另一状态的概率为 $1/(n+m)$,同时把这种一次从一现态驱动到另一状态(次态

不等于现态）的过程称为一步驱动。显然，经 i 步驱动后，状态从饱和状态驱动到未饱和状态的概率为

$$p_i = \frac{m}{n+m} \times \left(\frac{n}{n+m}\right)^{i-1} \tag{3-25}$$

所以，在 k 步内从饱和状态被成功驱动到未饱和状态的概率为

$$p = p_1 + \cdots + p_i + \cdots + p_k = \sum_{i=1}^{k} p_i = 1 - \left(\frac{n}{n+m}\right)^k \tag{3-26}$$

在逆向分析数据采集初期，绝大多数状态均处于未饱和状态，必然有 $n \ll m$，则有

$$\lim_{n \ll m} P = 1 - \lim_{n \ll m}\left(\frac{n}{n+m}\right)^k \approx 1 \tag{3-27}$$

也就是说，在数据采集的初期从时序状态机的某一状态转移到另一状态，该状态为未饱和状态的概率非常大。随着逆向分析数据采集的不断深入，达到饱和状态的状态数目不断增加，而未饱和状态的数目不断减少，当 $n \gg m$ 时，则有

$$\lim_{n \gg m} P = 1 - \lim_{n \gg m}\left(\frac{n}{n+m}\right)^k \approx 0 \tag{3-28}$$

当数据采集过程中绝大多数状态已达到状态饱和而极少数状态处于未饱和时，从一个已达到饱和状态的现态成功转移到非饱和状态的概率非常小，几乎接近于零。也就是说，在这种情况下如果依然采用自然路径法驱动转移时，绝大部分时间是在空转，且空转时间难以预测。

通过上述分析可知，要较好地解决时序型 PLD 逻辑逆向分析数据采集，就应该对出现的未知状态及其相互间的可达关系进行记录，构成时序状态机的可达状态网络，这样便可通过搜索记录存储的可达状态网络，实现从饱和状态到非饱和状态的快速转移。显然，可达状态网络的记录有利于缩短数据采集时间，是十分必要的。

2）可达状态网络的拓扑结构

在时序型 PLD 逻辑逆向分析数据采集中，可达状态网络的记录是加速数据采集速度的关键，选择什么样的拓扑结构来完成可达状态的记录与搜索则是加速逆向数据采集过程的关键。拓扑结构选择的标准主要有两条：一是占用内存空间要小，且便于算法实现；二是搜索遍历的速度要快，有利于快速生成状态驱动路径。

在正常工作的有限状态机的状态图（FSD）中，从一状态 u 可以直达状态 v，但此图并不能保证一定能从状态 v 可以直达状态 u，所以时序电路的状态转移关系图应该是有向图，显然，针对时序型电路进行逻辑逆向分析时记录未知状态及其相互间可达关系的状态图宜采用"图"结构（Diagram Structure，DS），DS 的节点代表出现的状态，边表示现态的作用输入向量，连接两节点的边的指向关系表示现态在输入向量作用下可达的次态。

近年来国内外无论正向测试还是逆向分析，采用最多的状态图结构是基于"图"或者基于"树"的有向状态图结构，国外的密西西比州立大学，国内的西安电

子科技大学、上海交通大学和清华大学等单位纷纷在该方面开展了大量的研究工作,并取得了显著成效。从公开的资料来看应用于正向验证方面的测试居多。而作为逻辑逆向分析方面的应用则较少,且目前主要解决了小规模的状态记录存储问题,采用的拓扑结构基本是基于树的图结构。下面针对基于树和图的两种有向状态图记录拓扑结构进行介绍。

(1)基于树的有向状态图结构。

基于树的有向状态图(Tree - based Directed State Diagram,TDSD)是一个具有根节点的有向不循环图,如图3-23所示。其节点主要分为3类,即根节点、中间节点和叶子节点。显然,只有根节点是唯一能驱动到其他所有可达状态的节点。

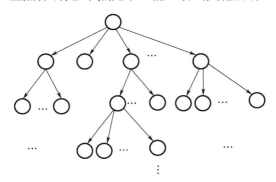

图3-23 基于树的有向状态图结构

TDSD 一般选择上电时的状态为初始状态(简称初态)并把它作为根节点,时序型逻辑电路在正向测试时,状态间的相互转移关系事先是已知的,TDSD 的生成可通过电路预处理阶段来完成,通过读入标准电路的设计,确定状态间的转移关系,驱动状态的作用输入向量来测试状态转移关系是否按设计的状态转移关系转移,如果和状态转移关系一致表示正确,从而达到验证设计的目的。而在逻辑器件逆向分析过程中状态的出现和转移关系事先是未知的。采用 TDSD 结构的优点是可以将一复杂的动态生成的互连网络规模加以限定,这种结构节点规模为 N 时,边的规模可限定为 $N-1$。TDSD 的优点是状态驱动算法比较简单,记录转移路径占用空间小,从根节点出发可以遍历所有节点。缺点是所有节点的记录路径都是从根节点出发,当时序型逻辑电路所设计的状态呈深度二叉树结构转移时,TDSD 的"高度"难以控制,状态驱动路径的增长速度很快,难以抑制;另外,在 TDSD 中希望从当前叶子节点状态转移到其他叶子节点状态时,须将逆向分析芯片复位后方可回到根节点,等回到根节点状态后再转移到希望的叶子节点,这种频繁对分析器件上电复位增加了器件被损坏的风险,同时也大大影响了逆向分析数据采集的速度。

(2)基于图的有向状态图结构。

基于图的有向状态图(Graph - based Directed State Diagram,GDSD)和 TDSD 相比没有根节点,节点间是平等的,任意两节点间如果存在多条直达路径,只需记录其中一条,其他多余的直达路径可以舍弃。显然,GDSD 不存在像 TDSD 结构中树的"高度"难以控制的问题,也无需刻意去选择根节点以缩短状态间转移的时间。GDSD 的拓扑结构如图 3 – 24 所示。

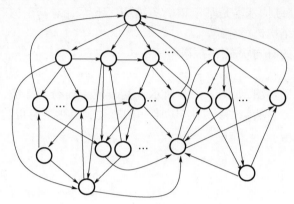

图 3 – 24　基于图的有向状态图结构

GDSD 结构的特点是任意节点间均相互可达,若节点数为 N,则最大可能边数为 $N \times (N-1)$。这种结构因节点间相互可达,无需像 TDSD 那样频繁复位芯片使其回到根部节点后,再驱动到其他叶子状态节点。

4. 状态网络的简化

TDSD 结构和 GDSD 结构相比各有优点,TDSD 记录状态转移边数少,转移路径确定。不足之处在于所有状态节点的转移路径均是由根节点开始,路径长度可能很长。而针对 GDSD 结构而言节点间均可达,是一强连通有向图,状态转移路径不唯一,可通过算法寻找最短路径。采用 GDSD 结构最大的优点是完成时序型状态机的状态加全不需要对逆向分析芯片频繁上电复位。显然,在时序型加密 PLD 芯片的逻辑逆向分析过程中宜选用 GDSD 结构。但是,这种结构占用存储资源多,必须进行适当改造才能满足实际计算机内存环境的要求。

1) GDSD 简化

设 GDSD 是一个强连通的有向图 $G(V,E)$,节点间均相互可达,节点数 $N = \mid V \mid$,则状态间相互可达的最大可能边数为 $\mid E \mid \leqslant N(N-1)$。在时序型加密 PLD 逻辑逆向分析中,当一现态在输入向量的作用下转入其他状态(次态)时,需记录现态、次态及引起状态变化的输入向量(状态间转换关系),如果该 PLD 芯片中设计有 n 个时序寄存器输出,则最大状态数就可达 $N = 2^n$(GDSD 中的状态节点数),最大可能边数 $\mid E \mid \leqslant 2^n \times (2^n - 1)$,当 $n = 20$ 时,$\mid E \mid \leqslant 2^{40} - 2^{20}$,基于 GDSD 结构的状态存储方式,需要存储记录的数据量将远远超出一般高性能计算机的内存容量。

基于 GDSD 结构的状态记录方式,由于记录了所有状态间的相互转移关系,且在这种强连通图中从一状态转移到其他状态的路径条数较多,寻找所有可达路径的时间也较长,从多条路径中选择确定一条最短路径算法复杂,查询效率较低。显然,采用这种原始的基于 GDSD 结构的状态记录方式,在时间空间上都不能满足逻辑逆向分析中对时序状态网络记录存储与查找最短路径的需要,必须对基于 GDSD 结构的状态记录方式进行适当简化,才能满足加密时序型逻辑电路逆向分析的需要。

2) GDSD 结构简化技术

时序型加密 PLD 逻辑逆向分析中所面对的状态网络是一个未知的状态网络,是一个需要动态生成且状态间是相互可达的 FSM 网络。这种未知状态网络形成的 GDSD 的状态节点规模随时序寄存器输出个数呈指数增长,当状态的数目达到一定规模时 GDSD 就变成为一个极其复杂的状态网络,计算机的存储与处理能力将难以满足实际需求,必须对其简化来解决时空需求的矛盾。所谓简化就是求一个复杂强连通有向状态图的相对简化的强连通生成子图,在保证状态图强连通性不变的条件下,简化记录状态和状态间的可达关系可以达到降低存储资源需求的目标。在简化过程中同时还需要兼顾到从饱和状态到未饱和状态的可达路径要尽可能短。下面从图论的角度对 GDSD 结构简化的可行性进行理论分析。

为便于说明下面首先给出两个定理:

定理 3.2　采用基于 GDSD 结构的状态记录方式产生的有向状态图是强连通有向图,且存在有向生成回路。

证明　设 GDSD 结构的状态图由 $G(V,E)$ 来表示,节点 $V(G) = \{S_0, S_1, \cdots, S_n\}$, $\forall S_i \in V(G)$,因 FSM 状态间相互可达,于是存在有向路径 $P(S_i, S_{i+1})$ 和 $P(S_{i+1}, S_i)$,根据时序型电路的特点,必然存在两节点可达的有向路径 $P(S_0, S_1)$, $P(S_1, S_2), \cdots, P(S_{n-1}, S_n), P(S_n, S_0)$。这些有向路径首尾相接可构成一个有向生成回路,所以基于 GDSD 结构的状态记录方式产生的有向状态图必然存在有向生成回路,根据 G 是强连通图的充分必要条件是当且仅当 G 中存在生成回路,可以推断出基于 GDSD 的有向状态图是强连通图。

定理 3.3　任意强连通有向状态图 $G(V,E)$,其节点数 $N = |V|$,必然存在一强连通状态子图 $G'(V,E')$,其边数 $|E'| \leq 2(N-1)$。

证明　(1) 当 $N=1$ 或 $N=2$ 时,如图 3 – 25 所示,命题成立。

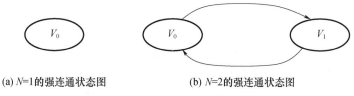

(a) N=1的强连通状态图　　　　　(b) N=2的强连通状态图

图 3 – 25　N 为 1 或 2 的强连通图

(2) 假设 $N<k(k>2,k$ 为自然整数)时命题也成立。即节点数 N 小于 k 的任意强连通有向状态图,均存在一个最多只含有 $2(N-1)$ 条有向边的连通子图。

(3) 当 $N=k$ 时,因强连通有向图 G 中必含有简单回路(回路中节点不重复),

故可任取一条长度为 $r(2 \leqslant r \leqslant k)$ 的简单回路 C，如图 $3-26$ 所示，显然，该连通子图的节点数目为 r。

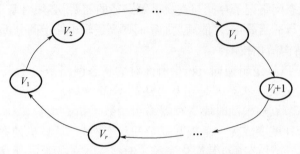

图 $3-26$　路径长度为 r 的简单回路

（a）当 $r=k$ 时，只含回路 C 的图 G' 即是图 G 的一个强连通生成子图，有向边数为 $|E'|=r+1$，显然，$|E'| \leqslant 2(r-1)$，命题得证。

（b）当 $r<k$ 时，可将回路 C 看作一个节点 v，图 $G(V,E)$ 转化成 $G^{*}(V^{*},E^{*})$，其中，$V^{*}=\{v,v_{r+1},\cdots,v_{k}\}$，由于 G 是一个强连通图，所以 $G^{*}(V^{*},E^{*})$ 仍然是一个强连通图，必然存在另一条生成回路，如此循环往复可使新生成的强连通子图生成只有一个节点的状态图。命题得证。

证毕。

通过定理 3.2 和定理 3.3 的证明，基于 GDSD 结构的有向状态图不仅是一个复杂的强连通图，而且还可通过简化的方法将复杂的 GDSD 转变成简化的 GDSD，这种简化不影响节点间相互的转换关系，对应在 FSM 中不会改变状态间的可达关系。这种简化大大减少了对存储空间的需求，将空间需求从最大的 $N(N-1)$ 存储单元容量减少到最大只需 $2(N-1)$ 存储单元，使逆向分析状态转移网络的存储成为可能。根据定理 3.2 和定理 3.3 可以给出下面的定义。

定义 3.10　任意 GDSD，其节点数为 N，如果保证所有节点均可达的有向边数为 E，有向边的数目满足 $|E| \leqslant 2(N-1)$，则将该 GDSD 称为简单有向状态图或简化的有向状态图（SGDSD）。

3）GDSD 简化算法

GDSD 结构是一个复杂的强连通图，节点间相互可达的路径可能有多条，可达路径的严重冗余不仅增加了存储空间的开销，同时也大大加大了寻找最短路径的复杂度。SGDSD 结构在不改变原 GDSD 结构的强连通特性的条件下，却减少了记录状态间转移关系的边数。在 SGDSD 结构中查找状态间最短路径虽然类似于"中国邮递员问题"，但又不同于邮路问题，主要区别在于邮路所经过的节点是确定不变的，邮递员寻找路径时只需要在所有可能的多条路径中寻找出一条最短路径便可，而 SGDSD 图中所有状态节点在逆向分析前是未知的，上电开始时的状态为初始状态，即第一个节点，随着作用输入向量和激励时钟的施加，时序状态机才可能从现有已知的状态(现态)跳变到一未知状态(次态)。换句话说,当前的现态在输入作用向量和激励时钟后究竟会出现什么样的次态,事先是未知的,产生的次态可能是已出现状态集中存在的状态,也可能是在状态集中没有出现过的新状态。

显然,如果产生的次态是新状态,且在已出现的状态集中的状态到该新状态之间的转移路径在路径记录中还没有记录,则需要将现态(有向边的始点)和该次态(有向边的终点)以及作用的输入向量(状态转移关系)作为路径信息记录下来。如果产生的次态是已出现在状态集中的状态即老状态,则存在两种情况:

第一种情况是在其状态转移路径记录信息中已有从该现态到次态的路径,如图 3 - 27 所示,转移路径为:现态,S_1,…,S_i,…,次态。该现态、次态以及作用输入向量新产生的转移路径如图中虚线所示,因在现有转移路径记录中已存有现态到次态的路径,若将新产生的转移路径加入路径记录集合中,会产生转移路径冗余,根据 SGDSD 状态图的生成规则,图中虚线路径不应加入路径记录信息中。

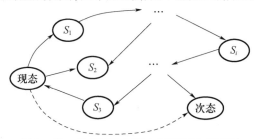

图 3 - 27 现态到次态存在转移路径示意图

第二种情况是在路径记录信息中无法搜索到从现态到该次态的转移路径,如图 3 - 28 所示,虚线路径为该现态、次态以及作用输入向量产生的新的转移路径,显然这种情形应将转移路径加入到状态转移图中,加入后的路径记录信息如图 3 - 29 所示。按照上述思路生成的 GDSD 结构图必定是 SGDSD。

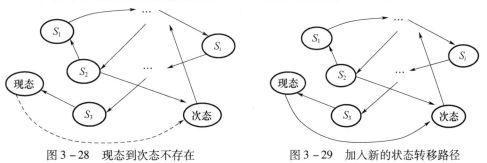

图 3 - 28 现态到次态不存在　　　　　图 3 - 29 加入新的状态转移路径
转移路径示意图　　　　　　　后的 GDSD 示意图

定理 3.4 在 GDSD 结构中状态节点和转移路径记录按照以下原则进行:新出现的状态节点其转移路径和节点信息直接加入 GDSD 结构图中;对于在 GDSD 结构中已存在的节点按照两种方式处理,如果在已记录的路径信息中能搜索到转移路径,则将该路径信息舍弃,否则将转移路径信息加入 GDSD 结构图中。按照上述方法生成的状态记录结构有向图必然是 SGDSD。

证明

(1)在 GDSD 建立初只有一个初始结点,命题成立。

(2)假设 GDSD 的节点数 $N = k$ 时,命题也成立,即已出现 k 个状态时,GDSD 图仍然是 SGDSD。

(3)当出现一新状态节点时,节点数 $N = k + 1$,而有向边数目只增加 1,显然,GDSD 图是 SGDSD,命题成立。

(4)如果新出现的状态不是新状态,则节点数目保持不变,在 GDSD 图的构建过程中分两种情况:一是原状态路径中已存在现态到该次态的路径,故不需要增加新作用输入向量边,显然,该 GDSD 图是 SGDSD,命题成立;二是原状态路径中不存在该现态到次态的路径,需加入新作用输入向量边,原 GDSD 图节点数目不增加的情况下有向边数目增加了 1 条,在此需要证明是否边数变化的情况下仍然满足 $\mid E \mid \leqslant 2(N - 1)$,对此的证明类似于定理 3.3 的证明,在此不再赘述。

SGDSD 的生成算法如下:

(1)令 $E = \varnothing , S = \varnothing$。

(2)采集状态机的当前输出作为初态 S_0,$S_{现态} = S_0$,将 $S_{现态}$ 添加到 S 状态集中。

(3)输入现态对应作用输入向量,采集时序寄存器的输出作为次态 $S_{次态}$。

(4)判断 $S_{次态}$ 是否属于 S 如果不在 S 集合中,则将 $S_{现态}$ 添加到 S 中,并将作用输入向量(有向边)添加到 E 中,并转(6),否则继续。

(5)搜索 $S_{现态}$ 到 $S_{次态}$ 是否有可达路径?若有可达路径则转(6),否则将 $S_{现态}$ 到 $S_{次态}$ 的有向边添加到 E 中。

(6)所有状态是否已达到状态饱和,若已饱和则转(8),否则继续。

(7)$S_{现态} = S_{次态}$,转(3)。

(8)算法结束。

采用该算法实现的 GDSD 状态结构有向图便是 SGDSD。这种结构的优点是有向边数目和状态数目间存在一种对应关系,即 $\mid E \mid \leqslant 2(N - 1)$。

3.4.2 传统采集方法

1. 基于确定状态图的逆向数据采集

确定状态图(Determinate State Diagram,DSD)是指在逆向数据采集前其状态可达网络是已知的。显然,这种 DSD 只有在正向设计验证中才具有事先确定的性质。在正向设计验证前通过预处理过程完成可达状态图 DSD 的构建,逆向验证时只是根据状态机的现有状态施加作用输入向量,采集状态机的输出状态,并和 DSD 中对应状态进行比对,若相等证明与设计相符,继续循环测试直至所有状态均达到饱和,如果所有状态均达到饱和且与设计一致,表明设计正确,否则验证出错,标明出错状态和原因。

图 3 – 30 是一正向设计时序电路的 DSD,图中共有 $n+1$ 个状态,S_0 为初始状态,图中的有向边表示可以从该有向边的始点所代表的状态在一作用输入向量下到达有向边指向的终点表示的状态。如从 S_3 到 S_2 的有向边表示当该 FSM 在 S_3 状态时,存在一作用输入向量使其从状态 S_3 转移到状态 S_2。

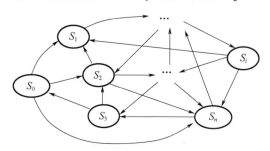

图 3 – 30　确定状态图

DSD 的状态遍历一般采用广度优先搜索(Breadth – First Search,BFS)遍历算法,BFS 遍历类似于树的按层次遍历。其基本思想是首先访问出发点 S_0(初态),接着依次访问出发点的所有邻接状态节点 $S_1,S_2,\cdots,S_t$,然后,再依次访问与状态节点 $S_1,S_2,\cdots,S_t$ 邻接的所有未曾访问过的状态节点,依此类推,直至 DSD 中所有状态节点都被访问。

DSD 的一次广度优先搜索状态遍历,只是完成了状态间的一次状态可达验证,而对设计中存在的故障隐患则需要对所有状态进行穷举测试验证,直至所有状态达到饱和为止,若在测试中所有状态均已达到饱和后仍未发现非法状态转移路径存在,方可证明所设计的时序型逻辑电路是完全正确的。

基于 DSD 的逆向数据采集验证算法:

(1)读取正向设计文件进行预处理构建 DSD。

(2)选取一状态 S_0 作为现态,$S_{现态} = S_0$。

(3)置所有状态对应的作用输入向量的初值为 0。

(4)施加 $S_{现态}$ 对应作用输入向量,采集时序寄存器的输出作为次态 $S_{次态}$,判断与 DSD 状态转移是否一致?若一致转下一步,否则转(9)。

(5)搜索从 $S_{次态}$ 到 $S_{现态}$ 的路径,施加对应顺序激励是否转到 $S_{现态}$,若转移正确转下一步,否则转(9)。

(6)作用输入向量值加 1,该现态是否达到饱和,若饱和将 $S_{现态}$ 加入已饱和集合 S 中。

(7)集合 S 中的状态数是否已等于 DSD 中状态数,若相等则转(10),否则继续转下一步处理。

(8)按广度优先搜索策略确定 $S_{现态}$ 的下一状态 S_{next},采集当前状态,根据 DSD 搜索当前状态到 S_{next} 的路径,顺序施加相应作用输入向量,判断是否转到 S_{next} 否?

若失败转(9),否则 $S_{现态} = S_{next}$ 转(4)。

(9) 逆向采集验证有错,置错误标志。

(10) 算法结束。

该算法是目前国内外广泛采用的传统逻辑逆向验证方法,它是针对一个状态进行穷举验证,完成后再依次验证下一个状态节点。因时序型电路处于某一现态时施加不同激励会产生不同的次态,故下一个作用输入向量的验证需要从新出现的状态回到原来验证状态,该过程称为状态回溯。显然,该算法在数据采集验证过程中大量的时间是花费在状态回溯上,提高 DSD 的逆向数据采集验证速率应该在状态间可达转移路径上做文章,通过查找状态回溯的最短路径来提高逆向验证速度。

2. DSD 的状态回溯算法

在 DSD 的状态回溯过程中采用最多的最短路径搜索算法是经典的迪杰斯特拉(Dijkstra)和弗洛伊德(Floyd)最短路径搜索算法。

1)基于 Dijkstra 的回溯算法

Dijkstra 算法是由荷兰计算机科学家 Dijkstra 于 1959 年提出的。其基本思想是按节点距起始点距离的递增顺序来产生最短路径,实质就是解决单源节点最短路径问题的一个贪心算法。该算法在最短路径的搜索过程中具有很大的盲目性,随时都准备向其四面八方展开。该算法适合求 DSD 中单个源节点到其他所有节点的最短路径。

针对一确定状态图 $G(V,E)$ 其算法实现方法是:设置并逐步按最短路径递增序扩充一个集合 S,集合 S 用于存放已求出其最短路径的节点,尚未确定最短路径的顶点集合便是 $V-S$。算法实现如下:

(1) 初始化,主要完成确定状态图 $G(V,E)$ 的数据加载。

(2) 取一节点 $s \in V$,并将 s 添入集合 S 中。

(3) 初始设置状态节点 s 到其他任意节点 $u \in V-S$ 的距离值,状态间直接可达路径为可达边的权值,在数字电路中直接可达是指一步驱动便可到达,故权值为1,不是状态间直接可达路径设置为无穷大,具体实现中可设置一个很大的数值来表示。

(4) 从当前 $V-S$ 集合中选择与集合 S 可达路径距离最小的状态节点 v。

(5) 将状态节点 v 加入集合 S 中,$S = S + \{v\}$。

(6) S 中节点数是否等于 G 中节点数,若相等转(8),否则转下一步。

(7) 调整集合 $V-S$ 中各节点的距离值,如果集合 S 中有节点与集合 $V-S$ 中状态节点直达,则将集合 S 中该状态节点的最短路径值与直接可达边的权值相加,若和小于原 $V-S$ 中对应节点的距离值,则进行替换调整,否则保持原始距离的值不变,转(4)。

(8) 算法结束。

算法结束后便可获得确定状态图 G 中事先选定一状态节点至其他所有状态节点

的最短路径,该算法的时间复杂度已被证明为 $O(n^2)$,占用的辅助空间是 $O(n)$。如果需要求解确定有向状态图中每个节点到其他节点的最短路径时,只需将图 G 中每个节点作为源点,重复执行 Dijkstra 算法 n 次便可,显然,时间复杂度是 $O(n^3)$。

针对正向设计的时序状态机进行逆向验证时,通常验证两方面的内容:一是状态转移是否正确;二是是否有异常状态出现。第一种情况的验证相对简单,只需按 DSD 中指定的状态转移关系进行所有路径遍历测试便可,如果与 DSD 中状态节点路径(状态对应的作用输入向量)指明的转移关系一致,表明状态转移关系验证正确,否则设计有错。要对第二种情况进行验证,即验证是否有异常状态存在,需要对所有状态进行穷举测试方可断定设计是否正确。

为了进一步说明上述问题,下面举一个简单例子加以分析说明,如图 3 – 31 所示为一个简单的 FSM 正向设计的状态转移图,有向边上的数值代表作用输入向量,表示有向边源节点指示的状态在该作用输入向量的激励下将转移到有向边目标节点所指示的状态。

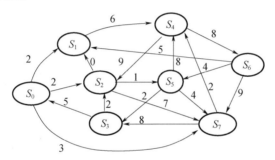

图 3 – 31 一个简单的 FSM 状态转移图

假如在设计时由于一时疏忽多设计了一个非法状态 S_9 或多设计了一些状态转移路径,如图 3 – 32 虚线部分所示。当状态机处于状态 S_4 时,若施加作用输入向量 7,状态机将转移到 S_0;当状态机处于状态 S_4 时,假设施加作用输入向量 5,则状态机进入非法状态 S_9。在进行逆向逻辑验证时,若只进行图 3 – 31 中状态转移关系的验证,则只需要沿着图 3 – 31 中指明的状态转移路径,从初态开始遍历图中所有的可达路径即可。

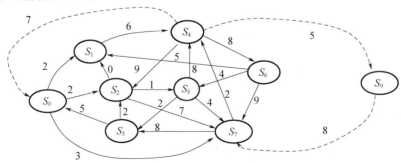

图 3 – 32 设计存在错误的 FSM 示意图

显然,非法状态和非法转移路径的测试只有通过逆向全集数据采集验证才有可能发现。逆向全集数据采集验证的核心思想是采用状态穷举测试,即逆向测试验证时让所有状态均达到饱和的方法来发现状态转移是否存在异常,如果逆向采集数据与设计完全一致表明设计正确,否则设计出错。

从上述的分析过程不难发现,第一种情况的验证时间开销和空间开销均比较小,在此不再作进一步的讨论分析。针对第二种情况的验证需要让所有状态均达到饱和才能完全检查出设计中存在的错误。由于状态间的可达关系复杂多样,如图 3-31 中从状态 S_0 到 S_7 的路径,可以从 $S_0 \rightarrow S_7$,也可 $S_0 \rightarrow S_2 \rightarrow S_5 \rightarrow S_7$,还可 $S_0 \rightarrow S_2 \rightarrow S_7$ 等。显然,选择状态间转移的最短路径是提高验证速度的关键。

在图 3-31 中每条有向边上的数值代表的是对应状态发生转移的输入向量,每一条有向边的源节点状态只需施加一次输入向量激励便可完成状态转移。从图论的角度来看状态间的转移路径长度为 1,因此,图 3-31 对应的带权路径状态转移图可转化为如图 3-33 所示的带权状态图。

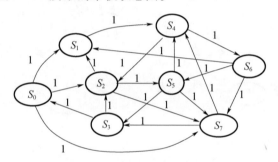

图 3-33　一个路径带权的状态转移图

在状态转移是否存在异常的测试验证中,对选定的某状态施加测试输入向量后,作用前的现态可能会转移到其他状态,这时需采用状态回溯算法将状态机从目前的状态转移回到选择验证的状态,状态回溯跳转的次数越少测试验证的速度就越快。显然按最短路径回溯是提高逆向数据采集验证的关键。如图 3-33 是一个路径带权的状态转移图,可采用 Dijkstra 算法依次求得每个源节点到其余节点的最短路径。图 3-34(a)是利用 Dijkstra 算法求出的源节点 S_0 到其他节点的最短路径,图 3-34(b)表示的是源节点 S_1 到其他节点的最短路径。

利用 Dijkstra 算法求出的单源节点最短路径不是唯一的,图 3-34 只是其中的一种。按照状态转移图中出现的状态节点依次求出所有节点到其他节点的最短路径,便可获得每对顶点之间的最短路径(All Pairs Shortest Paths, APSP),其时间复杂度为 $O(n^3)$。在此基础上对每个状态进行状态饱和逆向数据采集测试验证,需要的时间开销为 $O(n \times 2^m)$,m 为激励向量长度。所以通过上述分析,基于 Dijkstra 回溯算法进行时序逻辑功能逆向测试验证时,若不考虑状态回溯所需的时间开销,整个逆向测试所需的时间开销为 $O(m^3 + n \times 2^m)$。

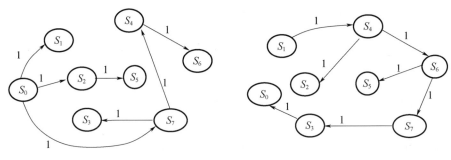

(a) 源节点 S_0 到其他节点的最短路径　　　　　　(b) 源节点 S_1 到其他节点的最短路径

图 3 - 34　Dijkstra 算法求出的单源最短路径示例

2）基于 Floyd 的回溯算法

在 DSD 的逆向数据采集验证过程中,需要解决的核心问题是状态回溯过程中最短路径的搜索问题。Dijkstra 算法虽然很好地解决了单源状态节点到其他状态节点的最短路径,但在 DSD 的逆向数据采集验证中,需要解决的是任意状态节点对之间的最短状态回溯转移路径。如果采用 Dijkstra 算法来解决需要重复使用 n 次,才可求得每对状态节点间的最短回溯路径。Dijkstra 算法使用起来并不直观,编程实现也较为复杂。下面介绍另一种更为直接求解 DSD 中所有状态顶点对间最短路径的算法——Floyd 算法。

Floyd 算法采用带有权值的邻接矩阵来表示 DSD,假设邻接矩阵用 C 表示,当 DSD 中状态节点 v_i 到 v_j 存在直达路径时 $C_{ij}=1$,状态节点 v_i 到 v_j 不存在直达路径时,$C_{ij}=\max$,当 $v_i=v_j$ 时,$C_{ij}=0$,即矩阵对角线上元素为 0。从直观上进行分析,对 $0\leqslant i\leqslant n-1$ 和 $0\leqslant j\leqslant n-1$,若 v_i 到 v_j 存在直达有向边,则一定是从 v_i 到 v_j 的最短路径。若不存在直达有向边,并不代表没有从 v_i 到 v_j 的路径,因为可能存在一条从 v_i 到 v_j 包含其他中间状态节点的路径,这些中间节点可能是 $v_0,v_1,v_2,\cdots,v_{n-1}$ 中的一个、部分或除去 v_i 和 v_j 后的全部状态节点,因此需要依次考查选择从 v_i 到 v_j 以 $v_0,v_1,v_2,\cdots,v_{n-1}$ 为中间节点的更短路径。基本思路是对 DSD 的带有权值的邻接矩阵 C 递归地进行 n 次更新,即由初始矩阵 $C(0)=C$ 按一个最小路径规则构造出矩阵 $C(1)$;又以同样的规则由 $C(1)$ 构造出 $C(2)$,……,最后,用同样的方法由矩阵 $C(n-2)$ 构造出矩阵 $C(n-1)$。矩阵 $C(n-1)$ 的 i 行 j 列元素便是状态节点 i 到状态节点 j 的最短路径长度,称 $C(n-1)$ 为 DSD 的路径距离矩阵,同时还可引入一个后继节点路径矩阵 path 来记录两点间的最短路径。

基于 Floyd 算法求解 DSD 中状态节点间最短路径过程描述如下:

（1）设邻接矩阵 $A=[a(i,j)]_{m\times n}$,初始赋值邻接矩阵 $C=[c(i,j)]_{m\times n}$,最短路径矩阵 $P=[p(i,j)]_{m\times n}$。初始赋值原则:$v_i=v_j$ 时,即同一状态节点 $c(i,j)=0$,$p(i,j)=0$;$v_i\neq v_j$,v_i 至 v_j 有直接可达边时 $c(i,j)=1$,$p(i,j)=j$;v_i 至 v_j 无直接可达边时 $c(i,j)=\infty$,$p(i,j)=\infty$。

（2）更新赋值邻接矩阵 C 和最短路径矩阵 P。

更新原则：如果 v_i 至 v_j 没有直达路径，取任意状态节点 $v_k \neq v_i \neq v_j$，考查 v_i 经过 v_k 到 v_j 是否有路径，若有路径则取 v_i 至 v_k 路径长度加上 v_k 至 v_j 的路径长度，将 v_i 经过 v_k 到 v_j 路径长度与邻接矩阵中对应项 $c(i,j)$ 记录的路径长度进行比较，若小于 $c(i,j)$ 记录的路径长度则更新矩阵 C 的 $c(i,j)$ 项，同时将最短路径矩阵 P 中的 $p(i,j)$ 项设置为 k。

（3）按（2）规则更新完成后，生成新的矩阵 C 和最短路径矩阵 P，再按第二步规则更新矩阵 C 和最短路径矩阵 P，直到矩阵 C 和 P 中无任何项可更新为止。

（4）算法结束。

下面以图 3-35 的状态转移图为例，讨论 Floyd 算法求解最短路径的矩阵变化过程。

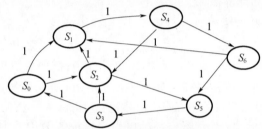

图 3-35　带权状态转移图

根据图 3-36 可以初始化求出邻接矩阵 C 和最短路径 P，根据 Floyd 算法求解最短路径的邻接矩阵和最短路径矩阵的演化过程如图 3-36 所示。

$$
C = \begin{bmatrix}
0 & 1 & 1 & \infty & \infty & \infty & \infty \\
\infty & 0 & \infty & \infty & 1 & \infty & \infty \\
\infty & 1 & 0 & \infty & \infty & 1 & \infty \\
1 & \infty & 1 & 0 & \infty & \infty & \infty \\
\infty & \infty & 1 & \infty & 0 & \infty & 1 \\
\infty & \infty & \infty & 1 & \infty & 0 & \infty \\
\infty & 1 & \infty & \infty & \infty & 1 & 0
\end{bmatrix}
\qquad
P = \begin{bmatrix}
0 & 1 & 2 & \infty & \infty & \infty & \infty \\
\infty & 1 & \infty & \infty & 4 & \infty & \infty \\
\infty & 1 & 2 & \infty & \infty & 5 & \infty \\
0 & \infty & 2 & 3 & \infty & \infty & \infty \\
\infty & \infty & 2 & \infty & 4 & \infty & 6 \\
\infty & \infty & \infty & 3 & \infty & 5 & \infty \\
\infty & 1 & \infty & \infty & \infty & 5 & 6
\end{bmatrix}
$$

(a) 一个初始化的邻接矩阵 C 和最短路径 P

$$
C = \begin{bmatrix}
0 & 1 & 1 & \infty & 2 & 2 & 3 \\
\infty & 0 & 2 & 4 & 1 & 3 & 2 \\
\infty & 1 & 0 & 2 & 2 & 1 & 3 \\
1 & 2 & 1 & 0 & 3 & 2 & 4 \\
\infty & \infty & 1 & 3 & 0 & 2 & 1 \\
2 & 3 & 2 & 1 & 4 & 0 & 5 \\
3 & 1 & 3 & 2 & 2 & 1 & 0
\end{bmatrix}
\qquad
P = \begin{bmatrix}
0 & 1 & 2 & \infty & 1 & 2 & 4 \\
\infty & 1 & 4 & 4 & 4 & 2 & 4 \\
\infty & 1 & 2 & 5 & 1 & 5 & 4 \\
0 & 2 & 2 & 3 & 1 & 2 & 4 \\
\infty & \infty & 2 & 5 & 4 & 6 & 6 \\
3 & 2 & 3 & 3 & 1 & 5 & 4 \\
3 & 1 & 4 & 5 & 1 & 5 & 6
\end{bmatrix}
$$

(b) 第一次更新后的邻接矩阵 C 和最短路径 P

$$C=\begin{bmatrix} 0 & 1 & 1 & 3 & 2 & 2 & 3 \\ 5 & 0 & 2 & 4 & 1 & 3 & 2 \\ 3 & 1 & 0 & 2 & 2 & 1 & 3 \\ 1 & 2 & 1 & 0 & 3 & 2 & 4 \\ 4 & 2 & 1 & 3 & 0 & 2 & 1 \\ 2 & 3 & 2 & 1 & 4 & 0 & 5 \\ 3 & 1 & 3 & 2 & 2 & 1 & 0 \end{bmatrix} \qquad P=\begin{bmatrix} 0 & 1 & 2 & 5 & 1 & 2 & 4 \\ 3 & 1 & 4 & 5 & 4 & 2 & 4 \\ 3 & 1 & 2 & 5 & 1 & 5 & 4 \\ 0 & 2 & 2 & 3 & 1 & 2 & 4 \\ 3 & 2 & 2 & 5 & 4 & 6 & 6 \\ 3 & 2 & 3 & 3 & 1 & 5 & 4 \\ 3 & 1 & 4 & 5 & 1 & 5 & 6 \end{bmatrix}$$

(c) 第二次更新后的邻接矩阵 C 和最短路径 P

图 3 – 36　一个带权 DSD 的邻接矩阵 C 和最短路径 P

按最短路径更新规则完成的矩阵 C 和最短路径 P,可求得状态节点间的最短路径及其长度。如从两矩阵中可求出 v_5 到 v_6 的最短路径长度为 5,路径为 v_5,v_3, v_2,v_1,v_4,v_6。

基于 Floyd 的最短路径算法时间复杂度为 $O(n^3)$,和 Dijkstra 算法相比在算法时间复杂度上没有任何改变,基于 Floyd 的最短路径算法只是在实现上更加直观,容易理解,是可以直接算出任意两个节点之间最短距离的算法,便于编程实现。

3. 不确定状态图的逆向数据采集

对时序型加密 PLD 器件进行逻辑逆向分析数据采集时,在一现态条件下施加一作用输入向量,时序寄存器的输出端产生的状态、可达网络的规模、节点间的相互转移关系等事先都是不确定的。状态图的完全形成必须等到逆向数据采集过程完全结束为止。这种状态规模、状态可达路径事先不确定的状态网络图称为不确定状态图(Undeterminate State Diagram,UDSD)。UDSD 中状态出现的顺序和最后 UDSD 的拓扑结构,取决于逆向数据采集过程采用的状态驱动算法和遍历策略,当所有状态均达到状态饱和且没有新状态出现时,UDSD 便成为 DSD。

1) UDSD 逆向分析数据采集特点

因为 UDSD 的状态可达网络是随着逆向数据采集过程的进行而动态变化的,UDSD 中状态节点对之间的最短路径也随之动态变化着。随着逆向数据采集过程的进行,新的状态节点和状态间的新的路径将不断涌现,UDSD 的规模将越来越大、越来越复杂,每一个新状态和一条新转移路径的出现,均有可能导致 UDSD 中其他状态节点之间最短路径和最短路径长度发生改变,这就要求在状态节点和可达路径出现改变时除完成必要的状态和路径记录外,还应动态进行各状态间的最短路径的更新。不言而喻,这种动态更新 UDSD 和动态完成状态间最短路径的搜索,要比 DSD 中静态最短路径的搜索复杂很多。由于 DSD 中状态之间的可达关系事先早已确定,状态节点间的最短路径也可以在逆向数据采集前一次搜索完成。但对于 UDSD 而言,每当出现一个新状态或一条新的状态可达路径时,便需要更新所有状态节点间的最短路径。针对 UDSD 逆向分析数据采集过程中需要频繁更新状态节点和最短路径的情形,采用最多的依然是 Dijkstra 算法和 Floyd 算法。在前面的分析中已讨论了这两种算法的复杂度,在 UDSD 动态频繁调用最短路径算法寻找最短路径,可想而知,其时间复杂度的变化将是十分惊人的,所以目前在 UDSD 逆向分析数据采集中,若采用 Dijkstra 算法或 Floyd 算法搜索最短路径时,对时序寄存器个数常常设有限制,一般要求不能超过 20 个时序寄存器输出。

随着集成电路制作工艺的不断改进,集成电路规模不断增加,提供给用户可设计的资源不断加大,单片 PLD 设计 20 个时序寄存器输出的应用已越来越少。基于 Dijkstra 算法或 Floyd 算法搜索最短路径的方法显然已无法满足实际应用的需要,对未知动态变化的状态网络进行最短路径规划一直是学术界研究的难点,长期以来还未见有较大突破。目前,国内有清华大学、成都理工大学和哈尔滨工业大学等单位在开展该方面的研究工作。最具有代表性的算法是成都理工大学安红岩等人在“网络最短路径的动态算法”一文中提出的一种快速的动态最短路径算法(Dynamic Minimum Distance Tree,DMDT)。该算法以类似于 UDSD 的动态变化的网络环境路由作为研究对象,采用最短路径树的思路,最大程度地利用网络节点变化前计算的最短路径树,减少动态计算最短路径的计算量。

DMDT 算法的基本思路是在网络连接状况发生改变后,原来的最短路径树中节点到根节点的最短路径不改变的节点构成集合 T_1,最短路径有可能改变的节点构成集合 T_2,然后将集合 T_2 中的节点按照 Dijkstra 算法的基本思想逐个加入到集合 T_1 中,由此得到一个动态计算网络最短路径树的算法。DMDT 算法虽然在一定程度上减小了动态变化的互连网络的最短路径计算量问题,但对新出现的网络节点并未进行更深入地讨论。

2) UDSD 适用的状态路径搜索算法分析

加密时序型 PLD 芯片在逆向分析数据采集过程中,需要对所有出现状态进行状态饱和数据采集,因在逆向数据采集过程不断有未知的新状态出现,状态间的可达关系也在不断发生改变,如果采用前面介绍的最短路径搜索算法,其算法复杂度将使逆向分析过程难以从工程上实现。另外,在时序型 PLD 芯片逆向分析数据采集的初期,所有已出现的时序状态均未处于状态饱和,处于未饱和状态的现态在施加该现态对应的输入作用向量后将出现一次态,无论该次态是新状态还是已出现过的老状态,均处于未饱和状态。显然该次态也是逆向分析数据采集需要处理的状态。如果直接以该次态做为现态,在输入端施加对应的作用输入向量采集其状态的输出,将减少许多不必要的状态回溯驱动操作。

这种把刚出现的未饱和状态直接作为现态,并调用对应的输入作用向量进行逻辑逆向数据采集,无需搜索 UDSD 寻找最短路径,即经状态路径驱动返回到指定状态然后再进行数据采集的方法,无疑将大大节省最短路径搜索和完成状态转移的时间,这种驱动采集数据的方法称为自然路径驱动。完全依托这种自然驱动的方法完成数据采集也会出现新的问题,当 UDSD 中饱和状态节点数目达到一定数量时,逆向数据采集效率下降十分迅速,因为饱和状态越多,空转移次数大量增加,采集效率就会下降。为此,当饱和状态数目达到一定比例时应通过搜索状态间的最短路径,采用最短路径状态驱动策略来实现从饱和状态到未饱和状态的快速转移。随着新状态节点和新的状态转移路径的不断出现,UDSD 变得越来越复杂。以 20 个时序寄存器输出为例,极端情况下会出现 2^{20} 种状态,如果状态两两间均可达则 UDSD 中有向边的数目可达 $2^{20} \times (2^{20} - 1) = 2^{40} - 2^{20}$。

显然,UDSD 状态转移关系的存储已成为影响加密时序型 PLD 芯片逆向分析成功的主要瓶颈之一。要在 UDSD 存储和最短路径搜索算法以及逆向数据采集速率上下功夫,必须在时间和空间需求复杂度上进行综合考虑。

3.4.3　同步时序电路状态驱动

最短路径状态驱动实质就是从已记录的状态网络中,搜索到一条从时序状态机的现有状态通往某一未达到饱和状态的最短路径,然后按此路径驱动到该未饱和状态的过程。最短路径状态驱动的时间开销主要来自两方面:一是最短状态驱动路径的查找时间;二是按查找到的最短路径驱动到指定状态所需的时间。针对同步时序型逻辑电路的逆向数据采集,其状态驱动算法的设计目标应满足用于完成状态驱动所花费的时间尽可能短。

同步时序型 PLD 芯片在逆向分析的数据采集过程中,面临的首要问题是状态间的可达路径不断更新。在逆向分析数据采集的初期,由于 UDSD 中的状态均未处于状态饱和,现态在对应输入向量驱动下在时序寄存器的输出端产生次态,该次态也处于未饱和状态,逆向分析数据采集过程完全没必要进行状态回溯转移到指定状态,这样可节省大量的状态回溯时间,到了逆向分析数据采集的中后期,现态在输入向量作用下产生的次态处于饱和状态的概率越来越大时,才搜索 UDSD 状态网络查找状态间的最短路径,通过最短路径驱动到所需要的未饱和状态继续进行数据采集。因此,减小状态驱动时间消耗的关键应重点放在后半段最短路径的搜索和基于最短路径实现状态的驱动转移上。

1. 蚁群算法的基本原理

蚁群算法是一种启发式模拟进化的仿生算法,该算法是通过吸收蚁群的集体行为特性来实现寻找状态最短路径的。蚁群算法最先由 Marco Dorigo 于 1992 年在他的博士论文中提出,其灵感来源于蚂蚁在寻找食物过程中发现路径的行为。科学家多年来通过大量的实验研究表明,模拟自然界中生物自然的搜索过程往往可以产生十分简洁、实用、高效的计算算法。蚂蚁算法由于其独特的路径优化能力,在网络路径选择、公交路线规划、概念设计等领域都得到了广泛应用。

蚂蚁具有找到蚁巢与食物之间最短路径的能力,蚂蚁是群居类昆虫,每只蚂蚁的行为比较简单,但由这样简单的个体所组成的群体却能表现出极其复杂的行为,能够完成复杂的寻找食物的任务,不仅如此,蚂蚁还能够自适应食物路径环境的变化,如在蚁群运动路线上突然出现障碍物时蚂蚁能够很快重新找到最优路径。人们通过研究发现,蚂蚁个体之间是通过在其所经过的路径上留下一种挥发性分泌物(pheromone 称之为信息素的物质)进行信息传递,从而实现相互协作,完成复杂的寻径任务。蚁群之所以表现出复杂有序的行为,个体之间的信息交流与相互协作起着重要的作用。蚂蚁在运动过程中,能够在它所经过的路径上留下该种物质,其他蚂蚁在运动过程中能够感知到这种物质的存在及其强度,并以此指导自己的运动方向,蚂蚁群倾向于朝着信息素强度高的方向移动。

1) 蚂蚁移动规则

蚂蚁移动方向主要靠信息素。信息素主要有两种:一种是找到食物的蚂蚁留下的食物信息素,另一种是找到巢穴的蚂蚁留下的回巢信息素。每只蚂蚁都仅仅只能感知到它周围小范围环境内的信息素。生物学家的研究发现蚂蚁在寻找食物的道路上所面临的环境是一个未知的世界,前进的道路上可能有障碍物,也可能会与别的蚂蚁相遇,也可能是孤军深入。当蚂蚁在寻找食物过程中处于"单兵"前进时,每只蚂蚁如果能在感知的范围内寻找到食物,就直接过去;若没有发现食物则检查信息素,并且比较在能感知的范围内哪一点的信息素最多,哪里越多就往哪里移动。

蚂蚁寻找巢的原理和寻找食物思路一样,不同只是在于只对寻找巢穴的信息素做出反应,而对食物信息素不做反应而已。

无论是寻找食物还是返回巢穴,每只蚂蚁都朝信息素最多的方向移动,当周围没有信息素指引的时候,蚂蚁会按照自己原来运动的方向惯性地运动下去,且在运动的方向有一个随机的小的扰动,以防止蚂蚁原地转圈。蚂蚁会记住最近刚走过了哪些点,如果发现要走的下一点已经在最近走过了,它就会尽量避开。

2) 信息素更新规则

蚂蚁如何找到食物或者返回巢穴的最短路径的呢? 这一切都应归功于信息素,另外,还要归功于蚂蚁当前所处的环境。每只蚂蚁在刚找到食物或者巢穴的时候散发的信息素最多,并随着它与目标的距离而变化,距离越远播撒的信息素将越少。这样,当有一只蚂蚁找到了食物或巢穴的时候,其他蚂蚁会沿着信息素很快找到食物或巢穴。随着蚂蚁数目的增多,信息素浓度将越来越高。同理,信息素越多的地方经过这里的蚂蚁就多,就会有更多的蚂蚁聚集到这里来。假设从巢穴通向食物有多条路径,开始的时候,走这几条路的蚂蚁数量不一样多,极端情况是距离越长的路径上经过的蚂蚁略多些,当蚂蚁沿着一条所选择的路径到达食物地点取得食物后沿原路径马上返回巢穴时,显然,短的路径蚂蚁往返一次的时间就短,这也意味着重复的频率就快,因而在单位时间里走过的蚂蚁数目就多,同一只蚂蚁留下的信息素自然也会多,更多的蚂蚁慢慢便会被吸引过来,而长的路径正好相反。经过一段时间后在一条短的路径上通过蚂蚁越来越多,路径上留下的信息素浓度也会比别的路径上的信息素浓度高,显然,信息素浓度最高的那条路径就应该是寻找中的最短路径。

为便于描述蚂蚁所经过的点和路径,我们采用图 $G(V,E)$ 来表示。设节点 v_0 代表巢穴,节点 v_n 代表食物位置。$a_i(t)$ 表示 t 时刻位于节点 v_i 的蚂蚁数目。蚂蚁的总数可表示为:$N = \sum_{i=1}^{n=|V|} a_i(t)$。$p_{ij}(t)$ 表示 t 时刻边 $\langle v_i, v_j \rangle$ 上信息素的浓度。随着时间的推移,新的信息素不断添加进来,旧的信息素逐渐挥发,$1-\rho$ 表示信息素的挥发速度。当所有蚂蚁完成一次往返后,各条边上的信息素按式(3-29)更新:

$$p_{ij}(t) = (1-\rho)p_{ij}(t) + \Delta p_{ij} \qquad (3-29)$$

$$\Delta p_{ij} = \sum_{k=1}^{n=N} \Delta p_{ij}^k \qquad (3-30)$$

$$\Delta p_{ij}^k = \begin{cases} \dfrac{C}{L_k \cdot D_k} & (\text{第 } k \text{ 只蚂蚁在本次寻径中经过边}(v_i, v_j)) \\ 0 & (\text{第 } k \text{ 只蚂蚁在本次寻径中未经过边}(v_i, v_j)) \end{cases} \qquad (3-31)$$

式中:L_k 为第 k 只蚂蚁已走过的寻径长度,Δp_{ij} 为本次寻找路径中从顶点 v_i 到 v_j 边上的信息素的增量;Δp_{ij}^k 为第 k 只蚂蚁在寻找路径过程中释放在边 $\langle v_i, v_j \rangle$ 上的信息素;C 为常数;D_k 为本次第 k 只蚂蚁所经历路径回路的长度。

蚂蚁寻径算法是利用信息素来进行路由,若没有信息素更新,所有蚂蚁便在前一次的最优路径的有限区域内搜索。在实际中蚂蚁寻找最短路径是逐渐接近全局最短路径的,这源于蚂蚁在有限区域内搜索会犯错误,按照一定的概率另辟蹊径,这可以理解为一种"创新",这种创新如果能缩短路途,那么根据刚才叙述的原理,更多的蚂蚁就会被吸引过来。

3)蚁群算法的实现过程

模拟蚂蚁行为的蚁群算法的实现过程如下:

(1)从巢穴同时放出 k 只蚂蚁寻找食物源。每只蚂蚁从初始节点出发各自按直接可达节点选择前进路径,并释放信息素,巢穴和食物源两个节点处蚂蚁释放的信息素浓度最高,距离这两节点走的越远信息素浓度越低。当一只蚂蚁完成从巢穴寻找到食物源,再从食物源返回到蚂蚁的巢穴,一条蚂蚁寻找食物的回路便形成,这条蚂蚁路径所经过节点的信息素更新也随之完成。

(2)当所有同时放出的 N 只蚂蚁均完成从巢穴到食物源,再从食物源返回到巢穴时(也可设定保证一定比例的蚂蚁返回到巢穴的时间段),不同回路上的信息素便更新完成。

(3)其他余下的蚂蚁从巢穴到食物源或从食物源返回到巢穴时,选择最优的路径并对所经过的路由节点进行信息素更新。

(4)所有食物从食物点被搬回到巢穴,蚁群算法结束。

蚂蚁在食物的整个搬运过程中不断选择最优路径,行程越短的蚂蚁在路径上散发的信息素浓度就越高,同时短路径上经过的蚂蚁速度也越快,在该路径上走过的蚂蚁数目也会越来越多,一条最短最优路径便生成。显然,蚁群算法生成的最短路径是逐渐求精完成的。

2. 基于蚁群算法的同步时序状态驱动

对于同步时序型加密 PLD 器件,其逻辑逆向分析数据采集的重要环节之一就是状态间的快速驱动,也就是如何加快搜索状态间的最短路径。依据最短路径实现状态间快速驱动,加快完成未知时序状态网络的遍历,使逻辑逆向分析数据采集过程中出现的状态尽快达到状态饱和。

随着加密 PLD 器件制作工艺和功耗技术的改进提高,单片 PLD 芯片器件内部能设计实现的同步时序寄存器的数目也随之增加,UDSD 的拓扑结构变的更加复杂庞大,传统实现 UDSD 图遍历和状态饱和的同步时序状态驱动算法已经不能适应这种情况的需求。

蚂蚁寻径算法的优点是简单易实现,每只蚂蚁都是利用信息素信息进行路由,如果是一条新的路径,蚂蚁便在目前的有限区域内搜索寻找食物源的最优路径。倘若在搬运食物的路上发现多处食物源,便形成多条从巢穴到不同食物源的路径。从局部最优逐渐到全局最优的蚂蚁算法与 UDSD 的状态遍历数据采集特点相吻合,采用基于蚁群算法的同步时序状态最短路径寻径算法有利于提高最短路径查找速度,简化最短路径寻径过程。

1)"0"跳步状态驱动

同步时序电路逻辑逆向分析数据采集开始所处的状态称为初态(相当于蚂蚁的巢穴),每个新出现的状态可看作是蚂蚁寻找到的新的食物源。在同步时序型加密 PLD 逆向分析数据采集中,一个状态对应的输入作用向量是一串由"0"和"1"组成的二进制串,当一输入作用向量使状态机从一个状态转移到另一个状态时,等价于蚂蚁从一个节点到另一个节点发现了一条路径;当一个食物源的食物被搬空时,等价于逻辑逆向分析数据采集过程中该状态的遍历已完成,即该状态已达到状态饱和,被搬空的食物源节点可能变为蚂蚁寻找新的食物源的中间节点。

如图 3-37 所示,状态 S_0 是同步时序状态机的初态,也就是蚂蚁算法中的巢穴,其他状态 $S_1 \sim S_9$ 相当于寻找到的食物源节点。在前面的讨论中已知,蚂蚁寻找食物的路径是双向的,换句话说在算法中蚂蚁遍历的路径图是无向图。而同步时序状态机逆向分析中形成的未知状态转移图(UDSD)是有向图,即从状态 S_i 到状态 S_j 可达,并不等于从状态 S_j 到状态 S_i 可达。所以在同步时序逻辑逆向分析中采用蚁群算法实现寻找 UDSD 中状态间的最短路径时,需要对蚂蚁算法做适当改进。这种改进需要将传统蚂蚁算法行走的路径一律看作"单向"来处理,在图 3-37 中,状态 S_0 在输入向量 I_1 或 I_2 作用下均可到达状态 S_1,则可以看成状态 S_0 到 S_1 存在两条单向通路,而状态 S_1 到 S_0 之间不存在直达路径,所以状态 S_0 到 S_1 不能相互直接可达。再如,状态 S_2 和 S_5 之间存在两条单向通道从状态 S_2 到 S_5,存在另一条单向通道从状态 S_5 到 S_2,则状态 S_2 和 S_5 之间是相互直接可达的。

UDSD 中状态的穷举遍历类似于蚂蚁寻找食物的贪婪行为,当蚂蚁发现一食物

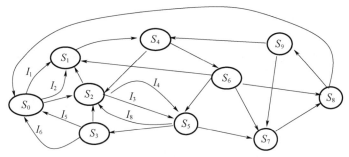

图 3 - 37　一个简单同步时序机的 UDSD 示意图

源时,搬运食物的蚂蚁负责将发现的食物运回巢穴。派出寻找食物的蚂蚁继续寻找其他更好的食物源,如果发现了新的更好的食物源,将通知搬运的蚂蚁到新的食物源搬运食物。在 UDSD 中当时序状态机处于某一现态时(食物源),在输入端按处理机现在的状态所对应的输入作用向量顺序输入激励,时序状态机将输出对应的响应状态即次态,若时序状态机的新的状态与现激励输入前的状态相同时,代表蚂蚁没有发现新的食物源,搬运蚂蚁继续搬运食物(在输入端施加新的输入向量);若两个状态不相同说明寻找食物的蚂蚁发现了新的食物源,搬运蚂蚁便转移到新的食物源处,开始搬运,从现有状态直接驱动到不同的状态,原食物源还有大量食物等待搬运,这种从一食物源(未达到状态饱和的状态)自然进入下一食物源,中间不需要进行路径驱动实现的状态转移称为"0"跳步驱动。在搬运的过程中食物会不断减少,而搬运食物的蚂蚁不断涌来,后来的蚂蚁将会面临食物源被搬空的情形,此时新来的蚂蚁需要搜寻找到食物的最短路径,这种寻找路径的方法称为基于蚁群算法的状态驱动。

在图 3 - 37 中,当时序状态机位于状态 S_2 时,在输入端输入向量 I_3 状态机到达状态 S_5,而状态 S_5 又是尚未达到状态饱和的状态,故蚂蚁可以在状态 S_5 直接搬运食物,无需再寻找新的食物源,这种"0"跳步驱动不需要寻找新的路径。当部分食物源被搬空后,形成新的示意图如图 3 - 38 所示。图中虚线标示的状态表示已达到状态饱和的状态(相当于蚂蚁已把食物搬运完毕),若后来搬运食物的蚂蚁来到状态 S_2,因该节点的食物已搬运完成,蚂蚁必须寻找新的食物源,即蚂蚁从目前所处状态 S_2 节点搜索一条从状态 S_2 到其他食物源(未达到饱和的状态)的最短路径。

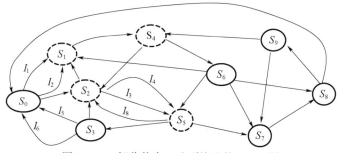

图 3 - 38　部分状态已达到饱和的 UDSD 图

2）基于蚁群算法的状态驱动

在 UDSD 拓扑结构中,当部分节点特别是绝大多数节点已达到状态饱和时,余下未达到状态饱和的状态节点的穷举遍历将变得十分困难,尤如蚂蚁在一块区域内寻找食物一样,在开始阶段蚂蚁巢穴周围各个节点均有食物,随着搬运过程的不断进行,部分食物源的食物被搬空,蚂蚁必须寻找新的最近食物源,到了后期食物源越来越稀少,蚂蚁需要找到最优搬运路径方可加快食物搬运的速度。

在 UDSD 拓扑结构中每个状态节点对应蚂蚁寻找的食物源,当部分节点达到状态饱和时,搬运食物的蚂蚁应在最短的时间内从已搬空的食物源到达其他存在食物的节点(未处于状态饱和的节点)。如图 3 – 38 所示,当状态 S_1、S_2、S_5 和 S_4 达到状态饱和时,其他状态还未达到状态饱和。如果状态机目前状态是 S_2,如何利用蚂蚁算法快速探测出从 S_2 到其他未处于状态饱和的节点呢?这便是基于蚂蚁算法寻找状态间最短驱动路径将要关心的问题。

逆向分析的同步时序状态机中共放有 M 只蚂蚁,每个状态共有 N 种输入作用向量的取值。在具体的基于蚁群算法寻找状态间最短驱动路径中有两种规则需要定义:

（1）状态节点信息素更新规则。

如图 3 – 38 所示,当状态机处于状态 S_2 时,要搜索状态 S_2 到状态 S_8 之间的最短路径。具体做法是:在状态 S_2 节点上同时释放 M 只蚂蚁,每只蚂蚁按照一定的策略依次作出决策,选择不同可达路径到达状态 S_8 节点,这 M 只蚂蚁经过不同路径最后到达状态 S_8 节点,由于它们所经过的路径有远有近,蚂蚁所经过的节点散发的信息素浓度不同,由 M 只蚂蚁组成的蚁群其集体行为将表现出一种信息正反馈现象,即一条越短的路径一只蚂蚁经过各节点时留下的信息素就越多,多只蚂蚁经过留下的信息素累积效应将更加明显,被后续蚂蚁选择的概率就越高,该路径上蚂蚁留下的信息素浓度就越高,而信息素浓度越高的路径又会吸引更多的蚂蚁选择该路径,从而形成一条最短路径。

假设每只蚂蚁从一状态节点 S_B 出发,沿着不同的路径向目标状态节点 S_E 前进,途中经过中间状态节点 S_i,在状态节点 S_i 信息素的更新规则为

$$p_i = (1 - \rho)p_i + p_i(j)/L \quad i \in [0, \cdots, N-1], j \in [1, \cdots, M] \qquad (3 - 32)$$

式中:p_i 为状态节点 S_i 的信息素;$p_i(j)$ 为第 j 只蚂蚁经过状态节点 i 时释放的信息素;L 为蚂蚁到达该状态节点前从出发节点到该节点所走过的路程距离;ρ 为信息素挥发的速度。

（2）蚂蚁转移规则。

若时序状态机的一个状态有 N 种输入作用向量的取值,则该状态最多有 N 种可能的转移路径,在 N 种可能的状态转移路径中有部分状态转移会转向自身,即不发生状态转移。如图 3 – 39 所示,状态 S_4 在输入作用向量 I_3、I_8 分别施加时不发生状态转移,只有在作用输入向量 I_1、I_4 分别施加时才从状态 S_4 转移到状态 S_2 和

S_5。显然,寻找食物的蚂蚁到达状态 S_4 节点时只有两条路径供其选择,一条是 S_4 至 S_2,另一条是 S_4 至 S_5。当蚂蚁到达一新状态节点,因该状态可达的其他转移状态节点还未曾有蚂蚁选择时,依次以等概率选择不同的转移路径。所有可达路径均被寻找食物的蚂蚁选择之后,后来的第 j 只蚂蚁在状态节点 S_i 的路径选择转移应遵循如下原则:

$$D_i(j) = \text{路径 } v_{ik}, \text{当 } p_k = \max(p_l) \quad l \in [\text{从节点 } i \text{ 直接可达的状态节点}]$$

式中:p_k 为从状态节点 S_i 直接可达状态节点 S_k 的信息素。

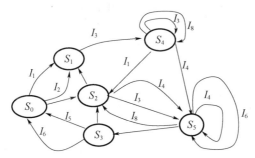

图 3 – 39　状态间转移关系示意图

3）基于蚁群算法的状态驱动算法

寻找状态间最短驱动路径的实现步骤如下:

(1)同步时序状态机初始化,确立初始状态和作用输入向量集合,选取探测路径的蚂蚁 M 只。

(2)第一只蚂蚁出发时,由于没有任何线索可依托,因而这只蚂蚁在各个状态节点选择不同转移路径的概率相等。本算法采用随机数的方法选择不同路径。

(3)若蚂蚁从起始节点到达目标节点,将该路径加入到搜寻到的路径集合中,如果后来蚂蚁在路径搜索中将所有可以经过的中间节点构成的路径均已遍历,则按蚂蚁转移规则移动,并按信息素更新规则更新所经过节点的信息素。

(4)对剩余蚂蚁重复(3),直到 M 只蚂蚁全部完成了路径搜索。

(5)选择蚂蚁走过最多的路径作为状态驱动转移路径。

由于 M 只蚂蚁的集体行为将表现出一种信息反馈现象,从最初不同路径的等概率选择到依托信息素浓度选择,这样在一条路径上如果信息素浓度越高被选择的概率就越大,信息素累积效应将更加明显,而信息素浓度越高的路径又会吸引更多的蚂蚁选择该路径,从而形成一条最短路径。

3.4.4　UDSD 状态转移路径记录与存储

UDSD 状态转移路径记录主要负责记录转移路径中所经过的状态节点和促使状态转移的输入作用向量,随着 FSM 状态数目的增多,UDSD 状态转移路径的记录将面临一系列瓶颈问题。下面对 UDSD 状态转移路径记录面临的问题进行介绍。

1. 路径记录面临的问题

路径记录所面临的核心问题是存储空间受限。同步时序电路逆向分析数据采集过程中除需要对状态间转移的最短路径进行搜索外,还需对不断出现的未知新状态以及状态之间的转移关系进行记录,即完成构建 UDSD 所必要的记录。对 UDSD 进行存储记录的目的是为了便于完成状态最短路径的搜索。UDSD 记录的主要特点:一是最大可能的状态节点数目随设计为时序寄存器输出的个数呈指数增长,由于有部分状态在设计中根本不存在,所以逆向数据采集过程中可能出现的状态节点总数在采集前是无法确定的;二是状态间的可达关系事先也是未知的,可能任意状态节点间直接可达,如图 3 – 40(a)所示,也可能只是部分状态节点间直接可达,如图 3 – 40(b)所示。

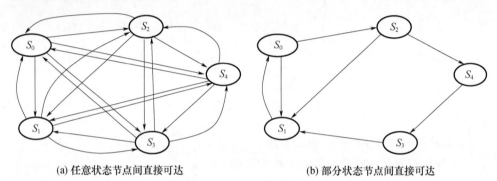

(a) 任意状态节点间直接可达   (b) 部分状态节点间直接可达

图 3 – 40　状态节点间可达关系示意图

显然,UDSD 的记录与存储必须考虑所有状态和全部可能的直达路径均出现时的最坏情况,当时序状态机的状态个数为 n 时,最多可出现的状态数目为 $N = 2^n$,状态间均相互直接可达时需要记录的状态直达转移路径数目为 $M = N \times (N-1) = 2^n \times (2^n - 1)$。若当前状态机的时序输出引脚个数 n 取值大于等于 20 时,UDSD 的记录就会面临存储空间困乏的问题,因此必须采取有效措施或方法来降低 UDSD 存储记录所面临的存储空间严重不足的问题。下面介绍两种解决该问题的算法和思路:一是通过对 UDSD 简化记录存储的思路来实现的存储算法;二是采用基于环的 UDSD 状态转移路径记录存储。

2. UDSD 的简化记录算法

1) UDSD 简化记录存储的基本思路

从前面的介绍可知,UDSD 记录的主要瓶颈之一是状态间存在的相互可直达的多条路径,直达路径越多所占存储空间越大,如图 3 – 41 所示。

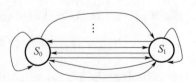

在图 3 – 41 中,状态 S_0 和 S_1 存在多条直达路径,状态 S_0 至 S_1 直达路径最多可达 2^a 条(a 为输入引脚数);同理,从状态 S_1 至 S_0 的直达路径最多

图 3 – 41　存在多条直达路径的 UDSD 状态图

也可达 2^a 条,因此用于记录状态 S_0 和 S_1 之间的相互可直达路径就需要 2^{a+1} 个存储单元。显然,在状态 S_0 至 S_1 之间的多条直达路径中只需要一条路径便可完成状态 S_0 至 S_1 之间的转移,多条直达路径记录存在严重冗余,可进行直达路径简化记录存储;另一种情况是 UDSD 中状态节点间存在多条转移路径,如图 3 - 42 所示。从状态 S_0 至 S_5 的转移路径可以是 S_0 直达 S_5,也可以是 S_0 经 S_2 再到 S_5,或 S_0 经 S_4 再到 S_5,还可以是……。如图 3 - 42 中当仅有 7 个时序状态节点时,如果只记录状态间不重复的直达转移路径就有 42 条,状态间直达路径数 $O(2^q \times 2^{q-1})$ (q 为寄存器输出引脚数)。从图 3 - 42 中不难发现在不影响状态可达的前题下有些路径的记录是多余的,完全可以不记录存储,可进行适当简化记录。UDSD 简化记录不仅可以减少记录所占的存储空间,在一定程度上还可以加快逆向分析数据采集过程中状态间最短路径搜索的速度,根据数字电路理论可知正规设计的时序状态机必须保持任意两个状态间相互可达,即 UDSD 是一强连通图 $G(V,E)$。

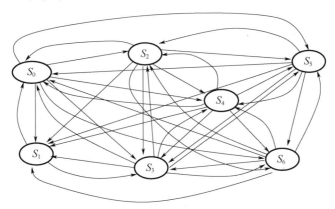

图 3 - 42   UDSD 中需记录的可达路径示意图

简化 UDSD 状态网络的记录存储必须要保证在不破坏状态节点间相互可达的前提下完成,因为某一未知状态是否出现及出现的状态个数具有不确定性。根据 UDSD 状态网络的特点采用动态简化记录存储的空间分配策略较好,这种分配策略是根据不确定状态是否出现以及是否可以简化来动态分配所需要存储空间的。如图 3 - 42 所示,需要记录的状态节点数目为 7,状态间相互可达的边数为 42 条。将图 3 - 42 按上述可达性原则进行简化,简化后的 UDSD 图如图 3 - 43 所示。从图 3 - 43 中可以发现简化后的 UDSD 仍然保持了任意两状态间的相互可达关系,即保证了从任意一节点出发均可实现 UDSD 中所有状态节点的遍历,而记录的状态间的可达边数却大大减少。

图 3 - 43 与图 3 - 42 相比所记录的状态节点数没有发生改变,均为 7,只是直达路径条数从 42 条锐减为 8 条。显然,这种简化记录存储方法可以大大降低对逆向分析采集设备的存储空间的需求。

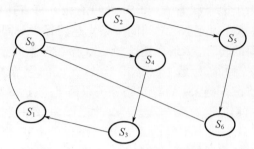

图 3 - 43　简化后的 UDSD 记录示意图

2）UDSD 简化记录存储算法

UDSD 的简化记录存储,是指在不影响任意两状态节点间相互可达的前提下,去掉多余的路径,只记录相互可达的必要路径。在具体实现中主要根据状态出现的次序,提取状态的转移关系,并按一定规则选择记录状态间的转移关系,最终保证所有出现的状态相互可达。

在时序型加密 PLD 逻辑逆向分析数据采集过程中,如果将已出现的状态及相互可达关系构成的拓扑结构图称为 G',那么实现 UDSD 简化记录存储的关键就在于如何判断 G' 中两状态节点间的可达关系,也就是如何判断回路生成的问题。为方便问题的说明下面给出几个定义:

定义 3.11　状态编码

状态编码由一串"0"和"1"代码组成,主要用于标示状态是否已经出现,以及已出现状态间的相互可达关系。

状态编码值有两重含义:一是表示某一状态是否已出现过,当编码值为"0"时,表示该状态未出现,否则表示该状态已经出现;二是表示已出现的状态间的相互可达关系。例如,已出现的两状态节点 S_i 和 S_j,其状态编码为 i 和 j,当 $i = j$ 时表示状态 S_i 和 S_j 已相互可达;当 $i < j$ 时表示状态 S_i 可达 S_j,而状态 S_j 不可达 S_i;当 $i > j$ 时表示状态 S_i 不可达状态 S_j,而状态 S_j 可达状态 S_i。

定义 3.12　新状态和旧状态

在同步时序状态机逆向分析数据采集过程中,将第一次出现的未知状态称为新状态(New State,NS),将已出现的状态称为旧状态(Old State,OS)。新旧状态的判别可根据状态编码来完成,若该状态的编码为 0 表明是 NS,不为 0 则表明是 OS。

根据 UDSD 简化记录存储算法的特点,可采取类邻接表结构来实现未知状态和直达路径的记录存储。每个状态节点作为一条单链邻接表的表头节点,邻接表的结构负责记录与该表头节点相邻接的状态和状态转移关系;所有单链表的表头以数组形式存储,数组元素按状态值的大小顺序进行存储。这样在程序实现时,每个状态的单链表表头地址是固定不变的,故可直接根据状态值获取相应的状态转移条件。

类邻接表表头节点结构如下:

状态编码 C	状态饱和标志 F	当前作用输入向量 I	指针

状态编码 C 的取值范围: $C \in [0, 2^N]$, 2^N 为时序状态机的可能状态总数。

状态饱和标志 F 用于标示状态是否达到状态饱和,即该状态是否已完成穷举遍历。该标志位主要用于判定指定状态的数据采集是否已结束。当前输入作用向量表示在表头所指示状态下的下一个即将输入的激励;指针用于指向由表头存储状态可直达的状态构成的邻接表。

类邻接表表节点结构如下:

作用输入向量	可转移直达的次态	指针

输入作用向量表项主要用于记录表节点状态转移到次态的输入向量值。而次态项的记录表项表示现态在输入作用向量下产生的次态。指针指向在当前状态下可直达的下一个状态。

UDSD 简化记录存储算法:

(1) 初始化邻接表,复位加密 PLD 芯片,采集当前时序状态机的当前状态并作为现态 Q,将此状态的状态编码设定为 1。

(2) 现态 Q 的状态饱和标志 F 是否为 1,若为 1 表示该状态已达到饱和,转 (7),否则,向时序状态机施加当前状态对应的输入作用向量 I,采集时序状态机产生的状态 Q',并将当前的输入作用向量 I 加 1,判别输入作用向量 I 是否等于 2^M (M 为时序状态机的输出引脚数),若相等转 (3),否则转 (4)。

(3) 设置状态 Q 的饱和标志 F 为 1。

(4) 时序状态机当前状态的下一个状态的状态编码是否为 0,若为 0,表明该次态是 NS,记录该次态和输入作用向量,新状态的状态编码 C 的状态编码加 1,转 (6);否则转 (5)。

(5) 若 $C_Q \leq C'_Q$ 表明时序状态机在当前状态 Q 已有路径到达新的状态,故不需要记录状态 Q 到状态 Q' 的转移关系,转 (6);$C_Q > C'_Q$ 表明状态 Q' 已有路径到达当前状态 Q,但状态 Q 还不可达状态 Q',需记录状态 Q 到状态 Q' 的转移关系。

(6) 以新的状态 Q' 作为时序状态机的当前在状即 $Q = Q'$,转 (2)。

(7) 所有已出现过状态是否已达到状态饱和,即所有状态的标志 F 是否均为 1,若为 1 转 (8)。否则,在已记录的状态网络中搜索一条从当前状态到某一未达到状态饱和节点的路径,并将其设为现有状态 Q,转 (2)。

(8) 算法结束。

3. 基于环的 UDSD 状态转移路径记录

UDSD 简化记录存储算法的实质是去掉状态互连网络中状态间冗余的可达路径,只保留最基本的状态间可达路径。这种状态可达路径的简化记录方法虽然大大缓减了存储空间需求的压力,但同时也带来了一些新的问题,如时序状态间的转移路径可能会变长。过长的状态可达路径必然使状态转移驱动过程的时间加长,这种变化会严重影响逻辑逆向分析数据采集的速度。根据前人研究的经验,单纯依靠状态简化记录的方法来实现状态间的驱动,并完成对加密逻辑器件的逆向分析数据采集过程,其时间复杂度可能会面临无法接受的瓶颈问题。下面介绍一种基于环的 UDSD 状态转移路径记录的新思路,该方法不仅可以大大缩短状态驱动路径,还可以更好地解决状态转移路径记录的存储空间问题。

1) UDSD 基于环存储的思想

由电路理论可知,规范设计的同步时序状态机,其状态间必须是强连通的,即对应的状态转换关系图 G 是强连通的有向图,如果不是强连通的,时序状态机会出现死锁状态。对于有 N 个状态的同步时序机,其状态间相互可直达的有向边条数最多有 $N \times (N-1)$ 条。如一状态数 $N=6$ 的强连通状态图如图 3-44 所示。当对图 3-44 对应的状态转移关系进行记录,需要存储的状态节点数为 6 个,状态间直接可达的边为 30 条。

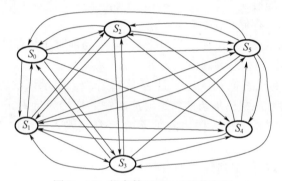

图 3-44　状态数目 $N=6$ 的状态图

如果对图 3-44 进行适当变化,采用基于环的思想,在该强连通图中寻找一定规模(若设环节点数为 3)的环,将找到的环视为一个新的宏节点,用该宏节点代表对应环上的所有节点,与状态图 G 上其他未在该环上的其他节点构成新的强连通图。按照此思路图 3-44 的转换图如图 3-45 所示。

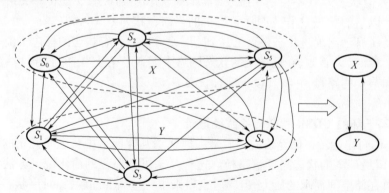

图 3-45　状态数目 $N=6$ 的带环存储示意图

通过上述变换后,状态宏节点数只有 2 个,状态转移关系的边数变为 2 条,和转换前需记录 6 个状态节点、30 条边相比,记录所需存储空间大大减小。当 N 个状态节点时,最坏情况是找到的环为 $N-1$ 个,且每个环内只有 2 个节点,此时需要保存的状态转移边数为 $2(N-1)$,与不转换前存储的 $N(N-1)$ 相比优势十分明显。

2)基于环存储的 UDSD 状态转移路径分析

利用记录存储的状态转移路径可以实现状态间的转移驱动,即从 UDSD 中快速找出一条从饱和状态到未饱和状态的路径,并保证状态转移成功实现。UDSD 是一个强连通图,保证了任意状态间相互可达,因此对于 UDSD 中出现的状态和可达路径的记录,无论采用哪一种记录存储方式必须保证状态间的强连通关系不被破坏。

基于环的 UDSD 记录存储的基本思想是通过在已出现的状态和可达路径中寻找可能存在的环,并将环看成一个"宏状态"节点,"宏状态"节点(环)内部是强连通的,用宏节点代替环上的所有节点,宏节点和其他未在环上的状态节点一起构成新的带宏节点的 UDSD 拓扑结构图 G',继续逆向分析数据采集过程等待新的状态和新的路径出现,当有新的状态和新的路径出现时按照环设置规模查找可能存在的宏节点,直至无新的状态和新的路径出现时为此。根据上述宏节点的生成和替代过程可知,宏节点本身并不破坏 UDSD 中状态间的连通性,这种递归寻找环路的方法,将减少存储的状态节点数目和节点间可达路径的长度。所以采用这种基于环的存储记录机制必然会使状态转移驱动路径大大缩短。如果将状态转移路径简化记录存储方法和基于环的存储方法相结合,不仅可以实现任意状态间的相互可达,节省存储空间,还可以提高状态间的驱动转移速度。另外,因采用基于环的存储结构,状态节点被压缩成更大的宏节点,由这些宏节点和一些不能组合的状态节点构成的状态网络变得更加简单,状态转移路径也会变得更短。

3)UDSD 基于环存储的结构与算法设计

(1)数据结构设计。

若同步时序状态机的未知状态为 N,采用基于环的存储方式,其空间大小需求量仅为 $2(N-1)$ 个存储单元。状态网络的存储结构可选用表格结构,实现中可设置两个相关的表,分别称为主表和辅助表,用于记录环和环间的可达关系。

主表的记录格式:

当前状态编码	环的编码	饱和标志 F	次态 1	产生次态 1 的输入作用向量	…	次态 i	产生次态 i 的输入作用向量

辅助表的记录格式:

环的编码	可达环 1	环内节点编码	直达环 1 的输入作用向量	…	可达环 i	环内节点编码	直达环 i 的输入作用向量

主表用于记录环内状态节点间的可达关系,辅助表则用来保存各环之间的连通信息,在逆向分析数据采集过程中两表按环的出现顺序记录各环和各环间的连通路径。

(2) 算法设计。

算法设计中需要用到的一些基本术语如下:

定义 3.13 新状态编码:在同步时序逆向分析数据采集过程中,所有可能出现的状态事先都是无法事先预知的,每次新出现的状态被称为新状态,对其赋予一个由"0"和"1"构成的唯一标志码,标志码值由状态出现的顺序递增决定。

定义 3.14 环连通节点:环内与其他非本环内的节点(也可以是其他的环)直接相连的状态节点,通过环连通节点可以从一个环直接转移进入到其他环。

定义 3.15 环归约:在逆向分析数据采集过程中,如发现出现的状态呈环路时,将环路归约为一个宏状态,并将环路上各状态的编码更新为环路中状态编码值最小的值。

算法实现过程:

(1) 初始化主表和辅表,置新状态编码值 $C = 0$;复位加密 PLD 芯片,采集当前时序状态机的状态 Q 作为新状态,并将新状态 Q 的编码值 C 作为此状态的状态编码。

(2) 判别状态 Q 的状态饱和标志 F 是否为 1,若为 1,表示该状态已达到饱和,转(7),否则向时序状态机施加该状态对应的当前输入作用向量 I,采集时序状态机产生的状态 Q',并将当前的输入作用向量 I 加 1,如果 $I = 2^M$(M 为时序状态机输出数目),转(3),否则转(4)。

(3) 设置状态的饱和标志 F 为 1。

(4) Q' 是否为新状态,若是新状态,记录 Q 状态到 Q' 状态的输入作用向量,$C = C + 1$,将 C 作为新状态的状态编码,转(6),否则转(5)。

(5) 搜索状态 Q 和状态 Q' 间的直达路径,若已存在则转(6),否则查找已出现状态是否已构成环? 若已构成环则转(8),否则记录 Q 到 Q' 间的转移路径。

(6) 以状态 Q' 为新的状态,即 $Q = Q'$,转(2)。

(7) 所有已出现状态是否已达到状态饱和,即所有状态的标志 F 是否均为 1,若为 1 转(9),否则,在已记录的状态网络中搜索一条从状态 Q 到某一未达到状态饱和的节点,并将其设为新的状态 Q,转(2)。

(8) 将环内节点的连接关系存入主表,并对环进行归约,将环连通关系存入辅表中,转(2)。

(9) 算法结束。

基于环存储算法因将状态网络中的小环上的节点用宏节点的形式进行存储,不仅减少了可达状态网络中需要记录状态节点的数目,同时也减少了需要记录的状态间直达路径的边数,从而缩小了对存储空间的需求,实现加速状态驱动转移速度的目的。

参 考 文 献

[1] 马光胜,王馨迪,等. 异步时序型 PLD 解析技术新算法研究[J]. 哈尔滨工程大学校报,2000,21(10):57 - 60.

[2] 马光胜,杜振军,等. 基于多项式符号运算的时钟周期确定新方法[J]. 哈尔滨工程大学学报,2006,27(1):94 - 98.

[3] 马光胜,王馨迪,等. 新型 PLD 解析技术相关问题研究[J]. 应用科技,2000,27(10):18 - 20.

[4] 褚华,陈平. 一种层次状态图的自动生成方法[J]. 西安电子科技大学学报,2005,32(5):702 - 705.

[5] 安红岩,胡光岷,等. 网络最短路径的动态算法[J]. 计算机工程与应用,2003,39(1):173 - 180.

[6] 王亚文,汪西莉. 一种动态限制搜索区域的最短路径规划算法[J]. 计算机应用研究,2007,24(7):89 - 91,29.

[7] 乐阳,龚健雅. Dijkstra 最短路径算法的一种高效率实现[J]. 武汉测绘科技大学学报,1999,24(3):209 - 212.

[8] 王剑,李平,杨春节,等. 蚁群算法的理论与应用[J]. 机电工程,2003,20(5):126 - 129.

[9] 江波,李元香,等. 带杂交算子的自适应蚁群算法的聚类分析[J]. 华南理工大学学报(自然科学版),2004,32(s1):131 - 134.

[10] 陈峻,沈洁,等. 蚁群算法进行连续参数优化的新途径[J]. 系统工程理论与实践,2003,23(3):48 - 53.

[11] 马军建,董增川,等. 蚁群算法研究进展[J]. 河海大学学报(自然科学版),2005,33(2):139 - 143.

[12] 王颖,谢剑英. 一种基于改进蚁群算法的多点路由算法[J]. 系统工程与电子技术,2001,29(08):98 - 101.

[13] Li Qing Bao,Zhang Ping,Zhao Rong cai. Research on High - performance Memory System Design[A]. In:DB-CASE 2006[C],2006,2:1219 - 1223.

[14] 徐仑峰,熊光泽,等. 未知时序电路状态图生成算法及状态间路径的递归导出[J]. 计算机辅助设计与图形学学报,1998,10(2):78 - 84.

[15] Michael Guntsch,Martin Middendorf. Applying Population Based ACO to Dynamic Optimization Problems[A]. Ant Algorithms, Proceedings of Third International Workshop, ANTS 2002, volume 2463 of LNCS:111 - 122.

[16] Lee Seunggwan,Jung Taeung,Chung Taechoong. An effective dynamical weighted rule for Ant Colony system algorithm[A]. Proceedings of IEEE conference on Evolutionary Computation[C],2001,2:1393 - 1396.

第4章 脱机采集数据逻辑逆向综合

4.1 逻辑综合基础理论

逻辑综合是指从寄存器传输级描述或从布尔方程、真值表、状态表等描述转化为逻辑网表结构描述的综合过程。无论设计目标是最小化延时时间、最小化面积，还是最小化功耗，逻辑综合的目标都是通过执行逻辑综合算法，提供优化后的网表结构描述。脱机式逆向采集数据的原始形式通常如表4-1所列，用真值表的形式给出。左边罗列着 n 个输入变量，每个输入变量值可取值为 $(0,1)$，n 个输入的各种可能的输入组合为 $(0,1)^n$，右边表示对应的输出，取值 $\{0,1,d\}$，d 表示高阻态。

表4-1 输入和输出真值表示例

I_n $I_{n-1}\cdots$ I_1	O
0 0 $\cdots$ 0	1
0 0 $\cdots$ 1	d
$\vdots$	$\vdots$
1 1 $\cdots$ 0	0
1 1 $\cdots$ 1	1

其中 $(I_n, I_{n-1}, \cdots, I_1)$ 称为有序的 n 元素组，$I_i \in B = \{0,1\}$，则 $(I_n, I_{n-1}, \cdots, I_1)$ 的取值集合为 $B^n = \{0,1\}^n$。逻辑综合处理就是通过逻辑运算化简处理生成 O 与 $(I_n, I_{n-1}, \cdots, I_1)$ 的逻辑对应关系。

4.1.1 逻辑综合基本概念

定义4.1 对于集合 $O = \{0,1,d\}$ 和集合 $B^n = \{0,1\}^n$，称 B^n 到 O 的映射 f 为 n 元布尔函数(其中 $n \geqslant 0$)，表示为：$O = f(x_1, \cdots, x_n)$，其中，$O \in \{0,1,d\}$，$(x_1, \cdots, x_n) \in \{0,1\}^n$，其中，$O$ 的取值为 1 的最小项集合称为真值项集合，记作 $K^0(\text{ON})$；O 的取值为 0 时的最小项集合称为假值项集合，记作 $K^0(\text{OFF})$；O 的取值既可以为 1，也可以为 0 的无关项的最小项集合称为无关项集合，也就是取值为高阻 d 的集合，记作 $K^0(\text{DC})$。

根据定义4.1，对于任意一个输出的布尔函数都满足：$K^0(\text{ON}) \cup K^0(\text{OFF}) \cup K^0(\text{DC}) = U_n$，式中 U_n 为全部最小项的集合，称为全集立方体。当 $K^0(\text{DC}) = \varnothing$ 时，该布尔函数是一个完全确定的函数；否则是一个不完全确定的函数。

定义 4.2　设 $a_1, a_2, \cdots, a_n$ 是 n 个布尔变量，p 为 n 个因子的乘积。如果在 p 中每一变量都以原变量 a_i 或反变量 $\overline{a_i}$ 的形式作为因子出现一次且仅出现一次，则称 p 为 n 个变量的一个最小项。

例如，有两个布尔变量 a_1, a_2，则 $p_1 = a_1 a_2$ 是最小项，而 $p_2 = a_1$ 不是最小项，因为 a_2 或 $\overline{a}_2$ 都没有作为因子出现于 p_2 中。

定义 4.3　布尔函数 f 的"与或"表达式中的每一乘积项都称为 f 的蕴涵项。

例如，$f = \overline{a_1}\ \overline{a_2} a_3 + a_2\ \overline{a_3}$ 中的乘积项 $\overline{a_1}\ \overline{a_2} a_3$ 和 $a_2\ \overline{a_3}$ 都是函数 f 的蕴涵项。

定义 4.4　函数 f 有多个蕴涵项，若某个蕴涵项 i 所包含的最小项集合不是任何别的蕴涵项所包含的最小项集合的子集，则称 i 为函数 f 的质蕴涵项（Prime Implicant, PI）。

定义 4.5　若某个最小项只被一个质蕴涵项所包含，则称此最小项为特征最小项，包含特征最小项的质蕴涵项为必要质蕴涵项（Essential Prime Implicant, EPI）。在布尔函数最小化的过程中，必要质蕴涵项是必须选取的。

定义 4.6　由于逻辑函数 $f(x_1, x_2, \cdots, x_k, \cdots, x_n)$ 的真值表的每一行都可以表示成一个多维体，于是逻辑函数 $f(x_1, x_2, \cdots, x_k, \cdots, x_n)$ 便可以用使其输出值为 1 或 d 的全部多维体集合 $C = \{c^1, c^2, \cdots, c^i, \cdots, c^n\}$ 来描述，并称 C 为函数的覆盖。

定义 4.7　设布尔函数 $y = f(x_1, x_2, \cdots, x_n)$，其中自变量 $x_1, x_2, \cdots, x_n$ 为输入变量，因变量 y 为输出变量。输入变量反映到电路中对应为输入引脚，输出变量则对应为输出引脚。对这样一个 n 变量函数来说，令每一输入变量和一个坐标轴相对应，则可得到函数 y 的空间图形，该图形称为单输出布尔函数的蕴涵项表示。

对于 n 个输入变量，m 个输出变量的多输出布尔函数，其蕴涵项表示形式为：$x_1, x_2, \cdots, x_i, \cdots, x_n \mid y^1, y^2, \cdots, y^i, \cdots, y^m$。竖线左边是输入变量，竖线右边表示输出变量；竖线是分隔符。输入变量的取值可为 $\{0, 1, \times\}$，当取值为 $\times$ 时，表示该变量因合并而被消去，或者说该变量的取值任意；输出变量的取值可为 $\{0, 1, u\}$，当取值为 u 时，表示没有对该输出变量的取值作出规定。

例如，多输出立方体 $0 \times 1 \mid 10u$ 表示：当 $x_1 = 0, x_3 = 1$，不管 x_2 取什么值，函数 y^1 的取值为 1，函数 y^2 的取值为 0，而它对函数 y^3 的取值没有作出任何规定。

定义 4.8　一个 n 变量函数 $f(x_1, x_2, \cdots, x_k, \cdots, x_n) \in \{0, 1, \times\}$，这个函数的输入 n 元数组，被称为多维体，记作：c^i。

多维体是由映射 $\rho: S \rightarrow T, S = \{1, 2, \cdots, n\}, T = \{0, 1, \times\}$ 定义的，该映射规定多维体 c^i 的第 k 个坐标为 $c_k^i = (k) \cdot \rho \in T, K \in S$。而多维体 c^i 则为其全部向量坐标所确定：$c^i = (1) \cdot \rho, (2) \cdot \rho, \cdots, (k) \cdot \rho, \cdots, (n) \cdot \rho$，记作：$c^i = c_1^i c_2^i \cdots c_k^i \cdots c_n^i$。$T$ 中 c_k^i 元素 1 和 0 称为界元素，而 $\times$ 称为自由元素，其值可以取 0 或 1。如果组成多维体 c^i 的元素中有 r 个自由元素 $\times$，则称这个多维体为 r 维体。

定义 4.9　一个覆盖的成本等于覆盖中各蕴涵项的成本之和。覆盖 C 的总成本可表示为

$$CS(C) = (与门输入端总数) + (或门输入端数) = \sum_{i=1}^{k}(n - r_i + 1)$$

式中:k 为 C 中蕴涵项个数;n 为变量个数;r_i 为该立方体的维数。

定义 4.10　一个覆盖 N 满足以下要求:

(1) N 中的所有元素 n_i 都是质立方体。

(2) N 中不存在冗余元素。即 $\{n_i\#(N - n_i)\} \cap C_{ON} \neq \emptyset$($n_i \in N$,$C_{ON}$ 为真值点集合),则称覆盖 N 为无冗余覆盖。

定义 4.11　如果覆盖 N 是布尔函数 f 的一个无冗余覆盖,它的成本为 CS(N),且不存在该函数的另一个成本为 CS(N')的覆盖 N',满足:CS(N') < CS(N),则称覆盖 N 就是布尔函数 f 的一个最小覆盖。

定义 4.12　包含所有变量,且每一变量均以原变量形式或反变量的形式出现且仅出现一次,它们的和项称为最大项(maxterm)。

例如,有 3 个布尔变量 x_1、x_2 和 x_3,则 $p = x_1 + x_2 + \overline{x_3}$ 是最大项;而 $p = x_1 + x_2 + \overline{x_3}x_2$ 不是最大项。

定义 4.13　对于函数 f 的蕴涵项 p,若它所包含的最小项集合对应的函数值都不确定,则称蕴涵项 p 为无关项(Don't Care Condition,DC)。若它所包含的最小项集合对应的函数值为真,则称蕴涵项 p 为真值项(或 ON 点)。若它所包含的最小项集合对应的函数值为假,则称蕴涵项 p 为假值项(或 OFF 点)。

4.1.2　立方体基本运算

大多数的逻辑综合算法都采用立方体表示法来描述逻辑函数。这种方法的核心是把逻辑函数看作是 n 维空间中的立方体的集合,从而用一系列的立方体运算对描述该函数的立方体集合进行变换,以达到对初始数据集合进行化简的目的。立方体运算包括:并集运算、相交运算、吸收运算、包含运算、相容运算和锐积运算等。下面将简要介绍其中的 3 种基本运算。

1. 相交运算

对于任意给定的两个立方体 $a = a_1a_2\cdots a_n$ 和 $b = b_1b_2\cdots b_n$,在它们覆盖的顶点中有一个或一个以上是公共的,则称这两个立方体是相交的,这些公共顶点称为两个立方体的交,记作:$c = a \cap b$。两个立方体的输入变量和输出变量对应元素按表 4 - 2 做相交运算。

表 4 - 2　输入变量相交运算表

$a_k \cap b_k$		b_k		
		0	1	×
a_k	0	0	$\emptyset$	0
	1	$\emptyset$	1	1
	×	0	1	×

由相交运算的定义及运算规则可知,相交运算与布尔代数中的"与"运算相对应,在空间图形上,相当于 a 与 b 共同覆盖的顶点。立方体相交的概念可以扩展到立方体与集合的相交以及立方体集合与立方体集合的相交。设立方体集合 A 与立方体集合 B 具有相同的输入和输出变量,则有

$$b \cap A = U(b \cap a), a \in A \tag{4-1}$$

$$B \cap A = U(b \cap A), b \in B \tag{4-2}$$

2. 相容运算

相容运算用运算符" $*$ "表示,相容运算又称为星积运算。多维体相容运算按表 4-3 和下述规则进行运算:

表 4-3　星积运算表

$*$		b_k		
		0	1	×
a_k	0	0	∅	0
	1	∅	1	1
	×	0	1	×

$$a * b = \begin{cases} \varnothing (有一个以上的坐标 k 有 a*b = \varnothing) \\ (a_1 * b_1) \cdots (a_{k-1} * b_{k-1}) \times (a_{k+1} * b_{k+1}) \cdots (a_n * b_n)(仅有一个坐标 k 有 a_k * b_k = \varnothing) \\ (a_1 * b_1) \cdots (a_k * b_k) \cdots (a_n * b_n),没有一个坐标 k 有 a_k * b_k = \varnothing) \end{cases}$$

星积表和交积表内容相同,当仅有一对坐标不相容,即 $a_k * b_k = \varnothing$ 时,相当于两个多维体向量只有一对变量 I_K 和 $\overline{I_k}$ 是互反的。当不相容坐标的数目不为 1 时,相容运算变为相交运算。

例 4.1　求多维体 $a = 101 \times, b = \times 110$ 的相容运算。

$$\begin{array}{r} 101 \times \\ * \quad \times 110 \\ \hline 1 \varnothing 10 \end{array}$$

所以 $a * b = 1 \times 10$

3. 吸收运算

对于两个单输出立方体 $a = a_1, a_2, \cdots, a_n$ 和 $b = b_1, b_2, \cdots, b_n$,若立方体 a 所覆盖的 0 维立方体全被 b 覆盖,则称立方体 a 包含在立方体 b 中,或者 a 被 b 包含,记作: $a \subseteq b$。

判断立方体 $a = a_1, a_2, \cdots, a_n$ 是否包含于立方体 $b = b_1, b_2, \cdots, b_n$ 的准则是:若对于所有的 $b_k \in \{0,1\}$(即 b 的每一个非"×"组元),均有 $b_k = a_k$,则 $a \subseteq b$。立方体间的包含关系是不可逆的,即 $a \subseteq b$,但 $b \subseteq a$ 不一定成立。

基于上述概念可知,一个覆盖包含某一个立方体是指该覆盖包含这个立方体的全部顶点。同样,一个覆盖包含另一个覆盖是指该覆盖包含另一个覆盖的每个

立方体的全部顶点。

在逻辑综合过程中,可以利用立方体之间的包含关系消去或吸收被包含的立方体。对于任意一个给定的立方体集合 B 和 C,消去集合 C 中所有被集合 B 中包含的立方体的运算称为吸收运算,记作 $C' = B[C]$。

例如,集合 $B = \{101101, 100101, 010011, 001101\}$,$C = \{101100, 100101, 010010, 100100\}$,则吸收运算后 $C' = \{101100, 010010, 100100\}$。

4. 锐积运算

锐积运算又称为取补运算,是多维体运算中很重要的一种运算。

两个单输出多维体 a 和 b 锐积运算的结果是一个多维体集合 C,C 集合中的元素是由 a 包含的顶点减去 $a \cap b$ 包含的顶点所形成的维数最大的立方体组成,两立方体 a 和 b 的锐积运算可记为:$C = a\#b$,"#"表示锐积运算符。锐积运算是根据表 $4-4$ 所列的锐积表和下述规则进行的:

$$a\#b = \begin{cases} a(\text{有某一 } k, a_k\#b_k = \varphi) \\ \varphi(\text{有全部 } k, a_k\#b_k = \varepsilon) \\ \underset{k}{\cup}\{a_1 a_2 \cdots a_{k-1} \overline{a_k} a_{k+1} \cdots a_n\} \end{cases} \tag{4-3}$$

式中:$a_k\#b_k = a_k \in \{0, 1\}$,$k \in N = \{1, 2, \cdots, n\}$;$\varphi$ 为不相交;ε 为蕴涵。

表 $4-4$　锐积运算表

#		b_k		
		0	1	×
a_k	0	ε	φ	ε
	1	φ	ε	ε
	×	1	0	ε

由锐积运算的定义及运算规则可知,锐积运算实质是一种取补运算,即 $a\#b$ 运算就是从 a 覆盖的 0 维体中除去 a、b 所共同覆盖的 0 维体后余下的部分。当 $a \cap b = \varnothing$ 时,$a\#b = a$,当 $a \subseteq b$,则 $a\#b = \varphi$。因此,$a\#b$ 若不是空集,则"或"运算结果是 a,或是较 a 低一维的子多维体的集合,并且恰能覆盖 $k^0(a) \cap k^0(b)$。

例 4.2　计算 $a\#b$

(1) $a = 110\times$,$b = 1110$

因为 $a \cap b = \varnothing$,所以 $a\#b = a = 110\times$

(2) $a = 1100$,$b = 110\times$

因为 $a \subseteq b$,所以 $a\#b = \varnothing$

(3) $a = 111\times$,$b = 1111$

$a\#b = 1110$

(4) $a = 1\times0\times$,$b = 1001$

$a\#b = 1\times0\times\#1001 = \{110\times, 1\times00\}$

4.1.3　二级逻辑综合关键算法

根据电路类型的不同,逻辑综合一般分为两种类型,即二级逻辑综合和多级逻辑综合。二级逻辑综合是针对二级与或电路来考虑的。其基本方法是:首先把设计者的原始描述转化为真值表,然后综合运用立方体的各种基本运算将真值表化简,最后找出一个与化简了的真值表相对应的最简“与或”表达式。在“与或”两级网络中,二级逻辑综合的目标是寻求既能覆盖真值表项集合,又能利用无关项集合求出成本最小的覆盖。根据实现方法的不同,二级逻辑综合算法又可分为两类:精确法和启发式方法。

1. 精确法

精确法是一类经典的逻辑综合方法。主要有两个步骤:第一步求解质立方体集合,即从初始最小项集合中求出覆盖真值表项的高维立方体集合。常见的质立方体求解算法有 Q-M 算法、广义相容算法和锐积算法等。第二步求解最小覆盖,即从质立方体集合中优选出与初始覆盖等价且成本最小或接近最小的质立方体子集构成最小覆盖,常用的求解最小覆盖算法有列表简化算法和选拔算法。这两种算法都使用基本的质立方体和行列支配概念,采用线性规划的方法生成最小覆盖。

下面分别以 Q-M 算法和列表简化法为例对精确法进行介绍。

1）Quine-McCluskey 算法（Q-M 算法）

在计算机简化逻辑函数中,Q-M 算法是求取全部质蕴涵项的一种典型算法。这种算法必须先按“1”的数目将所有最小项进行分组,然后对相邻两个组中的每两个最小项进行比较,并且需要多次迭代,使得在处理过程中会出现数据规模的急剧膨胀,导致占用内存大且耗时长,故在应用时一般以改进的 Q-M 算法取代。

相比于 Q-M 算法,改进的 Q-M 算法所涉及的逻辑运算较为简单,只有按位逻辑“与”运算和蕴涵判断,所以,计算量较少,节省内存。但该算法要求待处理数据集必须是数据全集,不适用离散数据的综合处理。

Q-M 算法的步骤如下:

第一步:根据真值表中所列出的 n 变量函数 f 的真值点和无关点,对其中的各行进行分类:$S_0, S_1, S_2, \cdots, S_i, \cdots, S_n$,其中,$S_i$ 中所包括的那些行的输入变量有 i 个为 1,$n-i$ 个为 0。

第二步:对全部 $i \in \{0,1,\cdots,n-1\}$ 比较 S_i 和 S_{i+1} 中的每一行,并将仅有一个变量的逻辑值不同的两行合并为一个新的质立方体,再将新的质立方体放在 S_i' 组。如果被合并的两行中至少有一行的输出标志为 1,则新的质立方体输出标志为 1;否则,若两行的输出标志都为 d,新的质立方体的标志也是 d。

第三步:重复第二步,通过 S_i' 和 S_{i+1}' 形成 S_i'',类似地,根据 S_i'' 和 S_{i+1}'' 产生 S_i''',直到不可能进一步合并为止。

第四步:最后剩下的所有未曾被合并,且输出标志为 1 的行就是质立方体。

Q – M 算法虽然所涉及的逻辑运算较为简单,只有按位逻辑"与"运算和包含判断。但该算法必须从零维体开始运算,需要经过大量重复的多维体的比较运算,依次迭代生成一维体、二维体等,这使得在处理大规模数据集时,会出现合并后的中间集的规模急剧膨胀,导致占用大量内存且耗时过长等问题。

2)列表简化算法

利用 Q – M 算法,可以求出逻辑函数的全部质立方体集合,但该函数的最小覆盖并非包含其全部的质立方体集合。因为有些质立方体包含的最小项可能被其他的质立方体所包含,如果所包含的项中若有这些质立方体,那么该覆盖一定不是成本最小覆盖。因此,计算出全部质立方体集合之后,还需要从中选择成本最小的覆盖子集。列表简化算法主要解决覆盖最优化的问题。该算法采用行列支配的方法,按照一定的规则,从全部质立方体集合中筛选出一个成本最小的子集合,使得每一个真值点至少在该子集中有一个质立方体能覆盖它。

列表简化算法的步骤如下:

第一步:建立质立方体表来表示质立方体和真值点之间的覆盖关系,其中每一行为各质立方体 Z^i,而每一列则对应于真值点 m_j。如果第 i 行和第 j 列相交处记为1,则表示第 i 行的质立方体 Z^i 覆盖第 j 列的最小项 m_j。

第二步:化简质立方体表。首先进行行的优选,如果质立方体 Z^i 的成本不大于 Z^j 的成本,并且 Z^j 所覆盖的真值点全都被 Z^i 所覆盖,则必定存在一个不包含 Z^j 的最小覆盖。因此,可以从表中消去 Z^j 行,再进行行列的优选。如果覆盖 m_j 列的每个质立方体也覆盖 m_k 列,即在 m_j 列有1的所有行在 m_k 列也有1,则可以从表上删去 m_k 列。

第三步:选择必要质立方体。在已化简的质立方体表中,如果 m_j 列仅与 Z^i 行相交处标记为1,那么质立方体 Z^i 就是覆盖 m_j 列的唯一质立方体,称为必要质立方体。必要质立方体 Z^i 必须包含在最小覆盖集之内,将 Z^i 存于数组 MinCover 中,并将其对应的行及其覆盖的列从质立方体表中删去。

第四步:判断质立方体表中的列项是否全部删除,如果全部删除,MinCover 即为最小覆盖,否则转入第五步。

第五步:分支处理。从质立方体表中选择覆盖 m_j 列的某一质立方体 Z^i 当作 MinCover 中的元素,然后将它从表中删去,并把它覆盖的所有列也从表中删去,返回第二步。通过上述的分支处理,获得的 MinCover 是含有 Z^i 的"准最佳"覆盖,然后再按照上述方法,选择其他的质立方体做同样处理,最后从全部"准最佳"覆盖中选出成本最低的一组覆盖就是最小覆盖。

列表简化法的优点是可以得到成本最低的结果,但在处理大规模数据时,可能分支内还存在分支,而每逢分支一次覆盖数目就要增加。此外,还必须存储每个分支点的"准最佳"覆盖的状态,如果分支很多,则需要耗费大量内存和计算时间。

2. 启发式方法

启发式方法是指利用一组规则集来指导算法的搜索方向和建议性质的方法,

通常按照这个规则集,计算机可在解空间中寻找到一个较好解,但并不能保证每次都能找到较好的解,更不能保证找到最优解。也就是说,启发式算法有较好的计算性能,但理论上无法证明算法具有全局最优性能。属于该类的逻辑综合算法由于无需生成全部质立方体集合而减少了提取和选择质立方体的计算量,但并不能保证最终得到的覆盖成本为最优。下面以收缩算法和 Espresso Ⅱ 算法为例对启发式方法进行介绍。

1)收缩算法

精确法描述的求解函数的最小覆盖的方法都必须首先求质立方体集合。但是在求出的大量质立方体之中,只有少数几个被选作最小覆盖的元素,所以为了缩短计算时间,有许多不必求出质立方体集合而直接构成无冗余覆盖的启发式方法,收缩算法就是其中的一种。该算法是从改造初始覆盖入手,消去多维体中多余的界元素,使其覆盖的空间增大;然后再消去它扩大后所覆盖的多维体。两步交替进行,直至获得无冗余覆盖。

收缩算法的步骤如下:

第一步:令 $N = \text{ON}$(其中 ON 为真值项集合)。

第二步:取出 N 中的每一个元素 e,作如下运算:

(1)通过反复对 e 求余面,把 e 转化为质立方体 z,然后用 z 代替 e。

(2)删去 N 中被 z 包含的立方体。

第三步:删去 N 中冗余立方体,即若 $\{e\#(N-e)\} \cap \text{ON} = \varnothing$,则 e 是冗余立方体,把它从 N 中删除。

经过化简后,N 即为求出的无冗余覆盖。其中把 e 转化为质立方体 z 的具体方法如下:

i 从 1 到 n 重复以下步骤:

第一步:令 $p = e$。

第二步:设 $p = x_1 x_2 \cdots x_i \cdots x_n$,若 $x_i \neq X$,则用 X 置换 x_i 原来的取值。

第三步:若 $p \cap \text{OFF} = \varnothing$,则 $e = p$(p 是余面,OFF 是假值集合)。

采用收缩算法时,由于无需求出全部质立方体集合,所以提高了求解的速度。同时 N 中元素单调减少,节约了存储空间。但是收缩算法得到的是无冗余覆盖,不能保证结果成本为最低,而且所得的结果和 ON 中元素的排列顺序有关,也和求余面时用 X 置换变量原来取值的顺序有关。

2)Espresso Ⅱ 算法

Espresso Ⅱ 算法属于一种基于矩阵形式的启发式方法。该算法与收缩算法虽然都是采用立方体直接扩展的方法,但是收缩算法是直接对真值项进行扩展,扩展过程中尽可能多地覆盖其余真值项,最后通过去冗余过程得到无冗余覆盖。而 Espresso Ⅱ 算法是对真值项的每一位进行扩展,并且通过引入封锁矩阵和覆盖矩阵,保证扩展过程中不覆盖任何假值项,最后求出无冗余覆盖。

Espresso Ⅱ 算法的步骤如下：

假设 ON 为真值项集合，OFF 为假值项集合。

第一步：令 $C = \text{ON}$，$R = \text{OFF}$，选 C 中的一个多维体 c_i，除 c_i 之外的多维体组成集合 G。

第二步：建立封锁矩阵 B。封锁矩阵 B 是由 c_i 与 R 中的所有多维体 r 决定的 0/1 矩阵。B 矩阵的每一列与 c_i 中的一元素对应，每一行与 R 中一多维体对应，其元素 B_i^j 为

$$B_i^j = \begin{cases} 1 \, (c_i = 1 \text{ 而 } r_i^j = 0 \text{ 或 } c_i = 0 \text{ 而 } r_i^j = 1) \\ 0 \, (\text{其他}) \end{cases} \tag{4-4}$$

第三步：建立覆盖矩阵 C。覆盖矩阵 C 是由 c_i 与 G 中的所有多维体 g 决定的 0/1 矩阵。C 矩阵的每一列与 c_i 中的一元素对应，每一行与 G 中的一多维体对应，其元素 C_i^k 为

$$C_i^k = \begin{cases} 1 \, (c_i = 1 \text{ 而 } g_i^k \neq 1 \text{ 或 } c_i = 0 \text{ 而 } g_i^k \neq 0) \\ 0 \, (\text{其他}) \end{cases} \tag{4-5}$$

第四步：扩展多维体 c_i。具体的扩展规则如下：

（1）若 B 中某一列 j 的元素全为 1，元素 c_i^j 为不可扩展元素，其他元素为可扩展元素，用 X 置换可扩展元素的值。在 C 中若有 $c_k^j = 1$，则 C 中删去 k 行和 j 列，g_k 并入未扩展集合 Q 中。

（2）若 B 中某一列 j 的元素全为 0，元素 c_i^j 为可扩展元素，用 X 置换 c_i^j 原来的值，删除 B 中第 j 列。

（3）若 B 中某一行 i，只有其中的一列 j 的元素为 1，则 c_i^j 为不可扩展元素，删除 B 中的第 i 行，并删除 C 中使 $c_i^j = 1$ 的第 i 行，同时删除 B、C 中对应的第 j 列，最后将 g_k 放入 Q 中。

（4）若 C 中某一行 k 的元素全为 0，则删除 C 中的第 k 行。

第五步：矩阵剩余项的处理。

（1）若 $B \neq \varnothing$ 且 $C \neq \varnothing$ 时，在 B 中找到一个最大可行扩展集 JC，在 B、C 中删除 JC 对应列，返回第四步。

（2）若 $B \neq \varnothing$ 且 $C = \varnothing$ 时，不再考虑 C，在 B 中找到一个最大可行扩展集 JC，在 B、C 中删除 JC 对应列，返回第四步。

（3）若 $B = \varnothing$ 时，覆盖矩阵 C 中剩余列 j 均可扩展，并置 $C = \varnothing$，返回第六步。

第六步：判断 Q 是否为空，若 $Q \neq \varnothing$，则令 $C = Q$，返回第一步，否则算法结束。

Espresso Ⅱ 算法是一种典型的自下而上的启发式方法。该算法是针对某个选定的多维体进行扩展，在该多维体的扩展过程中，所产生的中间结果逐渐减少，从而使算法的空间复杂度进一步降低，因而该算法适合处理离散度大的数据。但是，Espresso Ⅱ 算法也存在一定的缺点，例如，求出的覆盖成本相对较高，必须得到全部的真值集合和假值集合等。

　　精确法与启发式方法的不同之处在于:精确法首先要生成质立方体集合,然后再从中挑选一个成本最小化的覆盖子集;而启发式方法不用先求出质立方体集合,而是通过反复修改初始覆盖,获得成本并非最优的无冗余覆盖。所以相比之下,启发式方法的运算时间比精确法的运算时间要短,但获得的覆盖成本却相对较高。因此,启发式方法一般是在对目标解的质量要求不高并且计算机能力(存储容量、运算速度)有限的情况下,用精确方法有困难时退而求其次的方法。

　　针对脱机式逆向分析时采集数据的特点,考虑选择精确法较好,主要原因有以下两点:

　　(1)采用脱机式方法进行不明芯片逆向分析时,输入引脚与输出引脚的对应关系是未知的,为了保证分析的结果能与原芯片的功能逻辑等价,必须对芯片的输入引脚施加全集输入向量的激励。脱机式采集的数据具有有序性、唯一性和全集性的特点。在处理大规模数据集时,精确法能够支持数据的分块处理,从而可以实现综合处理与数据采集的并行执行。而采用启发式方法求解覆盖时,必须有一个前提条件,即已知函数的全部真值集合和假值集合,所以必须首先完成全部数据的采集,然后才能再进行逻辑综合,这导致在对不明芯片进行逆向分析时,无法实现并行化处理,处理效率较低。

　　(2)当采集的数据规模较大(无法一次性保存于存储介质)时,精确法可以对采集的部分数据进行分批处理。而启发式方法为了保证扩展后的立方体不覆盖任何一个假值项,必须与全部数据中的假值项进行比较,不能支持数据的分块处理。所以,处理大规模数据时,启发式方法的应用受到了一定的限制。

　　因此,相比启发式方法,精确法在脱机式采集的大规模数据集的综合处理方面有更强的适应性。

4.2　超大规模数据分块处理

　　对逻辑器件进行脱机式逆向分析时,需完成全集数据的采集,并通过逻辑逆向综合对采集的数据进行处理,得到与原芯片逻辑功能等价的布尔表达式,从而达到芯片解析的目的。

　　随着芯片规模的不断扩大,采集的数据量也迅速增长,有限的存储空间无法满足数据集的存储需求,更无法一次性读入内存进行处理。逆向综合完全没必要等待全部数据采集完成后再进行数据处理,可采用分块处理的方法,即采集到一定量的数据后就对这部分数据进行逻辑逆向综合,并将综合后的中间结果进行保存,在下一块数据采集完成后,根据已保存的中间结果对新数据块进行综合,直至采集结束后,综合也随之处理结束。分块采集和处理解决了大规模数据的存储与处理的问题。根据逻辑逆向综合处理模式的不同,又可分为分块串行的处理模式和分块并行的处理模式。

4.2.1　分块串行处理模式

分块串行处理模式将原始真值表数据分块读入内存进行处理,中间结果保存在内存中。每次处理都是在上一块数据处理的中间结果的基础上进一步处理,直到所有数据处理完毕。每块数据处理时先将多输出数据分解成多个对应的单输出的数据,然后针对每个输出分别处理,所有数据处理完毕即获得单输出的质立方体集合(PI 集)。最后,通过阵列合并各个单输出的 PI 集,再进一步求解多输出的最小覆盖,从而获得成本最优或者接近最优的功能等价结果。

分块串行处理模式采用顺序的方法进行分块数据处理,前一分块数据综合后留下的中间结果是进行下一分块数据综合的前提,这导致每次进行分块数据处理时,过分依赖于上一次处理的中间结果。这是分块串行模式的不足。

4.2.2　分块并行处理模式

该模式对原始真值表数据先分块,然后读入内存进行处理,中间结果保存在内存中。每次分块处理都是独立完成,不需要依赖于上一分块处理的中间结果,直到所有数据块处理完毕才将各个分块处理的中间结果进行统一处理。同样,也是先进行单输出 PI 集的求解,然后再进一步求解多输出最小覆盖,转换成布尔方程式的形式,完成数据处理。

与串行处理模式不同,采用并行处理模式进行数据处理时,对每个分块数据的处理不需要依赖上一分块处理的中间结果,而是采用直接对分块数据进行取补的方法,只有等该分块处理完毕后再将其中间结果与之前分块的中间结果进行整合处理,因此对分块数据可以进行独立处理。

4.3　超大规模 PI 集求解

采用脱机式芯片解析时,为了保证解析的最后结果能与芯片的原功能描述等价,必须采集到芯片设计功能的全集数据,然后运用逻辑综合方法先求出所有 PI 项,再从 PI 集中选择部分元素构成与初始覆盖等效的最小或接近优化覆盖。随着芯片引脚数的不断增多,数据全集的规模呈指数性增长,所以,数据处理要解决的首要问题是如何实现对超大规模数据 PI 集的求解。

组合类芯片采集的数据为全集有序,而时序类型数据为状态内有序,对时序型芯片来说,采集到的数据存在着强离散度特征。这样,在数据处理过程中,就会由于前后处理的数据的相关性不好,导致中间结果集的规模急剧增长,并且在较长一段时间内会保持这种快速增长趋势,从而增加了整个处理过程的时空开销,甚至可能使数据处理无法继续进行。而且,随着芯片规模的增大,这种空间需求矛盾会更加明显。

4.3.1　组合类型数据的 PI 集求解

在脱机式解析中,对组合类芯片进行数据采集时,可以人为地控制输入激励的顺序,使其输入作用向量激励从全 0 遍历到全 1,从而保证了输入输出响应数据的有序性。

1.　改进 Q – M 算法与锐积算法相结合求解

采用改进的 Q – M 算法与锐积算法相结合的综合算法,来完成质蕴涵项 PI 集的求解。大致分为两个阶段:第一阶段,利用改进 Q – M 算法对"零维体"数据进行压缩提维;第二阶段利用锐积算法完成数据的分块处理。描述如下。

设 tempResult 为中间结果,m 为数据分块的块数。

(1) 将初始"零维体"数据集(U)分块,$U = U_1 \cup U_2 \cup \cdots \cup U_i \cup \cdots \cup U_m$。

(2) 令 tempResult$\leftarrow U$。

(3) 取出 U_i 中所有的假值顶点数据至 OFF_i。

(4) 利用改进 Q – M 算法化简 OFF_i,$OFF_i \rightarrow OFF_i'$。

(5) tempResult#$OFF_i' \rightarrow$tempResult。

(6) 判断是否处理完所有数据块,若处理完,则结束;否则,$i + 1 \rightarrow i$,转(2)。

改进 Q – M 算法与锐积算法相结合的综合处理算法弥补了锐积算法的缺陷,这种综合处理理算法既可以通过改进 Q – M 算法进行数据的预处理,又可以通过锐积算法完成数据的分块处理。但是,在处理大规模数据时,效率仍然较低。如果分块太少,则意味着每块包含的数据较多,此时,若用改进 Q – M 算法进行块内化简,时间复杂度较高;如果分块太多,必然要大量调用集合间的锐积运算,从而使得整个系统的执行效率大大降低。如何平衡这两者间的关系是提高此综合处理算法的关键。

2.　子集迭代相交法求解

子集迭代相交求解方法是在 Demorgan 定理的基础上综合运用锐积算法和广义相容算法的一种 PI 集合求解算法。在求解过程中,该算法没有单一的使用合并或取补的数据处理方法,而是根据处理过程中数据的特性,采用一种逐步求精的迭代方法完成逻辑函数的 PI 集合的求解。具体描述如下:

(1) 初始化全集中间结果,$U \rightarrow$tempResult。

(2) 利用广义相容算法对第 i 块内的 OFF 数据集进行化简提维,$OFF_i \rightarrow OFF_i'$。

(3) 通过立方体锐积集合运算($U\#OFF_i' \rightarrow$sharpResult),得到块内的 $ON \cup DC$。

(4) 将(3)得到的 sharpResult 与全集中间结果 tempResult 作相交运算,结果存于 tempResult 中,即(sharpResult $\cap$ tempResult)$\rightarrow$tempResult。

(5) 判断是否数据处理完毕? 如果未处理完毕则返回到(2),否则转(6)。

(6) 处理结束,得到 PI 集。

子集迭代相交算法充分发挥了广义相容运算适合于进行立方体维数的提升和锐积运算适合于高维数立方体求解的特性。相比于改进 Q – M 算法与锐积算法相结合的综合算法,子集迭代相交算法具有两个显著优点:一是对于每个分块数据的处理,都是先利用广义相容算法对其进行化简,然后用 U 锐积的方法实现对分块数据的取补处理,而不需要用上一分块数据处理后得到的中间结果再对下一分块数据进行取补处理,因此每一数据分块的处理都可以独立进行;二是全集中间结果是通过对各分块数据处理后的结果进行相交运算得到的,从而避免了在处理过程中大量使用复杂的锐积运算,提高了算法的执行效率。

3. 改进广义相容法求解

广义相容算法综合数据时,从数据集的某一端元素不同的蕴涵项开始合并,然后逐次与其他原始蕴涵项进行比较,并同时将能合并的蕴涵项合并,反复处理,直至不能进一步处理,求得全部质蕴涵项。

广义相容算法目的是最大限度地合并集合内的元素。但由于广义相容算法利用了立方体集合间的相交运算代替了立方体间的相容运算,执行效率较高,并且所有的运算都是在立方体集合间进行,对集合内元素的排列没有特殊限制,只是,当处理数据集合的离散度较大时,算法的执行效率会急剧下降。

广义相容法在对立方体集合内的元素进行合并时,将立方体阵列的行求解形式转换为立方体阵列的列求解形式,这意味着输入变量个数 n 决定了算法执行的循环次数。求解算法描述如下:

已知立方体集合 $A = \{a^1, a^2, \cdots, a^i, \cdots, a^m\}$,求 A'(改进广义相容后的结果)

(1)令 $A' = A$,取出 A 中数值最大的最小项 a_i 以及数值最小的最小项 a_j。

(2)判断 a_i 与 a_j 的距离 d,d 的计算方法如下:

如果 $\log_2(a^i \wedge a^j)$ 为整数,则 $d = \log_2(a^i \wedge a^j) + 1$;否则 $d = \lceil \log_2(a^i \wedge a^j) \rceil + 1$

(3)t 从 $n - d$ 到 n 重复以下步骤 d 次:

① 令 $B_0 = \varnothing$,$B_1 = \varnothing$。

② 从立方体输入部分的某一端开始,扫描 A 中的每一个立方体。若变量 $a_t^k = 0$,则令 $a_t^k = x$,其他组元取值不变,使之加入 B_0;若变量 $a_t^k = 1$,则令 $a_t^k = x$,其他组元取值不变,使之加入 B_1。

③ $A' = A' \cup S(B_0 \cap B_1)$。

④ $A' = S[A']$。

4. 3 种运算方法的时间复杂度

改进广义相容算法在对立方体进行合并的过程中,主要使用的是立方体集合之间的相交运算与吸收运算。改进广义相容算法的时空复杂度问题主要涉及立方体集合相交运算、集合吸收运算和改进广义相容算法。

1)立方体集合相交运算的时间复杂度

对于两立方体集合 $A = \{a^1, a^2, \cdots, a^i, \cdots, a^m\}$ 和 $B = \{b^1, b^2, \cdots, b^j, \cdots, b^n\}$,

$$B \cap A = \bigcup_{b^j \in B} (b^j \cap A)$$
$$= \bigcup_{a^i \in A} (\bigcup_{b^j \in B} (a^i \cap b^j)) \tag{4-6}$$

或者写成 $m \times n$ 的矩阵形式：

$$A \cap B = \begin{cases} a^1 \cap b^1, a^1 \cap b^2, \cdots, a^1 \cap b^n \\ a^2 \cap b^1, a^2 \cap b^2, \cdots, a^2 \cap b^n \\ \vdots \qquad\qquad\qquad\qquad \vdots \\ a^m \cap b^1, a^m \cap b^2, \cdots, a^m \cap b^n \end{cases} \qquad (4-7)$$

由式 $(4-6)$ 和式 $(4-7)$ 可知，两个集合相交运算相当于对其中一个立方体集合内的所有元素与另一个立方体集合内的所有元素做两两相交运算，得到的最后结果的并集即为两个集合相交运算的结果。所以，立方体集合间的相交运算的时间复杂度为 $O(m \times n)$。

2）集合吸收运算的时间复杂度

对于 $A = \{a^1, a^2, \cdots, a^i, \cdots, a^n\}$ 做吸收运算的目的是消去集合 A 内所有被其他任一元素所包含的立方体，所以执行中需要对集合内的所有元素做两两包含判断，若存在被包含的立方体，需将其从集合内消除，不参加下一轮的包含判断。如果集合内的任意两个立方体之间都不存在包含关系，此时即为最坏情况，也就是说，吸收运算的最坏时间复杂度为 $O(n^2)$；如果集合内的一个元素包含了其他的所有元素，此时为最优情况，仅需要进行 n 次包含判断。

3）改进广义相容算法的时间复杂度

在分析中假设用 T_1 表示集合相交运算的时间复杂度，用 T_2 表示集合吸收运算的时间复杂度，用 T_3 表示广义相容算法的时间复杂度，T_4 表示改进广义相容算法的时间复杂度，用 n 表示输入变量个数。

根据算法的描述可以看出，影响改进广义相容算法执行效率的步骤主要是第三步中的集合间的相交运算和集合吸收运算。所以 $T_3 = d \times (T_1 + T_2)$，又因为集合间相交运算的时间复杂度为 $O(m \times n)$，吸收运算的最坏时间复杂度为 $O(n^2)$，由此可以得出，改进广义相容算法的时间复杂度为 $O(n^2)$。

由广义相容算法的可知，影响广义相容算法执行效率的因素与改进广义相容算法的相同，也是集合间的相交运算和集合吸收运算。所以 $T_4 = n \times (T_1 + T_2)$。

显然，改进广义相容算法通过判断待处理立方体集合内元素的最大距离 d，然后按列合并时，省去了对前 $n-d$ 列进行相交和吸收处理的步骤，减少了循环的次数，提高了算法的执行效率。例如：

设已知待处理数据集 $A = \begin{cases} 00000000000000000000 \\ 00000000000000000001 \\ 00000000000000000011 \\ 00000000000000000010 \\ 00000000000000000110 \\ 00000000000000000111 \\ 00000000000000000101 \\ 00000000000000000100 \end{cases}$，输入变量个数为 20，求 A'。

若用广义相容算法求解,则需要对集合 A 内的元素进行 20 次按列合并;若用改进广义相容算法求解,先取出集合 A 的数值最大的元素 $a^6 = 000000000000000000111$ 和数值最小的元素 $a^0 = 000000000000000000000$,根据算法的第二步,求得距离 $d = 3$,所以此时只需要对集合 A 内的元素进行 3 次按列合并。综上可知,改进广义相容算法的执行效率比广义相容算法有很大的提高。

4.3.2 时序类型数据的 PI 集求解

时序电路在任意时刻的输出状态不仅由该时刻的输入信号决定,而且与系统原来的状态有关。因此,在综合处理时为了保证结果正确,必须将时序电路的现有状态作为激励向量的一部分,从而采集数据时只能保证同一状态的激励输入数据具备有序性,不同状态之间的数据离散度则与待解析芯片内部的状态机及采集时的路径驱动算法有关。简而言之,采集时序芯片得到的数据存在强离散特征。

为了处理具有强离散特征的时序类型数据,较多的综合处理方法是将待处理数据按状态进行处理,以保证状态内数据的有序性,运用上面提到的组合逻辑综合处理的方法对状态内的数据进行化简。也就是把时序电路网络划分成不同状态下组合网络的叠加。

1. 基于锐积法的时序电路求解

基于锐积法求解的质立方体方法的原理:假设函数 f 对应的假值集合为 OFF,则 U_n#OFF 就是函数 f 的 ON∪DC(ON 为真值集合;DC 为无状态项集合;U_n 表示全立方体)。由锐积运算的定义可知,组成 U_n#OFF 的每一个立方体都是包含于 U_n 且未包含任何 OFF 顶点的维数最大的立方体,即包含于 ON∪DC 的维数最大的立方体。所以,由质立方体的定义可知,这些立方体都可能是函数 f 的质立方体。

基于上述原理,如果已知函数的 OFF 集,就可以采用锐积法求出该函数对应的质立方体集合。因此,对于时序电路,只要找出其全部状态对应的 OFF 集,即可以采用锐积法求出质立方体集合。在脱机式逆向分析时,虽然采集的时序类型数据具有状态内有序而状态间离散的特征,但根据采集数据的特征,基于锐积法的求解质立方体可采用先按时序状态机的状态划分数据块然后进行处理的方法,即首先把采集数据中的假值集合按照状态值的不同分别进行索引存放,以保证每一个状态内数据的有序性。然后,对状态内的有序数据采用 Q－M 加锐积的综合算法得到每一个状态对应的 OFF 集。最后,对状态间的 OFF 集再采用锐积的方法求出质立方体集合。

基于锐积法的求解质立方体的步骤如下:

令 U_n 表示全立方体,U_i 表示状态 i 下的立方体,OFF_i 表示状态 i 对应的假值集合,T_i 表示状态 i 下的中间结果集,S_i 表示质立方体集合。

(1)令 $S_i = U_n$,$T_i = U_i$。

(2)接收一块采集数据,统计出现的状态,并将 OFF 点按状态值索引存放。假设该块数据中出现的状态数为 m。

(3) 重复执行以下步骤：

① 对状态 i 对应的 OFF_i 集，采用 Q - M 算法进行化简，作 $OFF_i \rightarrow OFF_i'$。

② 对化简后的 OFF_i' 进行 U_i 锐积运算，$T_i \# OFF_i' \rightarrow T_i$。

③ 判断状态 i 是否为加全状态，如果是加全状态则执行④，否则执行⑤。

④ 对于加全状态 i 进行 U_n 锐积处理，作：$U_i \# T_i \rightarrow T_i$，$S_i \# T_i \rightarrow S_i$。

⑤ 判断是否还有未处理状态，如果仍有未处理状态则执行①，否则执行(4)。

(4) 判断数据是否已全部处理完，如果仍未处理完，则返回(1)；否则计算结束，S_i 即为求出的质立方体集合。

基于锐积法求解质立方体的思想是把无序的时序类型数据看作不同状态下有序的数据叠加。首先按照组合电路的处理方法对状态内数据进行优化，然后采用锐积法生成所有状态对应的质立方体集合。该算法的优点是实现简单，但当出现的状态较多、数据集规模较大时，求解时序电路质立方体集合会出现以下几个问题：

(1) 中间结果集膨胀问题。

该算法按照状态对数据进行处理，即只要一个状态加全，就将该状态对应的 OFF 集与全局中间结果进行运算。由于状态加全的随机性，无法保证前后加全的状态之间一定相邻，所以当出现状态较多且状态前后之间离散时，如果直接进行运算，极易造成中间结果集在求解过程中急剧膨胀的问题。

例如，假设组合输入变量个数为 2，共出现 4 个状态，分别为 0000、0001、0101、1101；在电路 a 中状态的加全顺序为：0000→000→10101→1101；在电路 b 中状态的加全顺序为：0000→1101→0001→0101；电路 a 与 b 的求解质立方体的过程如下：

电路 a 求解质立方体的过程：

$$z = ((((U_n \# state1) \# state2) \# state3) \# state4)$$

$$= ((((xxxxxx \# 0000xx) \# 0001xx) \# 0101xx) \# 1101xx)$$

$$= \left(\left(\left(\begin{Bmatrix} 1xxxxx \\ x1xxxx \\ xx1xxx \end{Bmatrix} \# 0101xx \right) \# 1101xx \right) \right)$$

$$= \left(\left(\begin{Bmatrix} 1xxxxx \\ x1x0xx \\ xx1xxx \end{Bmatrix} \# 1101xx \right) \right) = \begin{Bmatrix} 10xxxx \\ x1x0xx \\ 1xx0xx \\ xx1xxx \end{Bmatrix}$$

电路 b 求解质立方体的过程：

$$z = ((((U_n \# state1) \# state2) \# state3) \# state4)$$

$$= ((((xxxxxx \# 0000xx) \# 1101xx) \# 0001xx) \# 0101xx)$$

$$= \left(\left(\left(\left(\begin{cases} 1xxxxx \\ x1xxxx \\ xx1xxx \\ xxx1xx \end{cases} \#1101xx \right) \#0001xx \right) \#0101xx \right) \right.$$

$$= \left(\left(\left(\begin{cases} 10xxxx \\ x0x1xx \\ 1xx0xx \\ 01xxxx \\ 0xx1xx \\ x1x0xx \\ xx1xxx \end{cases} \#0001xx \right) \#0x0xxx \right) \right.$$

$$= \left(\begin{cases} 10xxxx \\ 01xxxx \\ xx1xxx \\ 1xx0xx \\ x1x0xx \end{cases} \#0101xx \right) = \begin{cases} 10xxxx \\ x1x0xx \\ 1xx0xx \\ xx1xxx \end{cases}$$

从电路 a 和 b 的求解质立方体过程中可以发现,电路 a 前后加全的状态都为相邻状态,而电路 b 前后加全的状态较离散,虽然最后生成质立方体集合都相同,但电路 a 在完成 $(U_n \#0000xx)\#0001xx$ 运算之后,中间结果集中包含 3 个立方体,而电路 b 在完成 $(U_n\#0000xx)\#1101xx$ 运算之后,中间结果集中包含 7 个立方体,甚至超过了初始数据集合的规模。因此,通过上述例子说明,采用锐积法求解质立方体集合时,如果前后两个状态离散,在进行状态间锐积运算时,易造成中间结果集膨胀的问题。

(2)算法的时间复杂度较高。

对状态内数据综合时,为了找出每个状态对应的 OFF 集,该算法采用 Q – M 加锐积的综合方法,即首先采用 Q – M 法对采集的一块数据中每一个出现状态对应的 OFF 集化简,然后再采用锐积的方法,求出全部数据中每一个状态对应的 OFF 集。

假设有 n 块数据,令状态 i 内的第 n 块数据对应的假值集为 OFF_{in},则全部数据中状态 i 对应的假值集合 OFF_i 为:$OFF_i = U_i \#[((U_i\#OFF_{i1})\#OFF_{i2})\#\cdots\#OFF_{in}]$,($U_i$ 为状态 i 对应的立方体)。

根据锐积法的原理可知,$(U_i\#OFF_{i1})\#OFF_{i2})\#\cdots\#OFF_{in}$ 为包含于状态 i 对应的 $ON \cup DC$ 中维数最大的立方体,$U_i\#[(U_i\#OFF_{i1})\#OFF_{i2})\#\cdots\#OFF_{in}]$ 为包含于 U_i 且未包含任何 $ON \cup DC$ 的维数最大的立方体,也就是该状态对应的假值集合。

下面分析求解状态内 OFF 集的时间复杂度。假设有 n 块数据,则求解一个状态对应的 OFF 集的最坏时间复杂度为 $O(m \times n)$,m 为 $U_i\#OFF_{in}$ 的中间结果集的平均规模。若总共出现 k 个状态,则求解所有状态对应的 OFF 集的时间复杂度为 $O(m \times n \times k)$,即采集数据的规模和出现状态的个数直接决定算法的时间复杂度。当出现状态较多且数据集规模较大时,基于锐积法的质立方体生成算法就需要频繁调用集合进行锐积运算,该运算又是逻辑综合中最复杂的运算,所以采用锐积法求解质立方体的时间复杂度较高。

2. 基于状态相邻度的时序电路求解

基于状态相邻度求解质立方体与基于锐积法的求解方法从设计思想上看基本相同,不同之处主要在于:(1)对状态间数据进行处理时,基于锐积法的求解质立方体是按照状态加全的顺序进行处理,只要某一个状态加全便进行状态间的锐积处理。而基于状态相邻度的求解质立方体则是按照状态相邻原则进行处理。具体方法是:若某一个状态加全后,首先判断该状态与前一个已处理的状态是否相邻,如果相邻,再进行锐积处理;否则将该状态对应的 OFF 集存于状态链表中,待所有出现的状态都已加全后,重新搜索状态链表,如果仍有未处理的状态,则任意取出一个状态,对其进行锐积处理,然后再依据相邻原则处理其他状态。如此重复,直至所有状态都处理完毕为止。(2)对状态内数据进行处理时,基于状态相邻度的求解质立方体算法采用广义相容的方法生成每个状态对应的 OFF 集。该方法与 Q – M 加锐积的综合方法不同,它对函数列阵中各个立方体的排列次序没有任何要求,只是从某一端的元素不同的假值点开始合并,然后逐次与其他全部元素进行比较,并同时将不同的假值点进行合并。用同样的方法反复处理,直到不能进一步处理时,便得到该状态对应的 OFF 集。

假设有 n 块数据,全部数据中状态 i 对应的 OFF 集可表示为:$\text{OFF}_i = \text{OFF}_{i1} \cup \text{OFF}_{i2} \cup \cdots \cup \text{OFF}_{in}$($\text{OFF}_{in}$ 表示第 n 块数据中状态 i 对应的 OFF 集)。

令中间结果集 $T = \varnothing$。

(1)对每个状态对应的 OFF 集进行化简。

依次对第一块数据 OFF_{i1} 进行广义相容运算的结果为 T_1;对第二块数据 OFF_{i2} 进行广义相容运算的结果为 T_2;依此类推,对第 n 块数据 OFF_{in} 进行相容运算的结果为 T_n。

(2)对块间数据进行合并,并对合并的结果进行相容运算。

首先合并第一块数据,令 $T = T \cup T_1$,接着对第二块数据合并,$T = T \cup T_2$,按照同样的方法进行相容运算;依次类推,直至全部数据都合并完成,便得到全部数据中状态 i 对应的 OFF 集。

基于状态相邻度的求解质立方体算法的具体步骤如下:

令 U_n 表示时序电路工作全集,State_i 表示状态 i 的值,OFF_i 表示状态 i 对应的 OFF 集合,T_i 表示状态 i 下的中间结果,T 表示全局中间结果,tempState 表示一个已完成全集处理的状态的状态值。

(1)令 tempState $= 0$,$\text{OFF}_i = \varnothing$,$T = U_n$。

（2）接收一块数据，统计出现的状态，并将 OFF 点按状态值索引存放。

（3）利用广义相容算法对状态 i 对应的 OFF 集进行化简提维，$\text{OFF}_i \rightarrow \text{OFF}_i'$。

（4）若状态 i 已经加全，$U_n\#\text{OFF}_i' \rightarrow T_i$，转（5）；否则 $i+1 \rightarrow i$，转（2）。

（5）判断状态 i 与上一个完成处理的状态是否相邻，若 state_i 与 tempState 之间的距离为 1，则作：$\text{state}_i \rightarrow \text{tempState}$；否则将加全数据暂存于链表中，$i+1 \rightarrow i$。

（6）判断全部状态是否加全，若未加全则转（2），否则转（7）。

（7）若全部状态都已加全，判断是否有未处理的已加全状态。如果有未处理的状态，则任意取出一个状态，进行 $T_i \cap T \rightarrow T$ 和 $\text{state}_i \rightarrow \text{tempState}$ 操作，转（4），否则处理结束，T 即为求出的质立方体集合。

其于相邻度的时序电路求解的处理流程如图 4-1 所示。

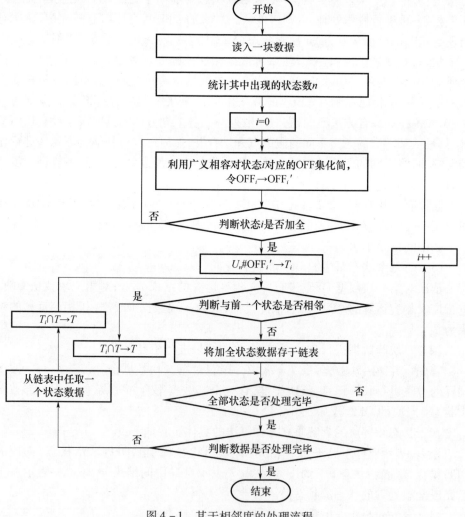

图 4-1　其于相邻度的处理流程

　　基于状态相邻度的质立方体生成算法,由于严格按照状态相邻的顺序进行状态间数据的处理,所以避免了中间结果膨胀的问题。并且采用广义相容的方法生成每个状态对应的 OFF 集,大大减少了锐积运算的次数,提高了算法的执行效率。但当数据集规模较大且前后出现的状态离散时,采用该方法同样会出现内存空间紧张和耗时较长的问题。因为采用基于状态相邻度的方法求解质立方体时,只有在出现的状态已加全并且与前一个已处理状态完全相邻的条件下,才对该状态进行锐积处理。这样就保证了中间结果的规模不会急剧增大,但对于大多数出现的状态,既满足状态加全的同时又满足与前一个已处理状态相邻的情况很少,大部分的数据都需要先存于链表之中,待全部出现的状态都已加全后再进行处理。所以,当出现状态较多且状态之间离散时,会因为需要保存大量的中间结果而造成空间紧张的问题。

　　假设寄存器个数为 3,出现状态的加全顺序为:000→111→011→101。采用基于状态相邻度算法的处理顺序如下:

　　首先对第一个已加全的状态 000 进行锐积处理。接着判断第二个加全的状态是否与前一个已处理状态相邻,很显然 000 与 111 不相邻,所以需要将状态 111 对应的处理结果存入链表。同理判断,第三个加全的状态 011 与状态 000 也不相邻,也需要将其对应的处理结果暂且存入链表中。最后判断第四个加全的状态 101,由于 101 与 000 也不相邻,状态 101 对应的数据也需存入链表。待出现的状态全部加全后,此时仅完成了状态 000 的处理。

　　由此可以看出,状态加全的顺序直接决定了采用基于状态相邻度算法求解 PI 集的效率。

　　另外,基于状态相邻度的算法采用广义相容的方法处理状态内数据时,不仅需要对采集的每一块数据中出现的每一个状态的全部组合输入位进行相容运算,而且在块间数据进行合并之后,同样还需要对全部组合输入位进行反复地相容运算。所以,广义相容方法与 Q – M 加锐积的综合方法相比,虽然减少了锐积运算的次数,提升了 OFF 集中每一个立方体的维数,但当组合输入变量个数较多时,由于需要对每一个出现状态对应的每一个假值点的所有的组合输入变量进行反复的相容运算,所以对状态内数据处理的时间会大大增加,导致整个求解质立方体集合的时间过长。

3. 基于邻域搜索的质立方体求解

　　基于锐积法的质立方体求解,由于未考虑状态之间的相关性,所以极易造成中间结果集规模膨胀的问题。而基于状态相邻度的质立方体求解,对状态出现的顺序十分敏感,对状态离散的数据集进行质立方体求解时效率较低。基于邻域搜索的质立方体求解是通过对加全的状态的邻域进行搜索来对状态完成预处理,同时利用改进相容运算实现对状态内数据的快速化简。

　　在进行 U_n 锐积运算时,如果前后运算的立方体两两相邻,则运算过程中产生的中间结果集规模比不相邻的情况要小。基于邻域搜索的质立方体求解就是首先从加全的状态集合中搜索具有邻域关系的状态,并根据搜索结果建立相邻状态索引表,然后按照索引表的顺序进行子集迭代相交处理,获得质立方体集合。

1) 相邻状态索引表的建立

采用基于状态相邻度的求解质立方体,虽然完全按照状态相邻的顺序进行处理,但对状态加全的顺序较敏感,任一个的状态只有在加全的同时并满足与前一个已处理状态相邻的条件时才进行处理。由于时序电路状态的加全顺序是不可控的,已加全的状态满足相邻通常较少,大多数的状态是不相邻的都必须先存入链表,待所有出现的状态均加全后才能进行处理,这样易造成大量的数据需要存于链表中,从而出现空间紧张的问题。所以在进行分状态处理之前,先对采集的数据中已加全的状态按照邻域搜索的方法建立相邻状态索引表,然后再依照索引表的顺序进行迭代相交处理。

建立相邻状态索引表的方法是:从采集的数据中找出新加全的状态,首先进行第一阶段处理,以第一个加全状态为基点,依次比较后续加全状态与基点的距离,当某个状态与基点距离为 1 时,把该状态加入相邻状态索引表。然后在余下的加全状态中,继续找寻邻域状态,一并加入索引表中。最后对索引表中的状态进行相容运算,将多维体合并为更高维体。

例如,假设有 4 个寄存器,脱机逆向数据采集中共出现 6 个有效状态,它们随机加全的顺序是:0000→0101→0110→0001→0100→0010。基于邻域搜索建立索引表的过程如下:

(1) 状态 0000 第一个出现加全,所以以 0000 为基点,找出与其距离为 1 的状态 0001,加入索引表。然后找出 0001 的邻域状态 0101,也一并加入索引表。最后对索引表中的状态进行相容运算,得到状态集为 000× 和 0×01。

(2) 在剩余的加全状态中继续寻找与 000× 和 0×01 距离为 1 的状态为 0100,加入索引表。然后找出 0100 的邻域状态 0110,也加入索引表。最后对索引表中的状态进行相容运算,得到状态集为 0×0× 和 01×0。

(3) 继续寻找 0×0× 和 01×0 距离为 1 的状态,是状态 0010,加入索引表中。此时索引表中状态的顺序为 0000→0001→0101→0100→0110→0010。

通过上例可看出,基于邻域搜索的求解质立方体方法,保证了前后处理状态的相关性,也避免了因大量未处理数据存入链表而造成时空开销紧张的问题。同时,由于索引表中的状态彼此距离较小,所以通过对状态的相容运算可以有效减少索引表中状态的个数,提高邻域搜索的效率。

2) 状态内数据的化简

基于状态相邻度的质立方体求解,在处理每一块数据时,需要对每一个状态数据的全部输入进行重复的相容运算,需要耗费大量的时间。而脱机式逆向采集时序类型电路数据时存在状态内数据有序的特点,所以在每一块数据中只有部分位是连续变化的,因此,只需要对发生变化的位进行相容运算即可。假设状态 i 的初始假值集合为 OFF_i,共有 n 块数据。

（1）块内数据的化简。首先取出每一块数据 OFF_i 中的第一个立方体和最后一个立方体,计算两个立方体之间的距离。然后根据每块数据中立方体之间的距离进行部分位的相容运算,得到每一块数据中状态 i 对应的 OFF 集。

（2）块间数据的化简。对已化简的块内数据进行分块合并。第一次合并时,首先对前两块数据进行合并运算,然后取出第一块 OFF 集中的第一个立方体和第二块 OFF 集中的最后一个立方体,计算两个立方体之间的距离,根据该距离对部分位进行相容运算,得到第一次合并后的中间结果集,令其为 t_1。第二次合并时,首先对第三块数据和 t_1 进行并运算,然后取出中间结果集 t_1 的第一个立方体和第三块数据 OFF 集中最后一个立方体,计算两个立方体之间的距离,根据计算出的距离对并运算的结果进行部分位的相容运算,得到第二次合并的中间结果集。

按照上述方法,进行 $n-1$ 次合并后,就得到全部数据中状态 i 对应的 OFF 集。

采用基于状态相邻度的方法,对状态内数据进行处理时,组合输入变量个数直接决定了算法执行的循环次数。假设组合输入变量个数为 m,数据块的平均规模为 k,则采用基于状态相邻度算法对一个数据块相容运算的次数为 T_1,则 $T_1 = m \times k$。而采用基于邻域搜索算法是按照集合内数据间的距离进行部分位的相容运算,由于状态内数据是连续变化的,假设每一块数据中第一个元素与最后一个元素间的平均距离为 d,则进行一块数据相容运算的次数为 T_2,$T_2 = d \times k$,$d \ll m$,所以 $O(T_1) > O(T_2)$。

4.4　最小覆盖求解

求出质立方体后,逆向逻辑综合的工作就是从中选择部分质立方体构成与逻辑功能等价的成本最低的最小覆盖。对于同一组脱机式采集的数据可能有多种组合的覆盖,所以,求解最小覆盖首先要解决哪些质立方体必须被选择,哪些应该优先选择的问题。

逻辑逆向综合的最后一项任务就是完成对分析电路的最小覆盖求解。最小覆盖主要是指根据布尔方程功能等价的原则,生成更小更简单的综合结果代替一些复杂的覆盖,求解最小覆盖就是指将逻辑函数的初始覆盖最小化,即以使用的逻辑门最少或接近最少的成本实现该逻辑电路。

在二级“与或”电路中,假定第一级是“与”门,第二级是“或”门。一个立方体对应一个第一级“与”门,立方体的每一个非×元素对应了该“与”门的一个输入端。立方体中所有的非×的元素为这个“与”门所必须具有的输入端数,称为该立方体的成本。一个覆盖中的立方体的个数对应于第二级“或”门的个数,也就是第二级“或”门的输入端数。在两级“与”或网络中,覆盖的成本为所有输入到两级

"与"门和"或"门的输入端的总数,举例如下。

假设代表逻辑函数 f 的初始覆盖 C 为

$$C_{ON} = \begin{Bmatrix} 1x00 \\ 0101 \\ 0010 \\ 0110 \\ 1101 \end{Bmatrix}, \quad C_{OFF} = \begin{Bmatrix} 0x00 \\ x0x1 \\ xx11 \end{Bmatrix}, \quad C_{DC} = \begin{Bmatrix} 1110 \\ 1010 \end{Bmatrix}$$

对应于 C 的二级"与或"电路如图 4-2(a) 所示,经过求解最小覆盖后,得到新的覆盖 M,即

$$M = \begin{Bmatrix} 1xx0 \\ xx10 \\ x101 \end{Bmatrix}$$

因为 $M \cap C_{OFF} = \varnothing$ 且 $C_{ON} \# M = \varnothing$,所以 M 和 C 等价。对应于 M 的电路如图 4-2(b) 所示。由图 4-2 可以看出,原始电路需要 5 个"与"门、1 个"或"门,共 24 个输入端,其总成本 $CS(C) = 24$,经过求解,最小覆盖后的电路需要用 3 个"与"门、1 个"或"门,共 10 个输入端,总成本 $CS(M) = 10$。

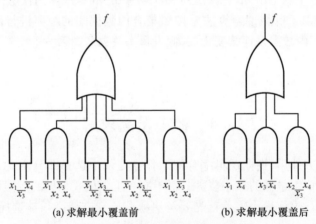

(a) 求解最小覆盖前   (b) 求解最小覆盖后

图 4-2 逻辑函数 f 的电路实现

根据对逻辑函数成本的分析,要降低成本值就必须:

(1) 减少"或"门的输入端数。"或"门的输入端数等于"与"门的个数,而"与"门的个数又等于立方体的个数,所以减少"或"门输入端数,也就是减少立方体的个数。

(2) 减少每个"与"门的输入端数。每个"与"门的输入端数,等于该"与"门对应的立方体中界元素的个数,所以减少每个"与"门的输入端数,也就是提升立方体的维数。

因此,求解最小覆盖的实质是从质立方体集合中选择一个覆盖全部真值项,并

且数目较少、维数较高的覆盖子集,也就是对质立方体集合的优化。采用脱机式逆向分析方法时,采集的数据是芯片的全集功能数据,数据集规模通常较大。如果不经过求解最小覆盖,而是直接将求出的质立方体结果烧写至芯片,则结果成本往往因无法满足芯片型号的要求而不能进行替代芯片的复制。所以,进行脱机式逆向综合时,在生成质立方体集合后必须进行最小覆盖的求解。

　　传统的求解最小覆盖算法有列表简化法和选拔法。列表简化法需要首先构成质立方体表,当质立方体数目较多时,质立方体表的规模将急剧膨胀,所以列表简化法不适合大规模数据的处理。选拔法则采用反复选择最优解的方法,即首先选出必要质立方体集合,接着从剩余质立方体集合中选出一个分支点,然后再重新选择必要质立方体集合,依次反复,直至优选出的质立方体子集能够覆盖全部真值项为止。选拔法虽然不用构建质立方体表,但当变量个数较多、质立方体的数目远远多于真值项的数目时,从质立方体集合中要挑选出一个子集以实现最小覆盖,这不仅需要花费大量的时间,而且会占用大量的内存空间。所以,在大规模数据的条件下,如何提高覆盖优化的效率,缓解求解过程中对计算机资源的过度需求,一直是逻辑逆向综合研究者难以解决又无法回避的难题。

4.4.1　选拔法求解最小覆盖

　　选拔法求解单输出函数的最小覆盖时先求出全部质立方体集合,然后从质立方体集合中选优删劣,直到选取出的质立方体能覆盖全部真值顶点时才结束。选拔法求解单输出函数的最小覆盖主要有 3 个阶段,即选择极值、去劣选优和分支回找。

1. 选择极值

　　若 $Z^i \in Z$(Z 为质立方体集合)为必要质立方体,则它至少覆盖一个未被其他任何质立方体所覆盖的真值顶点。根据最小覆盖的定义可知,必要质立方体必须包含在最小覆盖中。因此,求解最小覆盖的第一步是先从全部质立方体集合中求出必要质立方体集合。而极值项是必要质立方体概念的推广,质立方体 Z^i 称为极值,是当且仅当 Z^i 包含了某个不被 SZ(SZ 是 Z 的子集)中其他元素所包含的真值顶点。因此,判断一个质立方体是否为极值项可依据以下方法:

　　设 SZ 为函数的 PI 集,C_{ON} 为函数的真值项集合,若 $\{Z^i \# (SZ - Z^i)\} \cap C_{ON} \neq \varnothing$,($Z^i \in Z$),则 Z^i 是一个极值。在选择了一个极值后,需要对 SZ 集合与 C_{ON} 集合进行重新处理。从 SZ 集合中去除极值项 Z^i,从 C_{ON} 集合中去除极值项 Z^i 所包含的真值顶点。若此时 C_{ON} 集合已经为空,说明所选择的极值集合已经包含了全部的真值顶点,而最小覆盖就是已选择出的极值集合。否则,必须对质立方体集合中剩余的质立方体进行去劣选优。

2. 去劣选优

　　去劣选优的目的是在剩余的质立方体中,删去成本较高且覆盖真值顶点较少的质立方体。去劣选优是对质立方体集合中的元素逐对进行比较。设被比较的两个立方体是 a^i、a^j，若 a^i 的成本大于 a^j 的成本，且 $(a^i \# a^j) \cap C_{ON} = \varnothing$，则称 a^i 劣于 a^j，保留 a^j 并从 Z 中删掉 a^i，否则删除 a^j。

3. 分支回找

经过选择极值和去劣选优后，若剩余的质立方体中既不存在极值又不能消去任何质立方体时，这种情况称为循环状态。分支回找是打破循环状态的一种方法。该方法的思想类似于穷举搜索的思想，即从余下的质立方体集合中任选取某一个质立方体 $z' \in Z$ 当作分支点，进而打破循环，再次进行选取极值项和去劣优选，获得一个覆盖 $C'_{\min}$，但通常这未必是最优解。为获得更接近优化覆盖的近似解，就必须重新返回分支点，将 z' 归并到 Z 中，再选取另一个 $z'' \in Z$，并进一步求得覆盖 $C''_{\min}$，如此重复地对 Z 中的各个质立方体试探，获得 $C'_{\min}$，$C''_{\min}$，$C'''_{\min}$，…。再按规定的成本计算函数计算各组覆盖的成本，从中选取成本最低的一组 $C_{\min}$ 作为结果覆盖。

用选拔法求多输出函数最小覆盖的基本思想与单输出函数相同，首先生成多输出质立方体集合，然后再进行选择极值、去劣选优和分支回找的处理。但是，求多输出函数最小覆盖时，为减少"与"门的个数，必须将各"与"门的输出最大限度地分配到各子函数的输出"或"门的输入端中，所以在构成多输出函数最小覆盖时不仅要考虑各子函数的质立方体集合，还要考虑子函数之积构成的积函数的质立方体集合。

举例如下，设多输出函数 F 的两个子函数分别为

$$F_1 = AB!\ D + !\ AC!\ D + BC$$

$$F_2 = !\ AB!\ C + BD + A!\ CD$$

F_1 和 F_2 的卡诺图如图 4-3 所示，其中 BCD 既不是 F_1 的一个质立方体也不是 F_2 的一个质立方体，但却是 $F_1 \cap F_2$ 的质立方体。借助图 4-3 所示的卡诺图，可求出 F 的最小覆盖为

$$F = !\ AC!\ D + AB!\ D + BCD + !\ AB!\ C + A!\ CD$$

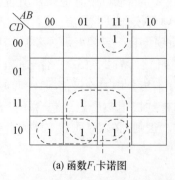

(a) 函数 F_1 卡诺图

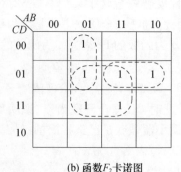

(b) 函数 F_2 卡诺图

图 4-3　函数 F_1 和 F_2 的卡诺图

本例中,由于用两个子函数乘积的质立方体 BCD 替代了两个子函数各自的质立方体 BD 和 BC,使"与"门的个数由原来的 6 个减少为 5 个。因此,为了降低多输出函数的成本,不仅要减少各个子函数的"与"门输入端的个数,还要尽可能找寻各子函数之间的共享乘积项,以减少"或"门输入端的个数。

选拔法求多输出函数最小覆盖首先需要重新构造多输出函数的质立方体集合。一个多输出质立方体 e 必须满足:

(1) e 为各子函数交集的质立方体,$e \in \bigcap_{j \in \lambda} c^j$($\lambda$ 为各下标子函数的任一子集)。

(2) 不存在能够覆盖 e 的更多个子函数交集的质立方体。

条件(1)保证 e 是全部子函数所共有的最大多维体;条件(2)则保证 e 仅仅是这些函数所共有的。

选拔法求多输出函数最小覆盖的思想是首先对单输出质立方体集合进行阵列合并形成多输出函数的全部质立方体集合,然后再进行选择极值、去劣选优和分支回找等处理,最终获得多输出函数的最小覆盖。在输出变量较多、质立方体集合规模较大的情况下,采用选拔法求多输出最小覆盖会出现以下几个问题:

(1) 生成全部共享乘积项的时间较长。用选拔法求多输出函数最小化覆盖,首先需要重新构造多输出质立方体集合,从所求得初始质立方体集合中找出包含多个输出变量的共享乘积项。而多输出逻辑函数中的共享乘积项是否能够被全部找出,将直接影响到最终求得覆盖的成本。选拔法采用阵列合并的方法,将单输出质立方体集合转化为多输出质立方体集合,然后对多输出质立方体集合中任两元素进行相交运算,求出两两质立方体之间的共享乘积项,并将其加入初始的质立方体集合之中,接着再重新进行相交运算,直至无法找出新的共享乘积项为止。所以,当输出变量较多、质立方体集合规模较大时,采用选拔法求解多输出函数间共享乘积项,不仅需要花费大量的时间,而且还会造成对内存空间的过度需求。

(2) 选择极值效率较低。选择极值是求解最小覆盖过程中特定的一步,主要功能是从质立方体集合中选出必要质立方体集合。根据极值的判断条件可知,要从全部质立方体集合中选出极值,必须首先进行每个质立方体与剩余质立方体集合的锐积运算。所以,当质立方体集合规模较大时,对集合中的每一个元素都进行一次极值判断需要花费大量的时间,同时每进行一次锐积运算,会产生大量的中间结果,占用较多的内存空间。因此,在处理大规模数据集时,经常由于选择极值的时间过长而导致整个算法的执行效率较低。

(3) 算法的时空复杂度较高。选拔算法主要分 4 个部分,每一部分涉及的逻辑运算包括吸收运算、包含运算、锐积运算、相交运算等,且各种运算的复杂度不同,所以难以给出整个算法统一的时间复杂度分析。但是,各种逻辑运算执行的次数都正比于质立方体集合的规模。随着输入变量数目的增加,质立方体集合的规模呈指数增长,整个算法的时间复杂度增高。

另一方面,在分支回找时,每出现一次分支,都需要记录下分支点当前的真值集合以及当前的质立方体集合,当数据规模较大且分支点较多时,为了保存每一个分支点对应的数据集合,需要占用大量的内存空间。随着内存空间的严重消耗,必将导致内存溢出、执行效率降低等问题的出现。

4.4.2 近似最小覆盖迭代搜索法

选拔法在处理大规模数据集时存在诸多问题,这些问题直接导致选拔法无法适用于大规模数据集的求解最小覆盖。近似最小覆盖迭代搜索法是在选拔法的基础上提出的适用于大规模数据集处理的方法。该方法将选拔法一次性求出绝对最小覆盖的模式转换为多次迭代逼近最优解的模式,同时引入相交迭代和分支界限的思想,分别对选择极值和分支回找等环节进行了改进。

近似最小覆盖迭代搜索法是基于贪婪算法的思想,它是将求最优解的过程分为若干个阶段,在每一个阶段保证得到一个局部的最优解,从而得到求解最小覆盖近似的最优解。

假设多输出质立方体集合 $Z = Z_1 \cup Z_2 \cup \cdots \cup Z_n (Z_i \cap Z_j = \varnothing)$,其中,$Z_1$表示经过阵列合并后的初始多输出质立方体集合,$Z_i$表示 i 个输出间的共享乘积项。迭代搜索算法按照多输出间共享乘积项的不同划分为若干个阶段,然后逐阶段地生成部分输出之间共享乘积。第一阶段,令 $Z' = Z_1 \cup Z_2$,求集合 Z' 之中的成本最低的覆盖解,并计算出相应的覆盖成本 C',其中,Z' 为包含两两输出变量之间共享乘积项的质立方体集合;第二阶段,令 $Z'' = Z' \cup Z_3$,求出集合 Z'' 之中的成本最低的覆盖解,并计算出覆盖成本 C'',其中,Z'' 为包含 3 个和 4 个输出变量之间共享乘积项的质立方体集合;……,第 n 阶段,令 $Z^n = Z^{n-1} \cup Z_n$,求出集合 Z^n 之中成本最低的覆盖解,此时的 Z^n 就是采用选拔法首先必须求出的多输出质立方体集合 Z。

通过上述介绍可以看出,求解最小覆盖的实质是从 n 个质立方体构成的集合 U 中,选出一组子集 C,它能够覆盖全部真值点且不存在其他子集 C' 满足 $CS(C) > CS(C')$。选拔法首先需要找出集合 U 中的全部元素,然后再从中选出最优解。而迭代搜索算法则把 U 划分为若干个子集,在每一个阶段从一子集中找出一组最优解,随着子集的不断扩大,所得到的局部最优解逐渐地逼近全局最优解。迭代搜索法采用分级迭代的方法,每一级获得的近似最小覆盖都是从该级求出的质立方体集合中选出的成本最低解,所以当覆盖成本不再变化时,说明选出的共享乘积项已不能再降低电路的成本,此阶段得到的覆盖解即为成本最低的最终结果。

近似最小覆盖迭代法采用一种迭代逼近最优解的方法,所以在有限的运行时间和内存空间内,可以更简单、更迅速地得到一个接近最优的可行解,也更适用于大规模数据集的处理。

1. 基于分级阵列合并的多输出共享乘积项的生成

求解多输出最小覆盖与求解单输出最小覆盖最大不同在于:求解多输出最小覆盖时,必须考虑多个输出之间的共享乘积项。选择合适的共享乘积项作为覆盖单元,可以降低实现电路的成本,但当质立方体集合规模较大时,若采用一次性找出多输出函数间的全部的共享乘积项,势必耗费大量的时间,而且大部分的共享乘积项在后续运算中都可能被删除。所以,迭代搜索法不再采用一次性求出全部共享乘积项的方法,而是采用分级阵列合并的方法生成共享乘积项。方法如下:

假设初始质立方体集合为 Z_0。

第一次迭代时,对 Z_0 中输出值不等的质立方体进行两两相交运算,得到任意两个输出间的共享乘积项集合 Z_1,令 $Z = \{Z_1 \cup Z_0\}$。然后进行极值选择和分支回找,得到第一次迭代后的覆盖结果,成本为 C_1。

第二次迭代时,只对 Z_1 中输出值不等的质立方体进行两两相交运算,得到任意 3 个输出以及 4 个输出间所有的共享乘积项的集合 Z_2,令 $Z = \{Z_2 \cup Z_1 \cup Z_0\}$。然后进行极值选择和分支回找,得到第二次迭代后的覆盖结果,其成本为 C_2。

按照上述方法,重复 n 次后,即获得任意 $j(2^{n-1} \leqslant j \leqslant 2^n)$ 个输出之间所有的共享乘积项集合,以及该级迭代对应的覆盖成本 C_n。

如果越多的共享乘积项加入 Z 集合参与最小覆盖的求解,其结果的成本值就越接近最低。所以,求出的成本序列 $\{C_1, C_2, \cdots, C_n\}$ 应该是依次递减的,如果第 i 次迭代结果的成本值 C_i 等同于上次迭代结果的成本值 C_{i-1},则无需再进行后续迭代,选取第 i 次迭代运算的结果作为最终结果便可。

与一次性求出全部共享乘积项的方法相比,分级阵列合并采用逐级增大质立方体集合规模,迭代逼近最优解的处理方法生成共享乘积项。每级迭代时,只是在原有质立方体集合的基础上,引入部分输出间的共享乘积项,然后求出该级的近似最小覆盖。随着迭代次数的增加,求出的近似最小覆盖的成本值越来越逼近最优,当成本数值不再发生变化时,说明已经得到了成本最小覆盖,无需再进行后续的迭代。

如用分级阵列合并的方法,求出 5 个输出变量 $\{O_1, O_2, O_3, O_4, O_5\}$ 的共享乘积项(假设初始质立方体集合为 Z)。

在第一次迭代时,从初始质立方体集合 Z 之中寻找两两输出变量间的共享乘积项 Z_1,将其加入 Z 中,求出近似最小覆盖 M_1。经过第一次迭代后,Z_1 中的共享乘积项涵盖了输出集 $\{O_1O_2, O_1O_3, O_1O_4, O_1O_5, O_2O_3, O_2O_4, O_2O_5, O_3O_4, O_3O_5, O_4O_5\}$。

在第二次迭代时,对 Z_1 中输出值不等的元素进行两两相交运算,例如,$O_1O_2 \cap O_2O_4 = O_1O_2O_4$,得到任意 3 个以及 4 个输出变量间的共享乘积项 Z_2,并将其加入 Z,求出近似最小覆盖 M_2。经过第二次迭代后,Z_2 中的共享乘积项涵盖了输出集 $\{O_1O_2O_3, O_1O_2O_4, O_1O_3O_5, O_1O_3O_4, O_1O_2O_5, O_2O_3O_4, O_2O_3O_5, O_1O_2O_3O_4, O_1O_2O_3O_5, O_2O_3O_4O_5, O_1O_2O_4O_5, \}$。比较 M_1 与 M_2 的成本值,如果 M_2 的成本等于 M_1 成本,则不再进行下一次迭代,否则仍需要进行第三次迭代。

在第三次迭代时,对 Z_2 中输出值不等的元素进行相交运算,得到 5 个输出间的

共享乘积项 Z_3，并将其加入 Z，求出近似最小覆盖 M_3。此时，Z_1、Z_2 和 Z_3 已经涵盖了所有输出间的全部共享乘积项。

上例中，采用分级阵列合并的方法最多经过 3 次迭代就可以求出该多输出函数间的全部共享乘积项集合，并且每次迭代后，求出一组对应的近似最小覆盖。当数据集规模较大时，可以根据计算机存储容量和运算速度的限制，自主决定迭代次数，以近似最小覆盖作为最终优化结果。这样就可以在有限的时空条件下，实现对大规模数据集的优化处理。而如果采用选拔法，首先需要一次性求出 5 个输出变量之间的全部共享乘积项，这一步就需要耗费大量的时间。

因此，在处理大规模数据集时，迭代搜索算法采用分级阵列合并的方法生成多输出共享乘积项，避免了选拔法因一次求出全部共享乘积项，而造成质立方体集合规模的急剧膨胀以及空间溢出等问题。特别是在输出变量集较多的情况下，所有输出间共享同一个乘积项的可能性比较小，更多的情况是部分输出间共享乘积项，采用分级阵列合并的方法并不需要对所有迭代都执行完成后才能得到最终结果。同时，该方法能够有效控制质立方体集合的规模，而质立方体集合的规模直接决定了求解最小覆盖算法的时间复杂度，因此，采用分级阵列合并的方法使求解最小覆盖算法的时间复杂度也得到了有效降低。

2. 基于迭代相交的极值搜索

求解最小覆盖的过程实质是一个不断选优的过程，而极值搜索是选优过程中的重要环节，也是耗时较长的一个阶段。当质立方体集合规模较大时，采用选拔法进行极值搜索，需要进行大量的锐积运算，且求出的中间结果集还可能很大。根据 Demorgan 定理，可将极值运算中单个立方体与集合的锐积运算变为两两立方体间的锐积运算和相交运算。

判断质立方体 e_i 是否为极值，依据如下的判断条件：

设 SZ 为函数的 PI 集，C_{ON} 为函数的真值顶点集合，若满足：

$C_{ON} \cap (e_i \# e_1) \cap (e_i \# e_2) \cap \cdots \cap (e_i \# e_n) \neq \varnothing$，$(e_i \in SZ)$，则 e_i 为极值。

为了验证改进后的极值判断条件的正确性，首先引入 Demorgan 定理。

Demorgan 定理 对于任意给定的多维体 a、b、c，其中一个多维体锐积另外两个多维体的并的结果，等于这个多维体分别锐积另外两个多维体的结果之交，即

$$a \# (b \cup c) = (a \# b) \cap (a \# c) \qquad (4-8)$$

根据式（4-8），可推出：

$$\begin{aligned} e_i \# (SZ - e_i) &= e_i \# (e_1 \cup e_2 \cup \cdots \cup e_n) \\ &= (e_i \# e_1) \cap (e_i \# (e_2 \cup e_3 \cup \cdots \cup e_n)) \\ &= (e_i \# e_1) \cap (e_i \# e_2) \cap (e_i \# (e_3 \cup \cdots \cup e_n)) \\ &= (e_i \# e_1) \cap (e_i \# e_2) \cap \cdots \cap (e_i \# e_n) \end{aligned}$$

再根据相交运算的交换律，得

$$\{e_i \# (SZ - e_i)\} \cap C_{ON} \Leftrightarrow C_{ON} \cap (e_i \# e_1) \cap \cdots \cap (e_i \# e_n)$$

根据以上结论可得出：基于迭代相交的极值判断条件与选拔法的极值判断条件完全等价。

采用迭代相交的方法进行极值运算，首先需要与真值集合进行相交运算，只有包含真值点的质立方体才可能进行后续的锐积运算，这样有效减少了无关项的大量运算。而且将复杂的集合锐积运算变成了单个立方体的锐积运算，降低了整个运算的时间复杂度。

3. 基于分支限界的回找处理

为了保证求出覆盖的成本最低，选拔算法采用了分支回找的方法，即每遇到一次分支需要走两条路径，一条是任选出一个质立方体作为分支点，加入最小覆盖集合中；另一条是将其直接从质立方体集合中删去，而每一条路径又都必须求出一组对应的近似最小覆盖，最后比较每一个分支的计算结果，将成本最低的一组选为最终解。例如，若遇到 K 个分支点，每个分支点又必须走两条路径，则总共需要计算出 2^K 个近似最小覆盖，而最终的解仅为其中成本最低的一组。所以，当数据集规模较大、遇到的分支点较多时，采用分支回找法需要进行大量的计算，这势必会造成求解时间较长、内存占用率较高等问题。基于分支限界的回找法不再采用穷举的思想对所有可能的分支点都求出对应的近似最小覆盖，而是引入分支限界的思想，只对成本最低的分支点进行试探，并根据试探的结果决定是否需要求出该分支点对应的近似最小覆盖。

分支限界算法的思想类似于回溯的思想，是一种在问题的解空间树上搜索最优解的方法。分支限界的求解目标是找出满足约束条件的一个解，或者是在满足约束条件的解中找出使某一目标函数达到极大或极小的解，即在某种意义下的最优解。分支限界的基本思想是如果已经有一个解，其代价是 C 个单位，并知道下一个要尝试的解的代价值的下界比 C 要大，那么就不必去计算这个解，忽略它，只需去尝试另一个可能解。

基于分支限界的回找法的设计思想是在剩余的质立方体集合中，首先选择成本最低的质立方体作为分支点，求出一组近似最小覆盖作为临时最小覆盖，并计算出该组覆盖的成本值 U，将 U 作为成本的上限，然后返回分支点进行回找处理。在回找的过程中，如果出现了新的分支点，则首先计算加入该分支点后当前覆盖的成本，如果发现它的成本已经超过上限 U，则终止对该分支点的继续计算并将其从当前覆盖之中删除，否则继续进行回找处理。如果某一分支计算所得到的覆盖的成本低于上限 U，就把该覆盖作为临时最小覆盖，并用该覆盖的成本代替原来的上限 U。

例如用基于分支限界的回找法求出逻辑函数 f 的最小覆盖。

已知逻辑函数 f 对应的质立方体表，如表 4 - 5 所列。其中：Z_i 为质立方体，M_i 为真值点，$CS(i)$ 为质立方体 Z_i 的成本，表格中 1 表示 Z_i 覆盖 M_i。

令 T 为最小覆盖集合，PI 为质立方体集合，ON 为真值集合，EPI 为极值集合。

表 4-5 逻辑函数 f 对应的质立方体表

质立方体 \ 其值点	m_1	m_2	m_3	m_4	m_5	m_6	m_7	m_8	m_9	m_{10}	CS(i)
Z_1	1	1									4
Z_2			1	1							3
Z_3				1	1						7
Z_4					1	1					3
Z_5			1			1					7
Z_6							1	1			3
Z_7								1	1		4
Z_8									1	1	3
Z_9							1			1	4

第一步:求出极值 EPI = $\{Z_1\}$,令 $T = \{Z_1\}$,此时 f 对应的质立方体表如表 4-6 所列。

表 4-6 选出 Z_1 后的质立方体表

质立方体 \ 其值点	m_3	m_4	m_5	m_6	m_7	m_8	m_9	m_{10}	CS(i)
Z_2	1	1							3
Z_3		1	1						7
Z_4			1	1					3
Z_5	1			1					7
Z_6					1	1			3
Z_7						1	1		4
Z_8							1	1	3
Z_9					1			1	4

第二步:由于未能从剩余的 PI 中找出 EPI,故进行循环状态处理阶段。

进入第一次分支处理阶段,令 $i=1$,选出成本最低的质立方体 Z_2 作为分支点,令 $T = \{Z_1, Z_2\}$,此时 f 对应的质立方体表如表 4-7 所列。

表 4-7 选出 Z_2 后的质立方体表

质立方体 \ 其值点	m_5	m_6	m_7	m_8	m_9	m_{10}	CS(i)
Z_3	1						7
Z_4	1	1					3
Z_5		1					7

（续）

其值点 质立方体	m_5	m_6	m_7	m_8	m_9	m_{10}	CS(i)
Z_6			1	1			3
Z_7				1	1		4
Z_8					1	1	3
Z_9	1					1	4

第三步:选优去劣处理,消去 Z_3,Z_5,得到 PI $=\{Z_4,Z_6,Z_7,Z_8,Z_9\}$。再选择极值,求出极值 EPI $=\{Z_4\}$,令 $T=\{Z_1,Z_2,Z_4\}$,此时 f 对应的质立方体表如表 4-8 所列。

表 4-8　选出 Z_4 后的质立方体表

其值点 质立方体	m_7	m_8	m_9	m_{10}	CS(i)
Z_6	1	1			3
Z_7		1	1		4
Z_8			1	1	3
Z_9	1			1	4

第四步:由于未能从剩余的 PI 中找出 EPI,故进行第二次循环状态处理阶段。

进入第二次分支处理阶段,令 $i=2$,选出成本最低的质立方体 Z_6 作为分支点,令 $T=\{Z_1,Z_2,Z_4,Z_6\}$,此时 f 对应的质立方体表如表 4-9 所列。

表 4-9　选出 Z_6 后的质立方体

其值点 质立方体	m_9	m_{10}	CS(i)
Z_7	1		4
Z_8	1	1	3
Z_9		1	4

第五步:选优去劣处理,消去 Z_7,Z_9,得到 PI $=\{Z_8\}$。再选择极值,求出极值 EPI $=\{Z_8\}$,令 $T=\{Z_1,Z_2,Z_4,Z_6,Z_8\}$,此时 ON $=\varnothing$,求出一组近似最小覆盖 CS$(T)=16$。令成本界限 $U=16$。

第六步:进行回找处理,恢复第二次分支处理阶段的状态。

令 $T=\{Z_1,Z_2,Z_4\}$,PI $=\{Z_6,Z_7,Z_8,Z_9\}$,ON $=\{m_7,m_8,m_9,m_{10}\}$。从 PI 中删去 Z_6,得到 PI $=\{Z_7,Z_8,Z_9\}$。

第七步:求出极值 EPI $=\{Z_7,Z_9\}$,令 $T=\{Z_1,Z_2,Z_4,Z_7,Z_9\}$,此时 ON $=\varnothing$,求出另一组近似最小覆盖 CS$(T')=18>U$。

第八步:继续进行回找处理,恢复第一次分支处理阶段的状态。

令 $T=\{Z_1\}$,PI $=\{Z_2,Z_3,Z_4,Z_5,Z_6,Z_7,Z_8,Z_9\}$,ON $=\{m_3,m_4,m_5,m_6,m_7,m_8,m_9,m_{10}\}$。从 PI 中删去 Z_2,得到 PI $=\{Z_3,Z_4,Z_5,Z_6,Z_7,Z_8,Z_9\}$,此时 f 对应的

质立方体表如表 4 - 10 所列。

表 4 - 10　删去 Z_2 后的质立方体表

质立方体 \ 其值点	m_3	m_4	m_5	m_6	m_7	m_8	m_9	m_{10}	CS(i)
Z_3		1	1						7
Z_4			1	1					3
Z_5	1			1					7
Z_6					1	1			3
Z_7						1	1		4
Z_8							1	1	3
Z_9					1			1	4

第九步:选出极值 EPI = $\{Z_3,Z_5\}$,令 $T = \{Z_1,Z_3,Z_5\}$,此时 CS(T'') = 17 > U,所以不再进行后续的回找处理,整个处理结束。

通过上例可以看出,采用基于分支限界的回找方法,在回找过程中,如果当前覆盖的成本大于上限成本时,就不必再进行后续循环状态处理。这种方法减少了回找处理的次数,保证了在有限的时间和空间范围内,快速搜索出一个成本最优的最小覆盖。

参 考 文 献

[1] Robert K Brayton, Gary D Hachtel, Curtis T Mcmullen. Logic Minimization Algorithms For VLSI Synthesis [M]. Boston:Kluwer Academic Publishers,1985:1 - 12,15 - 28.

[2] Shende V V,Prasad A K,Markov I L,et al. Synthesis of reversible logic circuits[J]. IEEE Transactions on CAD, 2003,22(6):710 - 722.

[3] Shende V V,Prasad A K,Markov I L,et al. Reversible logic circuit synthesis [A]. International Conference on Computer Aided Design(ICCAD)[C],San Jose,2002:125 - 132.

[4] Agrawal A,Jha N K. Synthesis of reversible logic [A]. Design, Automation and Test in Europe Conference and Exhibition[C],2004,2:1384 - 1385.

[5] Leon Stok,Vivek Tiwari. Logic Synthesis and Verification [M]. Norwell:Kluwer Academic Publishers,2001:1 - 4.

[6] Chen Kevin J, Niu Guofu. Logic Synthesis and Circuit Modeling of a Programmable Logic Gate Based on Controlled Quenching of Series - connected negative differential resistance devices [J]. IEEE Journal of Solid - State Circuit, 2003, 38(2): 312 - 318.

[7] Yip K, Al - Khalili D. Multilevel logic synthesis using hybrid pass logic and CMOS topologies[J]. IEE Circuits, Devices and Systems. 2003, 150(5):445 - 450.

[8] Bergamaschi R A. Bridging the Domains of High - Level and Logic Synthesis[J]. IEEE Transactions on Computer - Aided Design of Integrated Circuits and Systems,2002,21(5):582 - 596.

[9] Alessandra Nardi, Alberto L, Sangiovanni - Vincentelli. Logic Synthesis for Manufacturability[J]. IEEE Design and Test of Computers Magazine,2004,21(3):192 - 199.

[10] 邱建林,王波,刘维富. 超大变量多值单边逻辑函数优化算法研究[J]. 计算机研究与发展,2007,44: 173 - 177.

[11] 邱建林,王波,刘维富. 多输入多输出单边逻辑函数优化系统的设计研究[J]. 南京邮电大学学报(自然

科学版),2006,26(5):65 - 70.

[12] 邱建林,陈建平,顾翔,等. 一种基于积项扩展的大变量多输出逻辑优化算法与实现[J]. 江南大学学报 (自然科学版):2007,6(6):718 - 722.

[13] 翟献军,肖梓祥. 一种改进的快速逻辑综合算法[J]. 计算机应用研究,2002,19(1):40 - 41.

[14] 沈嗣昌. 计算机辅助逻辑综合[M]. 北京:高等教育出版社,1983:6 - 7,8 - 17,32 - 37.

[15] 王成艳. 代数拓扑方法应用于逻辑综合[J]. 湖北师范学院学报(自然科学版),2004,24(1):43 - 46.

[16] 王成艳. 自动逻辑综合中无冗余覆盖唯一性[J]. 中南民族大学学报(自然科学版),2004,23(3): 91 - 95.

[17] 管致锦,张义清,邱建林,等. 大变量逻辑函数最佳覆盖问题研究[J]. 计算机应用与软件,2003,20 (12):11 - 13.

[18] 刘丹非. 逻辑综合中的 Cube 运算[J]. 计算机科学,2004,31(12):226 - 227.

[19] 龙望宁,吴有亮. 基于蕴涵树的冗余添加和删除技术[J]. 计算机学报,2000,23(4):356 - 362.

[20] 管致锦,张义清,徐慧数. 数据的逻辑综合分析及决策算法[J]. 计算机工程与应用,2004,40(26):73 - 75,111.

[21] 厉晓华,朱敏,陈偕雄. 基于三变量函数的计算机辅助逻辑综合[J]. 科技通报,2006,22(1):101 - 104.

[22] 夏有为,林正浩. 逻辑综合中对关键路径处理方法的研究[J]. 电子设计应用,2005,6(11):81 - 82,84.

[23] 李长青,汪雪林,彭思龙. 从门级到功能模块级的子电路提取算法[J]. 计算机辅助设计与图形学学报, 2006,18(9):1377 - 1382.

[24] 丁渊. 基于子集迭代相交算法的逻辑综合系统设计与实现[D]. 郑州:解放军信息工程大学,2007.

[25] 郭毅. 脱机式芯片解析中数据处理子系统的设计与实现[D]. 郑州:解放军信息工程大学,2008.

第5章 在线式逆向分析

随着逻辑器件设计技术和制造工艺的不断向前发展,其内部结构越来越复杂,可设计的功能越来越多,单纯依靠脱机式解析难度已明显加大,在线式解析仍然采用了功能等价的思想,脱机式逆向分析要求的结果是与逻辑器件的设计功能等价,而在线式器件逆向分析要求的结果只是与被分析的器件正常工作时的功能等价。

在线式逆向分析是通过采用状态捕获设备、时序波形采集设备和电磁检测设备等实时监测目标芯片在系统中正常工作时的状态、时序波形或电磁辐射状况,利用监测设备实时收集到的信息来分析推导出目标芯片内部设计信息的方法。很显然,在线式逆向分析法是一种被动逆向分析的方法,需要完整地记录芯片的一个正常工作周期,在该周期内目标芯片的各种工作特征均需要监控设备实时捕获。

采集信息的综合分析是在线式逆向分析技术的重要步骤,目前有不少研究机构借鉴了 Model Technology 公司的 ModelSim 和 Xilinx 公司研发的 Edition – Ⅲ仿真工具思想,对目标芯片在实际系统工作的信息进行推导和时序仿真分析,并通过采集正常芯片的工作时序信息还原出目标芯片内部的逻辑功能和其他代码信息。

5.1 在线式逆向分析组成结构与采集设备性能要求

5.1.1 在线逆向分析组成结构

在线逆向分析组成结构主要由采集和控制处理两部分组成,加上工作时需要的目标系统和编程下载系统,结构如图 5 – 1 所示。在线式逻辑器件逆向解析中,一般选用采集深度深、采集频率高的逻辑分析仪作为数据采集器的前端,解析时,需将逻辑分析仪的探针(POD)与待解析芯片的工作引脚连接,以便于芯片工作波形数据的采集。采集设备主要负责实时采集解析芯片在原电路系统中正常工作时的波形数据,并通过逻辑分析仪中的 RPI 接口实现与控制计算机之间的通信。高档微型计算机负责远程控制逻辑分析仪实施数据的采集与传送,并对上传的数据进行预处理(消除重复数据)和综合分析处理。综合分析处理包括芯片电路类型、I/O 引脚属性的判别。判别结束后再采集数据进行判别结果验证,以及逻辑综合处理,求出与待解析芯片逻辑功能等价的结果,如输入/输出布尔方程式。编程下载系统实现对待解析芯片的复制,主要由编程器、适配器和下载电缆组成。

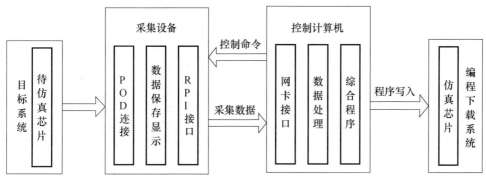

图 5－1　在线逆向分析组成结构

5.1.2　在线采集设备性能要求

芯片完整工作数据的采集,依赖于采集设备的性能,因此,必须根据在线数据采集的需求,确定采集设备的主要性能指标。

随着芯片制造工艺水平的提高,芯片的引脚数目越来越多,引脚的间距越来越小,如何选取适当的设备采集芯片的工作数据是数据采集必须考虑的问题。根据在线式逆向解析的特点,数据采集的目的是通过获取芯片完整的工作数据,考查多个信号之间的定时关系,从而解析出芯片内部逻辑关系。就分析芯片而言,采集设备的性能需满足以下要求:

(1)为适应大规模逻辑芯片的数据采集,采集设备应有足够多的通道数。

(2)根据采样定理,采集设备必须有足够高的采样频率。

(3)为提高采样深度,采集设备应具备足够的通道内存容量。

(4)在采集过程中因芯片工作的波形数据往往大于采集设备的内存容量,因此采集设备应支持分段继续采集的机制,这就要求采集设备必须提供方便灵活的多级触发模式。

(5)为了保证采集波形信号的完整性,必须要保证与被测设备连接的各路探头的相对延时最小和保持幅度的失真最低。

(6)为实现在线数据采集的网络化运行,要求采集设备最好能够提供简单便捷的远程访问控制机制。

当前逻辑分析仪的主流产品在一些主要技术指标上表现都比较出色。例如,Agilent、Tektronix 等公司生产的产品通道数已超 340 通道,采样速率已高达 2GS/s,在该速率下,可以观察到 0.5ps 的波形变化;逻辑分析仪的内存主要用于存储它所采样的数据,利用逻辑分析仪提供的瞬变存储功能可以发挥采集内存的最大功效以及增长总测量时间;逻辑分析仪通过探针与被测器件连接,现主流逻辑分析仪的探针相对延时小、幅度失真度低,以 Agilent 公司的无源探头和 Tektronix 公司的有源探头最具代表性,属于逻辑分析仪的高档探头;快速发展的国际互联网正在改变着测试工作方式,它带来了全新的采集、分析和发布测试数据的方法,这就是网络测试和网络数据共享,逻辑分析仪也不例外,现主流逻辑分析仪均支持 LAN 联网数据采集,为前端采集设备与后端系统一体化进程提供了技术保障。

下面以 Agilent 公司的 16823A 逻辑分析仪为例来讨论在线式解析的采集设备,Agilent16823A 具有足够的输入通道和多种触发方式,具有记忆、负延迟、限定和毛刺检测等能力。Agilent 16823A 逻辑分析仪的技术指标如表 5 – 1 所列。

表 5 – 1   Agilent16823A 逻辑分析仪的技术指标

Agilent 逻辑分析仪型号	16823A
逻辑分析仪通道数	102
最大定时采样速率	1GS/s
最小采样周期	1.0ns
最小数据脉冲宽度	1 个采样周期 + 1.0ns
最大存储深度	32Mbit
最大触发序列速度	250MHz
最大触发序列级数	16

5.1.3   采集设备远程控制

1. 逻辑分析仪远程控制机制

HP16700 系列之前的逻辑分析仪的控制主要是通过设备内部提供的一个远程编程接口 RPI(Remote Programming Interface)来实现远程控制程序开发的,RPI 允许用户创建程序控制 Agilent16600A 和 16700A/B 系列的逻辑分析仪,该系列逻辑分析仪 RPI 结构如图 5 – 2 所示。

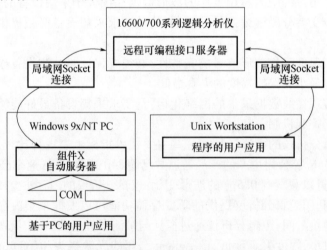

图 5 – 2   16700 系列远程编程接口 RPI 结构

在 PC/Windows 平台上,RPI 允许用户使用 VisualC ++ 或其他与其兼容的编程语言编写控制程序。在 Windows 环境下,ActiveX 自动化服务器给 PC 应用程序提供了一个远程接口,用来与逻辑分析仪建立连接,并使用 RPI Socket 命令与逻辑分析仪通信。

Agilent16700 系列以前的远程控制程序开发均使用 RPI 控制机制完成,随着采集设备的快速发展,使用 RPI Socket 命令与逻辑分析仪通信的方式已经不再是主流技术,程序开发的繁琐性、弱兼容性等缺点使其被更加简洁的控制方式取代。当前主流数据采集设备 Agilent16800 系列以上的逻辑分析仪,可以在局域网的远地计算机上,通过 COM(Component Object Model) 自动化服务器编写程序实现远程控制。COM 自动化服务器是逻辑分析仪应用程序组件,用户可以使用该软件编写控制逻辑分析仪的程序,所有的测量功能都可以通过 COM 接口控制。该远程编程接口通过 COM 自动化服务器的对象、方法和属性工作,以提供对逻辑分析仪应用的控制。通过执行使用设备自动化服务器的程序,用户可以以对象的形式操作逻辑分析环境和设备的功能组件,通过使用与对象关联的属性和方法来操作对象,方法代表对象的行为,属性代表对象的特征,如对象的类型或大小。每个对象执行一个双向接口,用户可以通过这个接口操作对象,其中包括一个为自动化服务的 IDispatch 接口和一个用来直接访问对象成员(属性和方法)的 COM 接口。

用设备提供的 COM 自动化服务器实现对 Agilent16800 系列以上的逻辑分析仪的远程控制,比使用 RPI 的 ASCII 命令控制更加简单高效,具有更好的扩展性。

2. 逻辑分析仪工作模式

远程控制程序的设计必须严格遵守逻辑分析仪的工作基本模式,即"加载—运行—存储"(load – run – store)模式。在设计远程控制程序或测试程序时,必须首先加载正确的逻辑分析仪配置文件,运行逻辑分析仪启动采集,最后将采集结果保存为波形格式文件。

(1)创建配置文件。根据采集数据的要求,设置设备的必要参数,如采样周期、触发位置、触发方式、采样深度,通道配置等,将这些配置信息存入文件。

(2)加载—运行—存储。当配置文件保存完毕之后,远程控制程序执行加载已经存在的配置文件,运行逻辑分析仪直到采样完成,存储结果文件,或将原始波形数据上传至远程控制的计算机用。

3. 远程控制程序实现

1)远程控制程序需要实现的功能

(1)建立连接。将远程计算机和逻辑分析仪建立起端到端的连接。

(2)新建或加载配置文件。调用逻辑分析系统的定时分析模块,并使定时分析模块按照配置文件预先设定的方式工作。如果需要重新配置逻辑分析仪,则按照用户需求进行配置。

（3）配置逻辑分析仪系统。从逻辑分析系统的管理菜单中选择并启动定时分析模块，按照采集要求配置定时分析模块的触发位置、采样周期、存储深度、通道配置等参数，同时设置触发方式，根据采集的要求设置的触发方式，逻辑分析仪定时分析模块控制采样记录的开始点，存储配置文件。

（4）控制定时分析模块采集数据。开始采样，循环采样，停止采样。

（5）上传采集的波形数据。

（6）保存结果文件。将当次采样的波形数据和与本次采样相关的工程文件一同保存至文件。

远程控制逻辑分析仪功能模块组成如图5-3所示。

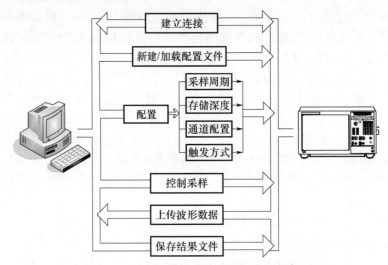

图5-3　远程控制逻辑分析仪功能模块组成框图

2）各功能模块的实现

COM 自动化服务器主要对象之间的派生关系如图5-4所示。

（1）建立连接。

如果希望建立计算机与逻辑分析仪的远程连接，首先需要创建一个 Connect 对象：

//create the connect object

AgtLA：：IConnectPtr pConnect = AgtLA：：IConnectPtr(_uuidof(AgtLA：：Connect))；

建立连接的目的是要获得逻辑分析仪的设备对象，以后所有关于逻辑分析仪的操作都是基于该对象的方法属性实现的。Connect 对象中包含一个 Instrument 属性，这就给用户提供了一个获取逻辑分析仪设备对象的接口：

//get the instrument object

_bstr_t hostname = LAipAddress；

AgtLA：：IInstrumentPtr pInst = pConnect － ＞ GetInstrument(hostname)；

这样就获取了唯一标志逻辑分析仪的设备对象的指针 pInst。

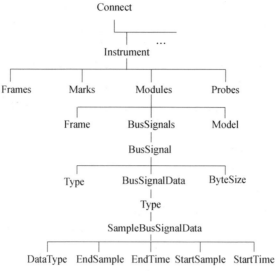

图 5 - 4　COM 自动化服务器主要对象派生关系示意图

（2）新建或加载配置文件。

计算机与逻辑分析仪成功建立连接之后，获取设备的唯一标志——设备对象指针 pInst，根据逻辑分析仪的工作模型，接下来需要加载已存在的配置文件，如果已存在的配置文件不符合当前配置需求，则需新建，使用设备对象的 Open 方法和 New 方法，例如，新建一个配置文件或加载一个文件路径名为" C：\\user_data\\zh_bo\\epson1. ala" 的配置文件，代码描述如下：

//create a new default config

pinst － ＞New(FALSE，"" ，TRUE)，

//ob load a configuration file that exists on the logic analyzer

_bstr_t configFile = " C：\\user_data\\zh_bo\\epsonl. ala" ，

pInst － ＞Open(configFile，FALSE，"" ，TRUE) ；

（3）配置逻辑分析仪。

控制逻辑分析仪开始采集之前，必须首先完成逻辑分析仪基本参数的配置，包括采样模式选择（定时模式、状态模式）、触发位置、采样深度、采样周期、通道配置、触发方式的设置等。逻辑分析仪参数的设置建立在其内部逻辑模块（logic module）的基础上，因此，设置参数之前必须获取模块对象（module project），进而调用模块对象的方法 DoCommands（_bstr_tXMLCommand）设置参数。DoCommands（_bstr_tXMLCommand）方法执行一个特殊的 XML － based 命令，XML － based 命令中包含模块配置信息（ ＜Module＞element）的 XML － 格式字符串。根据对象派生图可知，在获取设备对象 pInst 的前提下，调用设备对象方法 inline IModulePtr IInstrument：GetModuleByName（_bstr_tName）可以得到模块对象的指针 IModulePtr pModule，代码如下：

```
//get the module object
_bstr_t modulename = "My Logic Analyzer－1";
AgtLA：：IModulePtr pAnalyzer = pInst－>GetModuleByName（modulename）；
//采样模式选择、采样周期、采样深度、触发位置设置 XML－COMMAND
//XML Element＜SamplingSetup＞Element&＜Sampling＞Element（under Sam-
plingSetup）
_bstr_t command_sample =
"＜Module Name='My Logic Analyzer－1'＞"
"＜SamplingSetup＞"
"＜Sampling ChannelMode='Full'MaxSpeed='400'SamplePeriod='2.5ns'
Type='Standard'Acquisition='Timing'AcquisitionDepth='256K'
TriggerPosition='50'/＞"
"＜/SamplingSetup＞
"＜/Module＞"，
//通道配置设置
//XML Elemenr：＜Module＞Element（under Configuration Setup）＜BusSignalSet-
up＞
//     Element－>＜BusSignals＞Element（under BusSignalSetup）－>＜Bus-
Signal＞Element（under
//     Module BusSignals）－>＜Channels＞Element
_bstr_t command_pod =
"＜Module Name='My Logic Analyzer－1'＞"
"＜BusSignalSetup＞"
"＜BusSignals＞"
"＜Clear/＞"
"＜BusSignal Name='My Bus'Polarity='PositiVs'＞"
"＜Channels＞Pod1[7:0]＜/Channels＞"
"＜/BusSignal＞"
"＜/BusSignals＞"
"＜/BusSignalSetup＞"
"＜/Module＞"，
//触发方式设置
//XML Element：＜Trigger＞Element：ldren：＜StoreQual＞，＜Step＞，＜Pat-
ternNTimes＞，＜PatternReset＞.
```

```
_bstr_t command_trigger =
    " < Modole Name － ´My Logic Analyzer － 1´> "
    " < Trigger Mode = ´State´> "
    " < StoreQual > "
    " < Event > "
    " < Anything/ > "
    " </Event > "
    " </StoreQual > "
    " < Step Number = ´1´> "
    " < If > "
    " < Event > "
    " < BusSignal Name = ´ADDR´SymbolName = ´update_system´
        Value = ´hFFF034D8´Operator = ´Equals´Base = ´Symbol/ > "
    " </Event > "
    " < Occurrence Value = ´1/ > "
    " < Action > "
    " < TriggerAction Operator = ´Fill Memory´> "
    " < StoreQual > "
    " < Event > "
    " < Anything/ >
    " </Event > "
    " </StoreQual > "
    " </TriggerAction > "
    " </Action > "
    " </If > "
    " </Step > "
    " </Trigger > "
    " </Module > " ,
//调用 module 对象的方法 DoCommands(_bstr_t XMLCommand)设置各项参数
pModules － > DoCommands( command_sample) ;
pModules － > DoCommands( command_pod) ;
pModules － > DoCommands( command_trigger) ;
```

至此,远程控制模块参数设置完成。

(4) 控制定时分析模块采集数据。

逻辑分析系统参数配置完成之后,计算机开始控制采集设备采集波形数据,其中主要包括开始采样、循环采样、停止采样。函数原型如下:

151

```
//Run method
inline HRESULT IInstrument∶∶Run(VARIANT_BOOL Repetitive);
//Stop method
inline HRESULT IInstrument∶∶Stop();
```

具体代码描述如下：

```
//Starts running all modules
pInst - > Run(FALSE);
//run continuously until the Stop method is called
pInst - > Run(TRUF);
//Stops all currently running data acquisition modules
pInst - > Stop();
```

（5）上传原始波形数据。

波形数据采集完毕后，计算机控制逻辑分析仪上传实时采集的数据，因此需要获取与采样信号线数据有关的对象，COM 自动化服务器提供了一个 SampleBusSignalData 对象，可以满足波形数据的获取。我们需要的波形数据实际上是采样点的集合，每个采样点不仅包含此刻信号的逻辑值，同时包含此刻的时间信息；调用其 GetDataBySample 方法，即可获取指定采样范围内信号线上的逻辑值，同时调用 GetTime 方法，获取各个信号值对应的时间信息。根据对象派生关系图可知，SampleBusSignalData 对象由以下派生关系产生：Module 对象→BusSignals 对象→BusSignal 对象→SampleBusSignalData 对象，最后调用 SampleBusSignalData 对象的 GetDataBySample 方法，上传波形数据。

代码描述如下：

```
//get the module object
AgtLA∶∶IAnalyzetModulePtr pAnalyzer = pInst - > GetModuleByName(moduleName);
//get the BusSignals object
AgtLA∶∶IBusSignalsPtr pBusSignals = pAnalyzer - > GetBusSignals();
//get the BusSignal object
AgtLA∶∶IBusSignalPtr pBusSignal = pBusSignals - > Getltem(1);
AgtLA∶∶AgtBusSignalType type = pBusSignal - > GetBusSignalType();
if(type == AgtLA∶∶AgtBusSignalProbed)
{
//get the SampleBusSignalData object
AgtLA∶∶ISampleBusSignalDataPtr pSampleData - pBusSignal > GetBusSignalDatn();
}
```

152

```
long startSample – pSampleData – > GetStartSample( ) ;
long endSample = pSampleData – > GetEndSample( ) ;
//get the sample time
variant t Time = pSampleData – > GetTime( startSampleNum,
                         endSampleNum,
                         AgtLA : : AgtDataTime,
                         &numRowsRet) ;
//get the sample data
_variant_t Data = pSampleData – > GetDataBySample( startSampleNum,
                         endSampteNum,
                         AgtLA : : AgtDataRaw,
                         &numRowsRet) ;
```

鉴于在线解析的特性,前端采集设备采集的是分析器件在原电路系统中正常工作时的波形数据,采集的数据量大小与该芯片的工作时间以及逻辑分析仪的采集深度有关,这种采集方式会导致每次采集的数据量大小不确定,且一次性获取所有采样数据,有可能会因为数据量过大,易导致内存溢出;因此需要采用分块采集处理,将当前采样的波形数据分成大小相同的数据块上传。

（6）保存结果文件。

本次远程采样控制完成之后,一方面要将采集的波形数据上传至控制计算机,另一方面也需要将本次采样的数据及配置文件一同保存在逻辑分析仪上,以便以后观察分析。与加载文件相似,首先需要关联设备对象,进而调用设备对象的 Save 方法,实现数据信息与配置信息的保存,函数原型如下:

inline HRESULT IInstrument : : Save(_bstr_t SaveFileName, VARIANT_BOOL SetupOnly) ;

文件保存在逻辑分析仪上路径名为"C : \\user_data\\zh_bo\\epson. ala"的代码描述如下:

pInst – > Save("C : \\user_data\\zh_bo\\epson. ala") ;

函数执行成功之后,有关本次采样的工程文件保存在逻辑分析仪的目标路径下。

5. 2　在线式无缝采集

在线式芯片解析以目标芯片的现场工作时序为分析对象,因此,理想的数据采集模块应该能够实时采集并存储目标芯片的完整工作时序。但是,目前采集设备的性能指标还难以满足实际需求。

在线式无缝采集又称多次采集的无缝拼接。虽然现代的诸如逻辑分析仪和数字示波器等采集设备都在采集通道的存储深度上有了可喜的进展,但由于技术和价格的原因,这些采集设备还不可能满足不同环境采集数据的需要,提供近乎无限的存储空间。在有限的采集设备存储空间内,即便是采用压缩格式存储,在绝大多数情况下也无法一次采集存储完成解析芯片的全部工作数据。

5.2.1 无缝采集的引入

1. 采集设备的存储空间有限

采集设备有限的高速缓存空间限制了一次性采集的数据量。由于目标芯片往往工作频率都较高,被采集的数据量增长的速度也远高于硬盘的存取速度,被采集的数据只能暂存在高速缓存中,这种情况限制了采集设备一次采集的数据量。以典型的 CPLD 芯片为例,其工作频率一般在数十兆赫,若每次采集的数据单元用 4 字节存储,则每秒产生的数据就在数百兆字节以上。逻辑分析仪为了能够采集到电路中各种高频信号,包括毛刺,其支持的采样频率一般在吉赫(GHz)以上,因此,逻辑分析仪每秒钟采集存储的数据量可能高达几十吉字节,所以高档逻辑分析仪均采用高速缓存的方式。

2. 目标芯片需要采集存储的空间容量大

目标芯片的完整工作时序往往超过采集设备的缓存容量。电路芯片上设计的功能越来越复杂,芯片内部可设计的资源也越来越多,一个目标芯片的完整时序往往是一个很复杂逻辑功能的体现,将其采集完成往往需要较长的时间和较大的存储空间。另外,随着不明芯片引脚数的不断增加,也使得逻辑分析仪在存储数据时,需要分配更多的字节单元来完成一次样本的存储。如同时采集 8 条信号引脚以下的时序时只需要 1 字节便可完成一次采样样本的存储,如采集 30 条信号引脚以上的时序时,则每一个采样样本就需要 4 字节甚至更多的字节来存储。

通过降低逻辑分析仪采样频率,会加长目标芯片数据采集的时间,当然也会减少采集存储的样品数据,但这种方法并不可行,因为采样频率必须满足采样定理,不能让采样失真。如果降低采样频率,一些跳变频率很高的信号可能被漏采,后续的数据分析就无法完成。例如,在引脚属性判别部分,很大程度依赖于芯片输入与输出之间几纳秒至十几纳秒的跳变延迟间隔,若将这一延迟间隔漏采,将无法进行正确的引脚属性判别。

3. 无缝采集技术的引入

随着科学技术的快速发展,采集设备在采集通道的存储深度上已有了很大提高,但由于被解析的芯片在实际电路中的工作方式不同,有的可能不间断地工作,有的只是偶尔访问一次,因此目标解析芯片在不同的工作场景中波形数据采集所需要的存储容量是完全不同的,如采集目标解析芯片工作于循环访问的场景,采集设备即使有很高的存储容量也难以满足在线式目标解析芯片数据采集的需要。

采集目标解析芯片需要完备的正常工作时的波形数据集合。由于在线数据采集对象的特殊性,必须尽可能采集完备的目标解析芯片正常工作时的波形数据,才能保证在线式解析结果的正确,由于采集设备的存储容量有限,通常无法在一次采集过程中实现目标解析芯片工作波形数据的完全采集。

在采集设备存储容量有限的前提下,为解决此问题,需要对芯片工作波形实施多次采集,每次采集完成后,将采集到的数据上传到远程控制计算机的磁盘上保存。在采集过程中,采集只是对目标芯片工作波形场景的快照,采集设备无法区分重复数据,这种重复数据会降低采集设备通道存储的利用率,导致不必要的数据冗余,加大解析难度;假如漏掉了应该采集的有效工作状态,又会因为采集的波形数据不完整,造成目标解析芯片在引脚判别和逻辑综合处理时出错。如何保证多次采集的波形数据不重复、不漏采,是在线式数据采集的难点,因此,多次采样数据的无缝拼接对在线数据采集至关重要,这些促使了无缝采集技术的产生。

在线数据采集过程中,时间上相邻执行的两次采集,第一次采集的最后一个状态与第二次采集的第一个状态应是目标解析芯片正常工作时的同一个状态,保证前后两次采集相连续的数据采集方法称为无缝采集。

采用无缝采集技术对不明芯片实施采集,将相邻两次采集的波形数据进行拼接,这样连续多次采集,直至无新状态出现为止。无缝采集技术一定程度上解决了采集设备有限存储空间与波形数据大量空间需求之间的矛盾。

5.2.2　续采机制与触发模式

无缝采集的关键是控制好每一次数据采集的时机。当目标芯片的工作数据大于采集设备高速缓存的容量时,不能盲目地对目标芯片工作时序进行采集,这样有可能采集到大量重复的数据,也有可能只采集到芯片工作的部分数据。

1. 续采机制

无缝采集技术需要有相应的续采控制机制的支持,下面重点介绍 3 种续采机制,即基于结束状态的续采机制、基于时间戳的续采机制、基于时间戳和结束状态的混合续采机制。

1)基于结束状态的续采机制

逻辑分析仪在采集时,它将所有通道上采集到的电平以数字值的形式记录下来,每个通道占 1bit(0 代表低电平,1 代表高电平),所有通道的电平值排列在一起,用多个字节表示。逻辑分析仪对每个采样点保存一个状态值,通过对状态值的还原即可得到目标芯片的工作时序。

由于状态值与目标芯片的工作时序是对应的,按照无缝采集的要求则是期望新采集的数据是从上一次采集的数据结束位置开始的。因此,一种可行的解决方案就是在重新采集数据时,将上一次采集的数据结束位置状态作为触发条件,当目标芯片重新运行到该状态时,触发数据采集,从而实现数据的无缝采集。

这种方法能充分利用逻辑分析仪强大的触发条件设置功能,很好地解决数据连续采集的问题。但不足之处是要求结束状态在整个目标芯片的工作时序中具有唯一性,否则无法保证当前触发时刻正好是上次采集的结束时刻。在实际的工作环境中如果不满足这一条件,可将上一次采集结束时刻往前若干个连续状态作为触发条件,由于单独一个状态的唯一性难以满足,利用概率思想,连续若干个状态的唯一性概率大增,因此,在实际的分析环境中,采用这种改进的基于结束状态续采机制更适宜。

2)基于时间戳的续采机制

虽然基于结束状态的数据续采方案很大程度上提高了续采成功率,但是,有些芯片工作时序中重复状态特别多,甚至就是几种有限的状态交替出现。由结束位设置连续若干个状态作为触发标志,仍然难以保证上次采集的结束位置被准确定位。此时可采用基于时间戳的数据续采方案。其基本原理是将目标芯片的所有工作数据按时间顺序编排,以第一个数据的产生时刻为 0 时刻,每次采集数据时,在 0 时刻之后延时 T 时间为触发点进行数据采集。T 是每次采集时需要调整的延时参数,第一次采集时 T 设置为 0,其后每次采集时 T 为上一次采集结束的时间点。

基于时间戳的续采机制可以避免查找上次数据采集的结束状态,以时间戳为参数,既方便快捷又不易出错。缺点是只适合目标芯片每次工作的数据都一样的情况,否则这样分时间片采集下来的数据无法代表目标芯片全集工作数据。该方法在实施时,每次设置的 T 时间最好比上一次采集结束的时间点略微提前一点,这样可以避免因为目标芯片工作频率抖动偏移造成采集的数据无法拼接。

3)基于时间戳和结束状态混合续采机制

上述两种解决方案均有一定的使用限制,对于某些目标芯片的工作数据既难以定位采集结束位置的状态,又不适合用基于时间戳的采集方案。针对这种情况,可采用基于时间戳与结束状态混合采集方案,该方案的工作原理是在定位上一次采集的结束位置时并不参照结束时刻点的状态值,而是以上一次采集结束位置点往前搜索若干状态,如果出现某一个或者一组唯一的状态值则以此状态为标志状态,并记录该时刻到采集结束点的时间,以特殊状态和时间戳两者相结合来作为触发条件。该方案的优点是在一定程度上克服了前两者的不足,但缺点是实现较为复杂。

2. 触发模式

无缝采集必须保证前一次采集的最后一个状态与本次采集的第一个状态是同一个状态,否则就会存在目标解析芯片在工作时的波形数据被漏掉采集或重复多采的情况。

采集设备在进行两次相邻采集时,一般是在独立触发条件下完成的,当下一次采集的触发点与前一次采集的结束点完全匹配时,才能保证采集到的波形数据能够高效实现无缝连接。因此,连续采集时一般将上一次采集的结束状态作为触发下一次采集开始的条件。目前,通用的采集设备大都能提供丰富的触发函数来产生触发方式,组合形成包含设置状态条件的多级触发模式,并可以设置某一状态的出现作为触发模式的结束状态。在线数据采集中常用码型触发、跳变/存储触发和混合触发等 3 种模式。

1）码型触发模式

码型触发主要用于在总线上查找特定的码型,如等于、不等于,或不在某个范围内,或者大于/小于等。为了方便用户使用,大多数高档逻辑分析仪设置触发点时,可以选用十六进制、二进制(1 和 0)、八进制、ASCII 或十进制进行设置。例如,设置十六进制的触发码值为 AA,也可以设置为等价的二进制触发值 10101010。在 16 位、24位、32 位或 64 位宽的总线上进行查找时,使用十六进制设置触发点比较方便。

图 5－5 为码型触发的示意图,图中所示表示逻辑分析仪的探针连接采样的是 8 条信号总线。配置指定分析仪在接收到数据等于"AA"码型时触发进行采集。

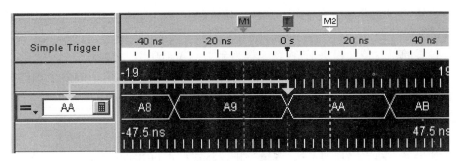

图 5－5　码型触发

2）跳变/存储触发模式

当需要对某一信号线上信号的跳变进行监测时,可设定为跳变/存储触发模式,这种触发模式适合于检测诸如加电信号、复位信号、片选信号后的变化情况。

在跳变/存储(Transitional/Store qualified)模式中,逻辑分析仪定期对数据进行采样,但只有当设定的信号跳变时才触发存储数据,直到存储空间存满为止,如图 5－6 所示。

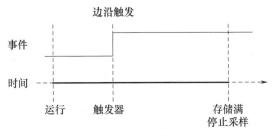

图 5－6　跳变/存储触发模式

3）混合触发模式

虽然逻辑分析仪触发很简单,但有时却需要复杂的条件组合,例如,想在某一信号的上升沿后跟另一信号的上升沿时触发,或者在某一信号的上升沿后延迟多少时间间隔后再开始存储等。

这些条件组合拥有一个可查找触发的步骤序列,通常称为触发序列。序列的每个步骤由两部分组成,即条件和操作。条件由布尔逻辑表达式指示,例如"If DATA = 2B"或"If there is a rising edge on RD"。操作是指触发条件满足时逻辑分析仪应当执行的操作。这类似于 C 语言中的 If/Then 语句。如果触发条件为假时,逻辑分析仪将采集下一个条件进行处理。

例如,一个简单触发序列,设置的触发条件为 If DATA = 60BD then Trigger,样本序列为

| ADD | R21 | BC | 4D | DC | AC | … |
| DATA | 23C0 | 20BA | C1D4 | 60BD | 8B01 | … |

显然,逻辑分析仪将在 ADDR 为 4 的位置触发,因为此时的 DATA = 60BDH 触发条件成立。

设置的触发条件相当于"保持采样直到 DATA = 60BD 才触发"。

两个或多个触发条件可以用于指定不在同一时刻发生的两个或多个事件。如设置的触发条件为:

① If ADDR = 21 then Go to 2

② If DATA = 00BD then Trigger

如果采集样本序列如上述,逻辑分析仪将在样本 60BD 时触发。样本号 ADDR 出现 21 时符合第一个条件,转到第 2 个条件,当 DATA 出现 60BD 时条件 2 满足,逻辑分析仪触发。

多级模式触发采集的方法其实沿用了模式匹配的思想,在线式逆向解析中可以将两次采集的状态作为触发条件,下一次采集时进行模式匹配。但是,如果待匹配的模式较为简单,触发条件容易满足,会出现重复多采的情况,如在芯片工作过程中,逻辑分析存满时的状态,可能在之前已出现过多次,若以此状态为匹配状态,导致触发采集的间隔过小的可能性较大。因此,必须采取相应的完善措施提高采集触发的效率。可以通过增加模式的复杂程度加大匹配难度,也可以通过对同一芯片的多次采集在同等环境下完成,如均从芯片上电时开始采集,多次无缝采集在时间轴上是连续的,是芯片工作状态的顺序反映,因此可以通过检验匹配模式出现的时间来判断触发点的状态,这样既保证了采集的数据在时间上的连续性,又能保证无漏采现象出现。

5.2.3 无缝采集的程序实现

无缝采集的程序实现过程如下:

(1)设定初始触发条件,确定逻辑分析仪定时分析模块最初的触发点。

(2)接收并处理采集的数据。倒序检索采集的数据,从中提取连续的 n 个状

态(n 的取值由用户根据最后出现的状态的复杂程度来设定),准备下次采集的触发条件。

（3）根据（2）中提取的 n 个状态,按照状态出现的顺序组合生成多级触发序列,同时在触发条件中加入最后状态出现的时间信息,与多级触发序列并列组合形成下一次采集的触发条件。

（4）按照（3）中的触发序列重新设置触发条件,启动定时分析模块。

（5）重新启动被测设备（设备上电启动）。

（6）在任一级触发序列中,若发现模式不满足触发条件,就转移到第一级触发序列重新搜寻设定的模式。若找到符合触发条件的模式,该级触发序列直接就转移到下一级触发序列,不进行触发存储;而下一级序列在找到符合触发条件的模式后才触发并存储采集的数据。

（7）检测解析芯片正常工作时的波形数据是否已采集完成,若没有新的状态出现,则结束采集;否则转（2）。

实现无缝采集有两个关键节点要特别注意:一是每次采集拥有独立的采集环境,为了实现采集的波形数据真正意义上的"无缝",就必须保证芯片在每次采集过程的系统工作环境相同;二是各次采集拥有独立的触发条件,设置尽可能完备的触发条件是无缝采集的关键。

为此,在每次采集开始后均使被测电路系统从上电初始状态开始工作,重新跟踪采集解析的目标芯片的工作状态;此外,设置多级触发组合,并加入上一次的最后状态作为本次触发的条件,独立触发后开始的本次采集,使定时分析模块的本次采集紧接着前一次采集的解析芯片的工作数据,直到芯片的全部工作数据采集完成。程序流程如图 5 − 7 所示。

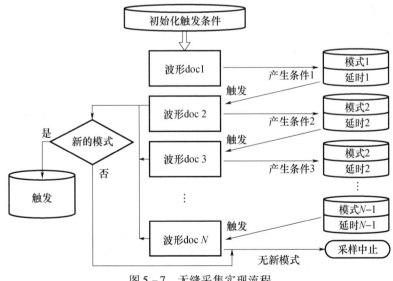

图 5 − 7　无缝采集实现流程

无缝采集运用多级触发模式实现波形数据的无缝拼接,保证了波形数据在时间意义上的无缝,一定程度上解决了采集设备存储容量不足的问题,实现了芯片工作波形数据的完全采集。

5.2.4 采集波形数据格式

逻辑分析仪成功采集波形数据之后,对目标解析芯片在线式解析就转换为对采集到的波形数据的分析,因此,必须首先确定波形数据的存储格式。

为了节省逻辑分析仪的存储空间,通过选择"跳变/存储限定定时模式"以发挥采集内存的最大功效并增长总测量时间。定时分析仪将定期对数据进行采样,但跳变/存储限定定时模式下,只有当阈值电压电平中存在信号跳变时才开始存储数据。每当定义的总线/信号中的任何位发生转变时,都要存储所有通道上的数据,同时为每个数据样本存储一个时间标签。

通常,各个采样点不会发生变化。下面用时间标签 2、5、7 和 14 来举例说明,如图 5-8 所示。当信号确实发生转变时,逻辑分析仪需要为每个转变存储两个样本。因此,如果需要存储 1000 个转变时,最多需要存储 2000 个采样的样本。如果转变发生的速率很快,例如每个采样点都有一个转变,如图 5-8 中的时间标签 17~21,则该时间段只为每个转变存储一个样本。如果整个跟踪过程始终保持这种状况,那么存储的转变数量只有 1000 个样本。每个样本由时间标签、样本值两个元素唯一确定,存储为一个状态。根据上述分析,样本值相等的相邻样本最多用两个样本点表示,在下一个样本值发生变化的时刻才重新记录样本状态。

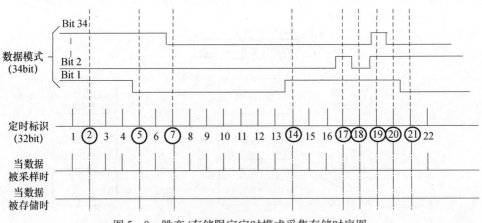

图 5-8 跳变/存储限定定时模式采集存储时序图

逻辑分析仪记录时间标签精确至皮秒级(ps),每个时间标签用 8 字节表示;采样值的字节数由设置的采样通道数决定,例如,逻辑分析仪有 Pod1、Pod2 两个 Pod,如图 5-9 所示。

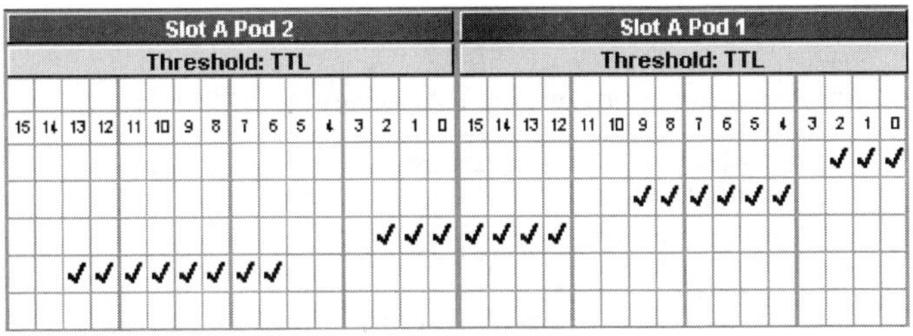

图 5 - 9　16823A 逻辑分析仪 POD 设置示意图

采样值在数组中的存储格式,如图 5 - 10 所示。

Pod 1	Pod 1	Pod 2	Pod 2
7...0	15...8	7...0	15...8
-------	-------	-------	-------
Array [0]	Array [1]	Array [2]	Array [3]

图 5 - 10　采样值在数组中的存储格式

每个样本由 8 字节的时间标签与 x 字节(x 的值由通道数决定)的样本值唯一确定,如图 5 - 11 所示。

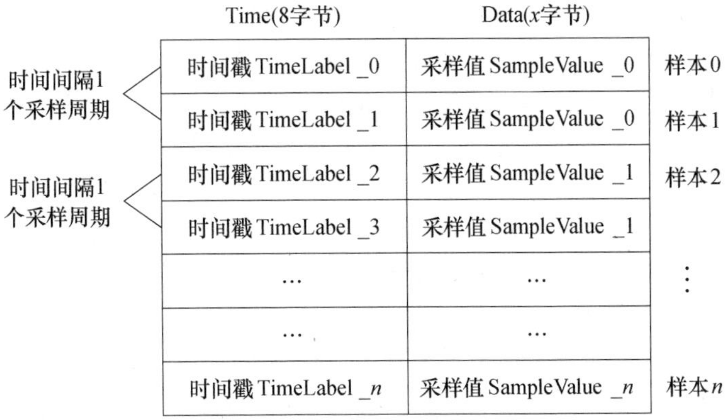

图 5 - 11　波形数据存储格式

例如,采集一目标解析芯片工作时的波形数据,采样周期设定为 3ns,连接通道为 Pod1,采集上传本地计算机的数据文件用 UltraEdit 工具打开,如图 5 - 12 所示,矩形框内的是时间标签信息,每行 8 字节之后的是采样值数据信息。

因为波形数据是由一组不连续的样本状态组合而成的,它完全反映了芯片工作时波形的时序特征,因此,对波形的分析可以转换成对波形转换成的数据的分析。

```
00000000h:  00 00 00 00 00 00 00 00  00 ; ........
00000009h:  00 00 00 00 00 00 0B B8  00 ; .......?
00000012h:  00 16 20 F2 C7 AD E8  01 ; ... 蚯 .
0000001bh:  00 00 16 20 F2 C7 B9 A0  01 ; ... 蚯箔.
00000024h:  00 00 16 21 1A 24 C0 60  05 ; ...!.$缝.
0000002dh:  00 00 16 21 1A 24 CC 18  05 ; ...!.$?.
00000036h:  00 00 16 21 1A AA F7 C0  01 ; ...!.  ?
0000003fh:  00 00 16 21 1A AB 03 78  01 ; ...!.?x.
00000048h:  00 00 16 21 1B 56 37 98  05 ; ...!.V7?
00000051h:  00 00 16 21 1B 56 43 50  05 ; ...!.VCP.
0000005ah:  00 00 16 21 1B DC CC B8  01 ; ...!.芴.
00000063h:  00 00 16 21 1B DC D8 70  01 ; ...!.菱p.
0000006ch:  00 00 16 21 1C 8C CF 50  01 ; ...!.雁P.
00000075h:  00 00 16 21 1C 8C DB 08  05 ; ...!.苎.
0000007eh:  00 00 16 21 1D 14 A0 D8  01 ; ..!..飙.
```

图 5 – 12　某芯片工作波形数据文件

5.3　信号间逻辑对应关系提取

在线式解析加密芯片的目的是要得到芯片正常工作时的逻辑功能。从波形分析的角度看,实时采集的目标芯片的工作时的时序信号波形是芯片在目标系统中正常功能的具体表现,因此,获取芯片工作逻辑功能必须首先得到信号间的逻辑对应关系。波形数据是信号逻辑值的直接反映,在线式加密芯片解析的特征决定了芯片只受原系统控制,采集设备只是被动地提取目标芯片在工作中的波形数据。显然,采集到的数据一般具有离散、冗余、随机和无序的特点,不同逻辑类型器件时序信号间的逻辑对应关系不同,如何从波形数据中提取出信号间的逻辑对应关系是在线式解析的技术难题。

本章主要对组合逻辑电路和时序逻辑电路在线解析的情况进行介绍。组合逻辑与时序逻辑是两种不同的逻辑类型,从波形数据中反映出的信号间对应关系各不相同。对组合逻辑而言,由于组合逻辑电路模型中所有时刻的响应信号只与当前的激励有关,在线解析时无需考虑其历史的状态,只需记录当前采集到的激励向量与对应的响应向量即可;对时序逻辑而言,必须从波形数据中提取出输出函数和状态转移函数的有限组取值,将时序逻辑拆分成两个逻辑函数完成信号间对应关系提取。

信号间逻辑对应关系提取涉及的主要技术:

(1) 组合电路信号间逻辑对应关系提取。组合逻辑电路的波形的定时特征决定了组合逻辑信号间逻辑对应关系提取算法的特殊性,需要在分析波形定时特征的基础上,确定每组对应关系所在的可信区间,进而提取组合输入信号向量与组合输出信号向量之间的对应关系。

(2) 时序电路信号间逻辑对应关系提取。时序逻辑波形的时序特征决定了时序逻辑信号间逻辑对应关系可被变换成多种不同的功能逻辑,如何在分析逻辑变换的基础上,构建通用的信号间逻辑对应关系提取算法,排除时序逻辑的异型变换对逻辑关系提取的影响,是波形分析的一个技术难题。

5.3.1　电路逻辑特征判别

在线式解析时采集的波形数据事先无法知道是组合电路还是时序电路,即电路的逻辑特征是未知的,如果不事先对采集到的目标解析芯片的波形数据进行分析,分析出电路的逻辑类型以及哪些引脚是输入哪些是输出,则无法从采集到的波形数据开展目标芯片内部的逻辑功能的进一步综合分析处理。

1. 电路逻辑类型判别

时序逻辑和组合逻辑电路工作时,信号间表现出的时序特征不尽相同,采集得到的波形数据互相混合,采集设备无法直接判别,需要将采集到的波形数据根据组合和时序电路不同的特点进行分析处理,从而分辨出组合输入、组合输出、时序输出和时钟信号。

2. 组合输入信号与组合输出信号的划分

组合逻辑中,某一输入信号的状态发生变化不一定引起输出信号状态的改变,但输出信号的状态受同一时刻输入信号状态的影响;也就是说,若某一输出信号的状态发生改变时,在输出信号发生改变之前的门时间延迟域内,一定存在某一个或某一组输入信号的状态发生改变。总之,输入信号状态的改变总是发生在输出信号状态改变之前。

3. 寄存器信号与时钟信号的划分

时钟信号有效触发是寄存器状态发生改变的必要条件,时钟信号有效触发不一定引起寄存器的状态发生改变,但寄存器状态的改变一定是由时钟信号的有效触发引起的。根据上述原理,在采集到的目标芯片波形数据中便可完成寄存器与时钟信号的判别。

5.3.2　判别思路与方法

集成电路在实际系统中工作时,输入和输出引脚间一般存在“门级”延迟,波形数据的分析可以利用集成电路的这个特点进行输入和输出的划分。

1. 信号传输延迟

集成电路实际工作时,逻辑信号在 0 和 1 之间的变化并不是立即发生的,输出对输入的响应会有一定延迟。一个特定的输入信号到逻辑元件的特定输出的传播延迟(Propagation Delay,t_p)是指从输入信号变化到产生输出信号变化所经历的时间。具有多个输入输出端的复杂逻辑元件,对于不同的信号通路会有不同的 t_p 值。导致非 $0 t_p$ 的因素之一是电路环境,电路环境不同,电路状态转换的速率则不同。电路环境包括输入信号转换速率、输入电容和输出负载。多级器件可能要求在输出状态转换前先有一些内部元件的状态转换。甚至当输出开始状态转换时,也需要相当的时间才能越过高低状态之间的区域。所有这些因素都包含在传播延迟中。

由于输入信号到输出信号之间存在传输延迟,输出信号的变化一定发生在输入信号的变化之后,在集成电路正常工作时,使用频率足够高的逻辑分析仪对电路进行实时数据采集,根据所采集的波形数据能够观察得到输入信号与输出信号之间的这种传播延迟。在线式解析就是根据信号状态改变的先后顺序关系来区分激励信号与响应信号的。

激励信号和响应输出信号的判定可以通过假设验证的方式来完成,只有在所有信号属性全部判定后,才能完全确定电路的逻辑特征。

2. 电路逻辑特征分析

输出只依赖于当前输入的电路称为组合逻辑电路。组合逻辑电路是将一些基本门电路组合起来实现所期望的逻辑电路功能,可以包含任意数目的逻辑门电路和反相器。组合逻辑电路在输入端施加不同的激励,在其输出端可以获得相应的响应,电路中没有记忆单元。换句话说,组合电路任何时刻的输出只取决于该时刻的输入状态,而与电路的原状态无关。

输出不仅依赖于当前的输入、还依赖于过去输入的顺序,这种有记忆的电路称为时序逻辑电路。大多数时序电路的状态变化所发生的时间由一个时钟(Clock)信号确定。时钟周期是指两次连续同相转换之间的时间。时序同步状态机采用普通的门电路和反馈回路来实现逻辑电路中的记忆能力,由此构成时序逻辑构件(寄存器),这些电路的输入由控制时钟信号来检测,时序输出随时钟信号的变化而变化。

通过列表的方式描述时序逻辑的电路特性(行为)的方法是不合适的,也是不可能的。因此,时序电路常用状态的概念来描述电路的逻辑行为。时序电路的状态(State)是一个状态变量(State Variable)集合,这些状态变量在任意时刻的值都包含了为确定电路的未来行为而必须考虑的所有历史信息,如图 5 – 13 所示。一系列称为时钟的脉冲在所标出的时间 $t, t+1, t+2$ 等处产生一个下降或负边沿。变量 Q_1 和 Q_2 仅在时钟的下降沿或负边沿到来时自由变化。由于 Q_1 和 Q_2 两个变量有 4 种排列方式,可以用来标志 4 种状态:$Q_2Q_1 = 00,01,11,10$。每一个状态在时钟脉冲过后成为现态,并在下一个时钟脉冲到来时进入下一个状态。

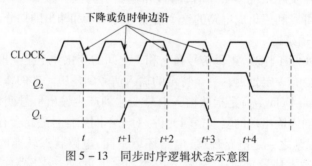

图 5 – 13　同步时序逻辑状态示意图

时序逻辑中产生状态变量的基本功能元件称为寄存器,寄存器的状态与组合逻辑器件的不同之处在于寄存器在输入信号的电平改变后可保持指定的逻辑电平,而组合逻辑门只有在输入保持稳定时才产生有效的输出。

3. 信号属性类型

与组合逻辑电路相关的信号类型包括组合输入信号、组合输出信号。与同步时序逻辑电路相关的信号类型包括时钟信号、寄存器输出信号、组合输入信号、组合输出信号。从信号属性类型的角度,组合逻辑与时序逻辑的信号属性共有 4 种,即组合输出信号、组合输入信号、时钟信号和寄存器信号。

根据组合逻辑的定义,可知其内部不包含同步信号,在电路逻辑特征分析过程中,如果不能从信号集合中提取出同步信号,则可判定为组合电路,否则判定为时序电路。

下面从数字波形的数学描述入手,将波形及信号间的关联关系进行抽象描述,进而完成信号属性的划分以及电路类型的判定。

5.3.3　波形快速还原

波形图不仅能反映出电路包含的逻辑行为,还能直观地表现出电路内部的定时关系,在线式不明芯片解析离不开对波形的分析测量。

电路系统中正常工作的加密芯片的各种功能参数事先是未知的,前端采集设备采集得到加密芯片的工作波形数据之后,通过后续一系列的波形数据处理,为在线逻辑逆向分析综合处理提供精确的参数信息,如毛刺敏感域、信号延迟域、目标波形段的时间范围等信息。波形数据是由一组波形图形样本点组合而成,每个样本包含的时间标签和样本值唯一标示了波形图形上的一个样本点,为波形的重新构建及显示测量提供了重要依据。

1. 波形还原技术

波形可以看作是由一组离散的采样点顺序组合而成的,每个采样点由时间标签和采样值唯一标示。

定义 5.1　时间集合 $T = \{t_0, t_1, t_2, \cdots, t_n\}$, $\forall t_i \in T$, 实数集合 $V = \{0,1\}$ 中,总有唯一的实值 $v_i \in V$ 与之对应,根据函数的定义,在时间集合 T 上,v_i 是时间 t_i 的函数,$v_i = X(t_i)$ 称为波形函数。

定义 5.2　当采集设备按照一定采样周期 T_c 记录目标芯片的工作波形 W 时,标签集合 $T = \{n * T_c \mid n = 0,1,2,\cdots\}$, $t_i \in T$, 假设采集的通道数为 m, 样本容量为 n, $\overline{V} = \{(v_{i(m-1)}, v_{i(m-2)}, \cdots, v_{i0}) \mid v_{ij} = X_i(t_i), t_i \in T, i \in [0, n-1], j \in [0, m-1]\}$ 描述了采集时间轴上波形的样本集合,(t_i, V_i) 唯一标示了一个样本点,其中 V_i 是 t_i 时刻的样本向量值,表示 m 个通道 t_i 时刻的取值情况,样本集合

$$\bigcup_{i=0}^{r-1} [t_i, t_{i+1}) \tag{5-1}$$

称为波形 W 在时间 T 上的总体空间,用 Ω 表示。

定义 5.3　波形 W 的波形数据中,样本值相等的相邻样本的集合,称为等值数据块。假设 W 中有 r 个等值数据块,第 i 个等值数据块的样本值记为 V_i,时间跨度

为 $[t_i, t_{i+1})$，其中，t_i 是该等值数据块的开始时间，t_{i+1} 是下一个等值数据块的开始时间。

2. 基于样本特征值的波形快速回放

采集得到波形数据已获取了目标芯片工作时的波形，上传到主控计算机进行分析波形快速回放时，根据波形图形还原理论，接下来只要确定了"时间—样本值"坐标系，在该坐标系内就可以还原出上传数据对应的波形图形。

还原过程，首先在窗口中建立逻辑坐标系(C - logic)，横轴表示时间轴，纵轴表示样本值；波形图形的还原是在逻辑坐标系上完成的，但是在实际的设备环境中，包含一个以像素为单位的设备坐标系(C - device)，用以完成图形的输出显示，这就需要根据显示要求选择恰当的映射模式，完成逻辑坐标向设备坐标的映射。

假设波形总空间容量大小为 n，按照常规思路，初始显示时，最保守的做法就是将 n 个样本全部在逻辑坐标系内还原出来，并且在整个波形操作过程中保持不变，根据波形观察分析的需要调整比例因子的大小，并且保证样本值不变，波形的缩放只是在时间轴上发生。由于在实现过程中涉及比例因子的调整，因此必须选择可变比例模式中的 MM_ANISOTROPIC 方式，以方便实现坐标比值的变化。设逻辑坐标 LP 与设备坐标 DP 的比例因子 $\text{prop} = x:1(x>1)$，即 x 个逻辑单位用 1 个像素点表示。这种方法称为常规还原法。

常规还原法虽然能够实现波形的完全还原，但每次发生图形重绘时，必须重做 n 次绘图动作。任何窗口操作都有可能导致重绘的发生，重绘操作相当频繁，当 n 达到一定数量级时，重绘时间过长，很难满足波形观察分析的需要。

在选择使用 MM_ANISOTROPIC 映射模式时，x 个逻辑单位对应实际设备中的 1 个像素点，即调用 x 次绘图函数，在窗口上显示 1 个像素点。假设人眼能够识别的最小单位是 y 个像素，以 y 个像素为一个识别单位，按照常规还原法，如果要满足人眼的识别能力，每次至少要完成 $x \times y$ 次绘图动作。这 $x \times y$ 个样本的组成存在下列两种情况：

(1) 仅包含等值数据块，此时人眼从窗口中将 $x \times y$ 个样本识别为一个"点"，如图 5 - 14 所示。

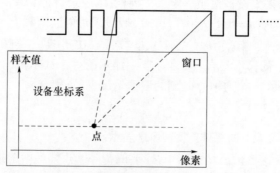

图 5 - 14　波形样本被识别为一个"点"

（2）包含样本值不等的数据块，人眼从窗口中将 $x \times y$ 个样本识别为一个"跳变沿"，如图 5-15 所示。

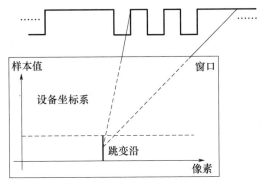

图 5-15　波形样本被识别为一个"跳变沿"

假设窗口宽度为 DispWidth 个像素，人眼识别的最小单元为 y 个像素，则窗口 x 轴上一共包含 DispWidth/y 个识别单元。根据上述分析，在第 i 个识别单元处，作 $m(m>1)$ 次绘图或一次绘图产生的一个"点"或"跳变沿"，从人眼识别角度来讲，没有区别，即这个"点"或"跳变沿"完全能够代表第 i 个识别单元处的图形效果。

因此，需要从识别单元对应的这 m 个样本中产生一个新的特征值来表示"点"或"跳变沿"。按照这种方法，如果能够确定每个识别单元的样本特征值，就可以在窗口中还原波形。当重绘发生时，每次只需要做 DispWidth/y 次绘图操作即可，极大地减小了波形还原的时间复杂度。这种波形还原法充分利用了人眼对像素分辨率的局限性，使用从样本中产生特征值的方法实现波形的还原，称为基于样本特征值的快速回放。

接下来需要解决两个关键问题：

（1）如何确定窗口上每个识别单元对应的特征值的样本区间。

假设需要被还原的波形数据对应的时间范围是 $T_A \sim T_B$，在波形数据文件里对应的样本编号范围为 $S_A \sim S_B$（压缩状态号），窗口中有 u 个识别单元，$[T_A, T_B]$ 划分成等间隔的 u 个时间段，即每个像素点的时间跨度为 $\Delta t = (T_B - T_A)/u$，相邻时间间隔为一个采样周期的样本点均匀分布在这 u 个时间段上，因此每个识别单元的特征值从对应时间段的样本中产生。但波形数据文件中，样本按压缩格式存储，每个像素的压缩状态跨度为 $\Delta S = (S_B - S_A)/u$。Δt 与 ΔS 没有必然联系。

① 在窗口上建立两个坐标轴。

状态编号轴（纵轴 ΔS）：协助确定特征值产生域。

时间轴（横轴 Δt）：在该轴上真正确定特征值产生域。

② 在起止状态区间 $S_A \sim S_B$ 中，每隔 Δt 时间产生一个新的状态值。

假设当前的状态编号为 S_i，在压缩块中的偏移量为 Δs_i，则由 $(S_i, \Delta s_i)$ 唯一标示的样本点开始搜索，搜索到状态 S_j 停止，S_j 满足 $TS_j - TS_i < \Delta t$ 并且 $TS_{(j+1)} - TS_i >$

Δt,偏移量为Δs_j的样本点。在状态$S_i \sim S_j$中,产生一个特征值V_{new}。

（2）如何在确定的样本区间中,产生一个新的特征值V_{new}。

在压缩状态$S_i \sim S_j$中,产生一个特征值V_{new},假设S_i对应的样本值为V_i,S_j对应的样本值为V_j。在$S_i \sim S_j$中的样本值最终由一个识别单元表示,如果$S_i \sim S_j$之间存在跳变沿,则在识别单元处表现出来的图形特征必为跳变沿,即$V_{\text{new}} =$"跳变沿",否则$V_{\text{new}} =$"点"。

① 状态1:$V_i = 0 \&\& V_j = 0$

在$S_i \sim S_j$之间检测该位是否有跳变值:若有,则$V_{\text{new}} =$跳变沿;否则,$V_{\text{new}} = 0$。

② 状态2:$V_i = 1 \&\& V_j = 1$

在$S_i \sim S_j$之间检测该位是否有跳变值:若有,则$V_{\text{new}} =$跳变沿;否则,$V_{\text{new}} = 1$。

③ 状态3:$V_i \neq V_j$

不需检测,$V_{\text{new}} =$跳变沿。

至此,窗口上的每个识别单元的特征值均可确定,按照Windows绘图原理在窗口上完成波形的还原。

5.3.4　波形的抽象描述

采集设备采集得到解析芯片工作时的数字波形图,具体来讲是利用采集设备的内部采样时钟控制数据采样的,采样时钟频率满足采样定理要求便可,不需要与被测设备的时钟信号同步或异步。按照采样定理的要求,高于被采样信号最大频率2倍以上的采样频率得到的数字波形如图5-16所示。

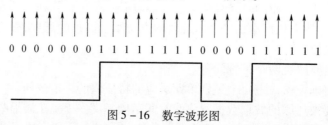

0 0 0 0 0 0 0 1 1 1 1 1 1 1 1 1 0 0 0 0 1 1 1 1 1 1

图5-16　数字波形图

根据定义5.1,时间戳集合$T = \{t_0, t_1, t_2, t_3, \cdots\}$中考虑到某些特殊情形,若$T$为一个时钟周期,则波形函数$X(t)$描述在此周期内任意时刻$t$的逻辑值;若$T = \{0, 1, 2, 3, \cdots\}$,则$X(t)$描述按照一定频率采样的数字波形在$t$时刻的逻辑值,下面讨论的数字波形就是这种情形。在不引起混淆的情况下,常常将其记为X。

函数值$0 \rightarrow 1$的转换称为波形的上升沿,而$1 \rightarrow 0$的转换称为波形的下降沿。

定义5.4　实值函数

$$\omega_0 = \begin{cases} 0 & (t \leqslant 0) \\ 1 & (t > 0) \end{cases} \qquad (5-2)$$

称为基本波形,简记为ω_0,它表示在$t = 0$有上升沿的波形。

任何波形函数都可以用基本波形来表示。例如,在$t = \tau$处有一个上升沿的波形

为 $\omega_\tau(t) = \omega_0(t-\tau)$，简记为 ω_τ；在 $t=\tau$ 处有一个下降沿的波形可表示为 $1-\omega_\tau$；在 $t=\tau$ 处上升、脉宽 δ 的正脉冲可表示为 $\omega_\tau \sim \omega_{\tau+\delta}$，而相应的负脉冲为 $1-\omega_\tau + \omega_{\tau+\delta}$。

为了方便描述波形间存在的时序关系，引入以下两个概念：

定义 5.5　波形 Y 在 t 处有一个跳变沿 u_t，若在 $(t-\tau,t)$（τ 为延迟时长）范围内，波形 X 有跳变 v_t 发生，则称波形 X 与波形 Y 在 t 时刻相关联，X 与 Y 在 t 时刻的关联距离记为 $u_t - v_t$；当波形 X 与波形 Y 在 t 时刻不关联时，波形 X 与波形 Y 在 t 时刻的关联距离记为 ∞。

定义 5.6　若在区间 $T=(T_1,T_2)$ 内，波形 Y 有 n 个跳变点，分别为 $\{u_1,u_2,\cdots,u_n\}$，$T_1 < u_1 < u_2 < \cdots < u_n < T_2$，波形 X 与 Y 在 $u_1,u_2,\cdots,u_n$ 时刻均相关联，对应 X 的跳变点为 $\{v_1,v_2,\cdots,v_n\}$，$T_1 < v_1 < v_2 < \cdots < v_n < T_2$，此时称波形 X 与波形 Y 在区间 T 上相关联。X,Y 关于区间 T 上的关联距离定义为

$$d_T(X,Y) = \frac{\displaystyle\sum_{i=1}^{n}(u_i - v_i)}{n} \qquad (5-3)$$

如果波形 X 与波形 Y 在时间 T 上相关联，且对应波形 X 的跳变点 $T_1 < v_1 < v_2 < \cdots < v_n < T_2$ 均是同相跳变，则称波形 X 与波形 Y 在时间 T 上同相关联。

例如，在同步时序逻辑中，时间区间 T 上，同步信号控制状态信号发生改变，状态信号的改变一定是由同步信号触发得到的。假设同步信号波形表示为 X，状态信号波形表示为 Y，根据定义 5.6，同步信号与状态信号之间的时序关系可描述为波形 X 与 Y 在时间区间 T 上同相关联。

5.3.5　电路逻辑特征判别方法

本节根据信号之间的定时关联关系，介绍组合输入信号、组合输出信号、时序寄存器输出信号、时钟信号属性的划分方法。

1. 组合输入信号与组合输出信号的划分

组合逻辑中，某一输入信号的状态发生变化不一定引起输出信号状态的改变，但输出信号的状态受同一时刻输入信号状态的影响。也可解释为，若某一输出信号的状态发生改变，在输出信号状态改变之前的延迟域内，一定存在某一个或某一族输入信号的状态发生改变，但组合输出信号状态的改变不会对其他信号状态改变起作用，即输入信号状态的改变总是发生在输出信号状态改变之前。

组合逻辑的波形集合 W 中，对某一波形 Y，存在时刻 t，在 t 处 Y 有一个有效跳变，并且在集合 $W-Y$ 中不存在与 Y 在 t 时刻相关联的波形，则波形 Y 一定为组合输入波形。

对于输出信号对应的波形，波形集合中存在某一波形 Y，若在 Y 的每一个跳变沿 u_i 对应的时刻为 t_i，在 $W-Y$ 中，与 Y 在 t_i 处相关联的波形 X_i 均存在，即由 X_i 组成的集合 $\{X_i\} \neq \varnothing$，可以解释为在 Y 的每一次有效跳变之前的延迟域内都能找到另一与之相关的波形，至此，我们可以认为波形 Y 初步具备组合输出信号的特征，

169

但只根据此条件就断言 Y 为组合输出信号对应的波形是不完备的,因为存在与 Y 相关的波形集合只是判定输出波形的必要条件;输入波形之间由于存在传输延迟,在某些情况下,输入波形在每一个有效跳变沿处也能找到与之相关联的波形,它们均是组合输入波形,只是在 t_i 时刻状态变化领先于待判定波形,这种情况下,有可能将输入波形误判为输出波形。因此,必须根据输出波形的属性特征增加判定条件。根据组合输出信号的状态改变不会引起其他引脚的状态发生改变可知,组合输出波形一定不与其他波形相关联。同时满足以上两个条件的波形即可判定为组合输出波形。为了方便描述给出定义5.7。

定义 5.7 波形集合 W 中的某一波形 Y,在时间域 $T = (T_1, T_2)$ 上有 n 个跳变点,跳变时刻分别是 $T_1 < t_1 < t_2 < \cdots < t_i < \cdots < t_n < T_2$,令 $\mathrm{TY} = \{t_1, t_2, \cdots, t_i, \cdots, t_n\}$,在 W 上存在波形集合 $\sum \subseteq W - Y$,使得 $\forall \lambda \in \sum, \lambda$ 与 Y 在 Y 的某一跳变时刻 t_i 处相关联,令这样的关联时刻 t_i 组成的集合为 $\mathrm{T}\sum$,如果 $\mathrm{T}\sum = \mathrm{TY}$,则称集合 $\sum$ 是波形 Y 在时间 T 上的关联集合。

在判定时间域 T 上,波形集合 W 中的某一波形 Y 满足:在 $W - Y$ 上存在 Y 在 T 上的关联集合 $\sum \subseteq W - Y, \sum \neq \varnothing$,且 $Y \notin \cup \sum i$,其中,$\forall X_i \in W - Y, \sum i$ 是 X_i 在 T 上的关联集合,则可判定波形 Y 是组合输出波形。

2. 寄存器信号与时钟信号的划分

在同步时序逻辑中,同步信号常常被称为时钟,时钟信号通常成周期性存在,这也是同步时序逻辑区别于组合逻辑的重要特征之一,如图 5 - 17 所示。

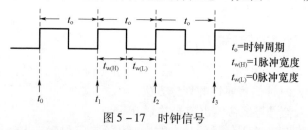

图 5 - 17　时钟信号

组合逻辑没有同步信号,任意时刻,它的输出信号值完全由该时刻稳定的输入信号决定;同步时序逻辑的逻辑行为由其内部的同步信号控制,寄存器状态的改变依赖于同步信号的触发。

对同步时序逻辑来讲,如果其内部寄存器状态 S 在 t 时刻发生改变,τ 为延迟,则在 $[t - \tau, t)$ 区间上一定存在同步信号的有效触发激励。以同步信号上升沿触发为例,状态信号的改变与同步信号的关系如图 5 - 18 所示。

如果某波形信号 X 满足描述的周期性变化的特征,就判定其为时钟信号是不完备的,因为其他属性的信号也可具备周期性变化的特征。因此,具备周期性变化特征只是同步时序逻辑中时钟信号的必要条件。寄存器信号的判定是建立在时钟信号已知的基础上,因此,为了能够继续判定寄存器信号特征,只能暂时假设具备周期性变化的信号为时钟信号,有假设1:周期性变化的波形信号 X 为时钟信号。

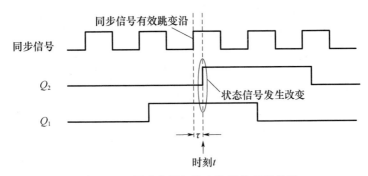

图 5 – 18　同步信号与状态信号的时序关系

寄存器时序状态的改变受时钟信号控制。如果某个寄存器的状态发生变化，在该状态改变之前的延迟域内一定存在时钟信号的有效触发；从波形角度出发，在假设 1 的基础上，如果波形集合 W 中存在某一波形，在它每次状态发生变化之前的一定延迟域内，都存在时钟信号的有效触发，此时就认为该波形具备寄存器信号的特征，在此基础上，提出进一步的假设，如设定为假设 2：在判定时间域 T 上，波形集合 W 中存在时钟信号 X，如果存在某一波形 $R_i \in W$ 且 $X \neq R_i$，满足波形 X 与 R_i 在 T 上同相关联，则假设波形 R_i 是寄存器信号的波形。

在假设 1 与假设 2 的基础上，如果能够从信号集合中划分出由寄存器信号 R_i 或组合输入信号 CI_i 引起的组合输出信号 CO_i，且时钟信号 X、寄存器信号 Y、组合输出信号 CO_i，以及组合输入信号 CI_i 的并集是信号集合全集，则输出信号 CO_i 不仅和其当前输入信号 CI_i 有关，还与其寄存器状态信号 R_i 组成的历史状态有关，满足同步时序状态机的定义，此时可验证假设 1、假设 2 同时成立，即可判定波形 W 是同步时序逻辑的波形，该电路的逻辑类型属同步时序逻辑。如果信号属性判别结束后，不满足同步时序逻辑的定义，则判定电路类型归属为纯组合逻辑。

5.3.6　引脚判别错误修正

1. 引脚属性判别存在误判

芯片引脚属性判别是在线式芯片解析的重要环节，判别的正确与否直接导致波形拟合过程中是否能正确区分激励和响应信号，如果在波形拟合过程中，激励与响应信号划分错误，那么拟合成功的可能性极小。

但是在实际的工作环境中，从目标芯片工作的波形中正确判定出哪些是激励信号、哪些是响应信号，难度非常大，主要体现在以下几个方面：

（1）激励与响应是从人们理解的角度上定义的，在电气特征上并无区别。按照定义，我们通常将主动施加给目标芯片的信号称为激励信号，目标芯片受到激励信号作用后，从某些引脚上输出的信号称为响应信号。不管是激励信号还是响应信号，采集设备捕捉到的信号都是数字信号，二者并没有明显的区别。

171

（2）日前，针对目标芯片的工作时序波形进行引脚属性判别理论尚不成熟，国内外文献几乎为零。本书根据作者长期进行该方面研究工作，对芯片工作时序波形的分析和归纳，提炼出了一种基于引脚之间的波形关系判别方法。该方法的基本原理是根据目标芯片在受到外部施加的激励信号时，在输出引脚的响应均有一个时间不小于 Δt（Δt 一般为一级门的反应时间）的延迟。根据响应均滞后于激励信号一小段时间间隔的特征进行差别输入和输出。该方法也存在一定的缺陷，如两个均为激励信号，但外部设备在准备这两个激励信号时，不一定同时到达目标芯片的输入端，即输入信号可能会有一个先后，从而导致这两个信号之间会产生一个很小的时间间隔，这种情况就将打破基于引脚间时序特征的判别方法的规则，此时就需要进行判别纠正。

（3）某些芯片设计的功能为时序逻辑芯片，这类芯片的工作过程可以等价于某些状态机之间的转换。同样的输入条件下，输出的信号还与当前芯片所处的状态有关。因此，对这类芯片仅仅根据芯片引脚间波形关系进行分析，还无法正确地判别出引脚属性。

2. 引脚属性判别纠正

当信号从输入引脚经过芯片内部导线和逻辑门时，需要一定的传输时间，所以，输出引脚对输入引脚上的激励响应会有一定的时间延迟。通过分析采集波形相互间的时序关系，可以判断出信号间的输入和输出对应关系。虽然信号间的这种时序关系可以反映出输入和输出的关系，但某一输入信号发生变化时并不一定会引起输出引脚发出响应，所以只是简单地考察输入信号发生跳变后的延时时间内发生跳变的信号对应引脚便是输出引脚的结论并不一定准确。相反，若根据输出引脚的信号发生变化的原因去考虑，输出引脚信号发生跳变前的一段时域内一定存在输入引脚的跳变，即输出引脚的信号发生跳变时一定有输入引脚的信号发生跳变，所以通过这一现象可以对引脚的输入输出对应关系进行判断。

根据电路的设计原理和信号波形的知识，时钟引脚通常具有两个特征：一是在某一时间范围内，时钟引脚的跳变周期大致相等；二是存在其他引脚的输出，因时钟引脚的跳变而发生变化。基于时钟引脚特性，可以通过对单个引脚的跳变周期进行统计，若存在某些引脚的输出符合以上特点就可判定该引脚可能为时钟引脚。接下来，需要继续考察是否存在其他引脚因该引脚的跳变而发生跳变，若存在，就可以确定该引脚为时钟引脚，而随时钟引脚跳边而发生跳边的引脚则为寄存器输出引脚。

根据组合逻辑电路的定义可知，其必定不存在时钟引脚，所以可以将是否存在时钟引脚作为电路类型判别的依据。若某芯片存在时钟信号，就将其判为时序逻辑电路，否则为组合逻辑电路。

无论是组合逻辑电路还是时序逻辑电路，输出引脚的信号的变化是因为输入引脚的信号发生跳变引起的，所以可以通过将某一判别引脚信号的跳变作为基准，统计剩余引脚中引起此引脚信号发生跳变的次数占总跳变次数的比率来判别其是否属于输出引脚。输出引脚判别完成以后剩余的引脚即为输入引脚。

　　虽然采用上述的基于时间域的判别技术可以在很大程度上解决逻辑电路引脚属性判别的问题,但是判别的正确率并非是百分之百,依然存在误判的情况。在线式解析中,引脚属性判别结束后,就应该进入真值表生成模块提取信号间的输入输出对应关系。但进入真值表模块是在假定引脚的判别完全正确这一前提下进行,所以,即使存在引脚属性判别失误的情况,引脚属性判别完成后仍会进入真值表生成模块,从而产生矛盾的真值表项。具体分析如下:

　　图 5 - 19 和图 5 - 20 均为某芯片正常工作时波形的一部分(为方便讨论,其余引脚的波形未显示),图 5 - 19 所示的为引脚判别错误的情况。根据真值表提取的原理,在可信区域 1、可信区域 2 中均应提取引脚间的逻辑对应关系,但是由于错把 I_3 判别为输出(图 5 - 20 显示的是正确的逻辑关系),导致在 I_1、I_2 相同输入的情况下出现了不同的输出,由此产生矛盾真值表项。

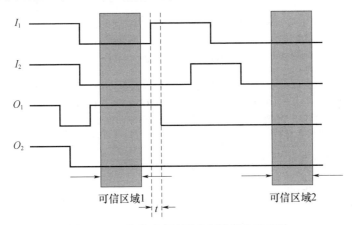

图 5 - 19　芯片时序波形判别错误的示意图

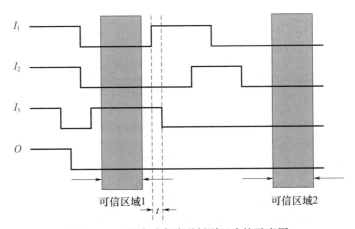

图 5 - 20　芯片时序波形判别正确的示意图

虽然不同的延时域和毛刺等因素也会导致矛盾真值表项,但由它们产生的矛盾真值表的概率很小。相比而言,由于引脚判别错误导致出现矛盾真值表项的概率相当大,且出现矛盾真值表项的数量也较多。当有大量矛盾真值表出现时,通过计算矛盾真值表项中每个引脚的矛盾比,便推算得出判别错误的引脚,从而对判别错误的引脚进行修正。

5.4　在线真值表数据提取

完成数据采集和电路逻辑特征判别之后,需要从波形数据中挖掘提取与芯片逻辑功能等价的关系式或其他表现形式。本章主要针对输入输出之间存在对应逻辑关系的数字型器件,此类芯片在线工作时,可以采集得到激励向量和响应向量的对应关系表,逻辑综合模块再对它们之间这种对应关系进行综合处理,便可得到引脚间的逻辑功能。针对此类芯片,最终期望得到信号逻辑值之间的对应关系,但波形数据的无序性和随机性导致数据源内的不确定因素很多,如何从采集的波形中提取信号之间对应的逻辑关系是在线式芯片解析的关键问题。

组合逻辑芯片在线工作时,各引脚的工作波形包含组合输入波形和组合输出波形;时序逻辑芯片在线工作时,各引脚的工作波形包含组合输入波形、组合输出波形、寄存器输入波形和寄存器输出波形,且每个引脚上的激励或响应都是有效的。不管是组合逻辑还是时序逻辑芯片,其输入激励向量的个数不大于 2^n,n 为芯片采集输入引脚的个数。每种激励至多对应一种响应,而每种响应至少对应一个激励。

5.4.1　真值表数据格式要求

逻辑综合是在真值表的基础上进行的,而在线采集所得原始真值表中的数据是无序的,且包含冗余重复的数据,因此需要按照逻辑综合处理的要求对原始真值表数据进行预处理。

在线式解析中对引脚 I/O 属性的判别方法是,通过对波形进行分析,总结出每种类型引脚的跳变规律,然后对采集的数据进行处理,判别每一个引脚的类型。在线式解析对芯片的输出引脚(组合输出引脚和寄存器输出引脚)带反馈的问题始终无法找到一种可行的方式进行判别,然而,如果输出引脚带有反馈,直接会影响到芯片的内部功能,所以在制定真值表的格式时必须把反馈问题考虑进去,这样才能保证逻辑综合产生正确的结果。

1. 组合电路中带反馈输出引脚对真值表格式的要求

在进行逻辑综合时,其基本过程是:对于任何一个组合输出引脚或者寄存器输出引脚,在不知道哪些输入引脚是与输出引脚有关系的情况下,只能把所有的输入引脚都当作是与该引脚相关的,逻辑综合模块对某一输出引脚进行逻辑综合时,会把所有的输入引脚都当作是与该输出引脚有关系的反馈引脚来处理。

按照在线逻辑综合处理的要求,在不考虑带反馈的情况下,则组合输出引脚的真值表格式可以定义为如图 5 – 21 所示的格式。

图 5 – 21　组合电路不带反馈的真值表数据格式

图中:$X_1,X_2,X_3,\cdots,X_m$ 为输入引脚上采集的输入向量;$Y_1,Y_2,Y_3,\cdots,Y_n$ 为组合输出引脚上在线采集的输出向量;$Z_1,Z_2,Z_3,\cdots,Z_k$ 为填充数据位。

在对真值表数据进行存储时,通常情况下是按字节存储,因此,对于输入引脚和输出引脚所占位数不满足字节的整数倍时,为便于存储时边界对齐,加快访问存储器的速度,所以设置了填充位。

对于组合输出引脚,如果考虑反馈问题,其真值表格式如图 5 – 22 所示。

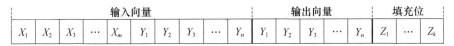

图 5 – 22　组合电路带反馈的真值表数据格式

图 5 – 22 中真值表的格式虽然解决了带反馈的问题,但是它是把全部的输出引脚的输出向量都作为输入向量的一部分,这样会对逻辑综合的效率带来很大的影响,因为随着输入数据位数的增多,逻辑综合要处理的空间需求会大幅增长,将降低逻辑综合的效率。

图 5 – 23 所示为输出引脚带反馈的组合电路输入输出引脚时序图。

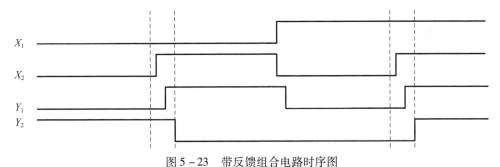

图 5 – 23　带反馈组合电路时序图

图 5 – 23 中:X_1,X_2 为输入引脚;Y_1,Y_2 为组合输出引脚,其中,Y_1 为带反馈的输出引脚,作为 Y_2 的输入。Y_1 和 Y_2 的布尔表达式分别为

$$Y_1 = X_2 \tag{5 – 4}$$
$$Y_2 = X_1 Y_1 + \overline{X_1}\,\overline{Y_1} \tag{5 – 5}$$

从波形上分析,Y_2 上数据每次发生变化,都是发生在带反馈输出引脚 Y_1 变化之后很短的时间内,这个非常短的时间通常是信号在电路内部传输延时造成的,这

里可以根据逻辑电路的代入原理,将式(5-4)代入到式(5-5)中,得

$$Y_2 = X_1 X_2 + \overline{X_1}\,\overline{X_2} \qquad\qquad (5-6)$$

从式(5-6)可以看出,Y_2 在功能上是可以用输入引脚来表达的。

对于组合输出引脚,无论是否存在反馈问题,组合输出引脚的布尔表达式都可以用输入引脚来表达,这说明,在对某一输出引脚进行逻辑综合时,不需要将其他输出引脚也作为输入变量来处理。

2. 时序电路中带反馈寄存器输出引脚对真值表格式的要求

在不考虑反馈情况下,寄存器输出引脚真值表格式可以定义为如图5-24所示格式。

输入向量					输出向量					填充位		
X_1	X_2	X_3	⋯	X_m	Y_1	Y_2	Y_3	⋯	Y_n	Z_1	⋯	Z_k

图5-24 时序电路中不带反馈的真值表数据格式

图5-24中:$X_1, X_2, X_3, \cdots, X_m$ 为输入引脚的对应的输入向量;$Y_1, Y_2, Y_3, \cdots, Y_n$ 为寄存器输出引脚对应的输出向量;$Z_1, Z_2, Z_3, \cdots, Z_k$ 为填充位。

对于寄存器输出引脚,如果考虑带反馈问题,则真值表格式可定义为如图5-25所示格式。

输入向量					寄存器现态					输出向量					填充位		
X_1	X_2	X_3	⋯	X_m	Y_1	Y_2	Y_3	⋯	Y_n	Y_1	Y_2	Y_3	⋯	Y_n	Z_1	⋯	Z_k

图5-25 时序电路中带反馈的真值表数据格式

组合输出引脚可以不考虑反馈,而为了保证逻辑综合的正确性,对于寄存器输出引脚是否也可以不考虑反馈呢?现就此问题做进一步的讨论。

首先,对带反馈的寄存器输出引脚的波形进行研究,如图5-26所示,X_1, X_2 为输入引脚,CLK为时钟引脚,Y_1, Y_2 为寄存器输出引脚。

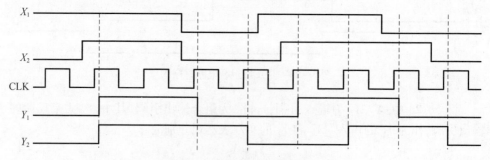

图5-26 寄存器输出引脚时序图

在图5-26中,Y_1, Y_2 的布尔表达式为

$$Y_1 = X_1 + X_2 \tag{5-7}$$

$$Y_2 = X_2 + Y_1 \tag{5-8}$$

如果把 Y_1 代入 Y_2 得到的布尔表达式为

$$Y_2 = X_2 + X_1 + X_2 = X_1 + X_2 \tag{5-9}$$

从式(5-8)和式(5-9)可以看出, Y_1 和 Y_2 布尔表达式相同,而通过分析 Y_1 和 Y_2 波形可以看出, Y_2 数据的变化通常情况下比 Y_1 滞后一个时钟周期。这说明寄存器输出引脚真值表的格式必须考虑反馈问题。因此,在无法区分哪些引脚带有反馈的情况下,为了保证逻辑综合结果的正确性,在线式解析时对寄存器输出引脚应采取了图5-25所示的真值表格式。

3. 时序电路中带反馈组合输出引脚对真值表格式的要求

时序电路带反馈的组合输出引脚和组合电路中带反馈的组合输出引脚的真值表格式是不一样的,因为在时序电路中,寄存器输出引脚可能作为组合输出引脚的输入,这样在制定真值表的格式时,必须把寄存器输出引脚作为组合输出引脚的输入变量,才能保证逻辑综合的正确性。因此,时序电路中组合输出引脚的格式必须要考虑寄存器输出引脚。其格式如图5-27所示。

输入向量					寄存器现态					输出向量					填充位		
X_1	X_2	X_3	$\cdots$	X_m	R_1	R_2	R_3	$\cdots$	R_q	Y_1	Y_2	Y_3	$\cdots$	Y_n	Z_1	$\cdots$	Z_k

图5-27　时序电路中组合输出引脚真值表数据格式

图5-27中: $X_1,X_2,X_3,\cdots,X_m$ 为输入引脚对应的输入向量; $Y_1,Y_2,Y_3,\cdots,Y_n$ 为组合输出引脚的输出向量; $R_1,R_2,R_3,\cdots,R_q$ 为寄存器输出引脚的输出状态; $Z_1,Z_2,Z_3,\cdots,Z_k$ 为填充数据位。

5.4.2　逻辑对应关系提取

在线逆向解析的基本思路是根据芯片工作时的时序波形,分析出各个信号之间隐含的逻辑关系。由于组合逻辑电路中所有时刻的响应信号只与当前的激励有关,因此解析时无须考虑其历史状态,只需记录当前激励向量与当前响应向量的对应关系即可。而时序电路对应关系的提取不仅与现有输入相关,而且还与时序寄存器当前的状态有关。

1. 组合电路波形定时特征

在数字电路中,定时图表明信号作为时间函数的逻辑行为,它既可以用来解释系统内信号间的定时关系,也可以用来定义施加到系统上的信号的定时要求。下面以一个具体电路来介绍电路的定时特征。

图5-28(a)为一个简单组合电路的方框图,它有2个输入和2个输出。假设输入 ENB 保持固定电平输入,图5-28(b)表示2个输出相对于输入信号 GO 的延迟,箭头表明输入输出转换的延迟关系。

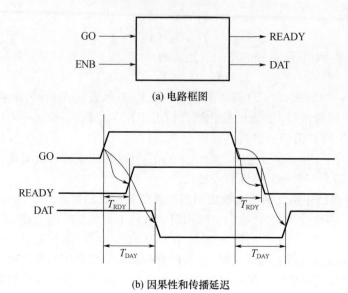

(a) 电路框图

(b) 因果性和传播延迟

图 5 - 28　组合电路的时序图

　　从输入转换到输出转换的延迟取决于信号所经历的门延迟和传输的通路,但不管经历哪条通路,从输入到输出必定经过一定传输延迟 τ,才能使输入信号与输出信号均到达稳定状态。对于组合逻辑电路,从输入信号发生变化的时刻开始到输入信号下次发生变化的时刻结束,这段时间内何时提取输入向量与输出向量的对应关系才是可信的,才能真正反映信号逻辑值之间的对应关系是在线式解析组合逻辑电路应该注意的问题。

　　为了方便描述,将输出信号第 i 次发生跳变的时刻记为 t_{0-i},其中,$i \in [0, +\infty)$;输入信号到输出信号的传输延迟记为 τ。根据输入输出信号的因果关系可知,某时刻输出向量 $\boldsymbol{O}$ 的改变一定是由该时刻输入向量 $\boldsymbol{I}$ 的改变引起的。根据输入输出信号的定时关系,在输出向量 $\boldsymbol{O}$ 改变时刻 t_{0-i} 之前的 $t_{0-i} - \tau$ 时刻一定存在输入向量 $\boldsymbol{I}$ 的改变。在 $(t_{0-i} - \tau, t_{0-i})$ 时间域内,输入向量已经发生改变,但输出向量还未做出响应,正在改变中,结果还未发生,此时记录的信号间的对应关系则不能真实反映输入输出向量的逻辑关系。为了便于讨论,引入以下几个概念:

　　定义 5.8　在时刻 t 时波形 W 中的有限个信号的逻辑值组成的向量记为 $\boldsymbol{V} = (v_0, v_1, v_2, \cdots, v_n)$,称为波形 W 在时刻 t 的逻辑向量。例如,组合逻辑的波形中,输入向量 $\boldsymbol{I} = (I_1, I_2, I_3, \cdots, I_n)$,与输出向量 $\boldsymbol{O} = (O_1, O_2, O_3, \cdots, O_m)$ 组成的逻辑向量 $\boldsymbol{V} = (I_1, I_2, I_3, \cdots, I_n, O_1, O_2, O_3, \cdots, O_m)$。

　　定义 5.8 在波形 W 上,逻辑向量 $\boldsymbol{V}$ 的保持时间域记为 $\varGamma$,则 $(V, \varGamma)$ 唯一标示了 W 上的某一时间范围内的各个信号的取值情况,将 $(V, \varGamma)$ 称为 W 的逻辑块,用 LB 表示。

定义 5.9　输入转换到输出转换的延迟记为 τ，波形 W 上任一逻辑块的时间属性 Γ，如果 $\Gamma > \max(\tau)$，则称 Γ 为可信区间，用 Γ_Y 表示，否则，称 Γ 为非可信区间，用 Γ_N 表示；相应地，可信区间 Γ_Y 内的逻辑向量 V 称为有效向量，记为 V_Y，非可信区间 Γ_N 内的逻辑向量 V 称为无效向量，记为 V_N。

以图 5 - 28(b) 为例，可信区间与非可信区间如图 5 - 29 所示。

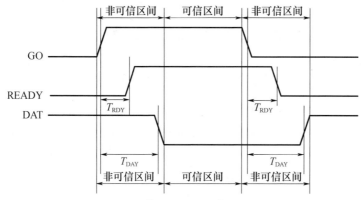

图 5 - 29　可信区间与非可信区间示意图

非可信区间内的输入向量与输出向量均处于亚稳定状态，逻辑向量是过程量，该区间内的任何逻辑向量体现出的输入与输出的对应关系均是不可信的。第 i 个可信区间 Γ_i 内，逻辑向量 V_i 保持时间超过最大传输延迟，即输入向量 I_i 与输出向量 O_i 均已达到稳定状态，在该区间上提取出的输入向量与输出向量之间的对应关系 $I_i \rightarrow O_i$ 可真实反映出输入信号与输出信号的逻辑关系，因此，有效的输入输出信号对应关系在可信区间上提取才有效。

定义 5.10　假设波形 W 在时间域 T 上有 N 个可信区间，第 i 个可信区间表示为 Γ_{Yi}，其中：$0 < i \leqslant N$ 的正整数，则 N 个可信区间的集合称为波形 W 的可信空间 Γ_W。

显然，输入/输出信号间的逻辑关系应从其可信空间 Γ_W 上提取。经数据采集模块按照一定频率采集得到的波形数据与波形图形之间的对应关系如图 5 - 30 所示，在选择正确采样频率的前提下，波形上的每一个逻辑块 LB 均可用 n 个采样点表示，根据逻辑值保持时间的长短，n 有不同的取值。在时间域 T 上存在波形 W 可信空间 $\Gamma_W = \{\Gamma_{Y1}, \Gamma_{Y2}, \Gamma_{Y3}, \Gamma_{Y4}\}$，从 Γ_{Yi} 上提取逻辑向量 (I_{1i}, I_{2i}, O_i)，从中分解出输入信号与输出信号的对应关系 $(I_{1i}, I_{2i}) \rightarrow (O_i)$：

$\Gamma_{Y1}: (0,1) \rightarrow (0)$；

$\Gamma_{Y2}: (1,0) \rightarrow (0)$；

$\Gamma_{Y3}: (1,1) \rightarrow (1)$；

$\Gamma_{Y4}: (0,0) \rightarrow (0)$。

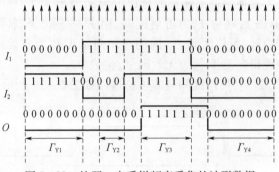

图 5 – 30　按照一定采样频率采集的波形数据

2. 时序电路波形定时特征

图 5 – 31 为一个在线采集到的同步时序状态机的时序波形图,其中:CLOCK 为时钟信号;EN 为输入信号;Q_1,Q_0 为状态信号;MAX 为输出信号。图中可以看出同步时序状态机中的延迟主要包括触发器输出延迟和组合输出延迟。

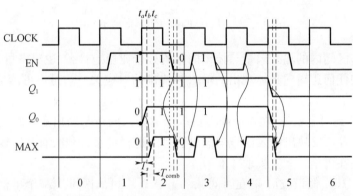

图 5 – 31　同步时序状态机定时图举例

1) 触发器输出延迟

触发器输出延迟也称状态转移延迟,当时钟的触发沿到来时,寄存器的状态并非在同一时刻发生改变,而是经过一定的延迟之后,转移至新的状态。如图 5 – 31 所示在第二个时钟周期里,CLOCK 信号在 t_a 时刻有触发沿产生,状态信号 Q_0,Q_1 开始发生改变,经过一定延迟之后,在 $t_b = t_a + T_s$ 时刻达到稳态。

2) 组合输出延迟

因为状态信号或输入信号的改变引起输出信号经过一定延迟之后,也随之发生改变,如图 5 – 31 所示在第二个时钟周期里,状态信号 Q_1,Q_0 在 t_b 时刻改变,引起组合输出信号 MAX 发生改变,并在时刻 $t_c = t_b + T_{comb}$ 达到稳态,由 0 变为 1。

考察电路的逻辑功能时,根据时序电路模型分析,可以将其分解为两部分:状态转移逻辑和输出逻辑。针对状态转移逻辑而言,它完全依赖于时钟触发沿的触

180

发,因此,在时钟触发沿到来的前一时刻,输入激励 CI 必须完全准备好,并且已经保持了一段时间,现态 S 也处于稳定状态,当时钟触发沿到来之后,经过寄存器传输延迟 T_s,状态信号重新建立并达到稳定,此刻提取的次态 NS 才是可靠的。针对输出逻辑,因它不受时钟控制,不同时序电路模型的输出逻辑不同,但总体上都由输入激励和时序状态信号决定。输入激励 CI 或状态信号 S 变化引起组合输出 CO 的改变,当 S、CI、CO 的状态值相对稳定,并且保持了一段时间之后,从波形中提取 S、CI、CO 才能真实反映输出逻辑关系。

参 考 文 献

[1] 16700 Series Logic Analysis System[EB/OL]. http://www. agilent. com.

[2] 16900,16800,1680/90 Series Online Help[EB/OL]. http://www. home. agilent. com/zh – CN/pc – 1000001966% 3Aepsg%3Apgr/logic – analyzer? nid = –536902443. 0&cc = CN&lc = chi.

[3] Agilent 16800 Series Portable Logic Analyzer Data Sheet[EB/OL]. http://cp. literature. agilent. com/litweb/ pdf/5989 – 5063EN. pdf.

[4] Agilent Technologies. Remote Programming Interface RPI for the Agilent Technologies 16700 Logic Analysis System(Version 11 – 1 – 01). pdf[EB/OL]. http://www. home. agilent. com/.

[5] Nyquist sampling theorem[EB/OL]. http://redwood. berkeley. edu/bruno/npb261/aliasing. pdf.

[6] Sampling rate[EB/OL]. http://en. wikipedia. org/wiki/Sampling_rate.

[7] Michael Unser. Sampling – 50 Years after Shannon[J]. IEEE,2000,88(4):569 – 587.

[8] 王彦丽. 四通道高速数据采集 VXI 模块的研制[D]. 哈尔滨:哈尔滨理工大学,2002.

[9] 周林. 数据采集与处理技术[M]. 西安:西安交通大学出版社,2005:326 – 363.

[10] 王丽英,杨军,罗岚. SoC 设计中的低功耗逻辑综合策略[J]. 电子工程师,2005,31(11):10 – 12.

[11] 谢巍,袁媛. RTL 综合中的格式剖别[J]. 计算机学报,2001,24(1):99 – 105.

[12] 石俊斌,林辉. 在 PLD 开发中提高 VHDL 的综合质量[J]. 单片机与嵌入式系统应用,2003(4): 54 – 57.

[13] 王莉. 可加密芯片在线解析系统研制及算法研究[D]. 郑州:解放军信息工程大学,2000.

[14] 聂瑞清. 在线式不明芯片解析技术研究[D]. 郑州:解放军信息工程大学,2001.

[15] 朱雪阳,唐稚松,等. 基于时序逻辑的软件结构描述语言 XYZ/AD[J]. 软件学报,2003,14(04): 713 – 720.

[16] 宋璞. 在线式逻辑芯片逆向分析关键技术研究[D]. 郑州:解放军信息工程大学,2006.

第6章　在线采集数据逻辑逆向综合

6.1　在线采集数据的特点

在线式采集数据与脱机式数据采集存在很大不同,要弄清楚两种采集数据的不同,必须从它们的工作机制着手。

6.1.1　在线式和脱机式采集的异同

在线式芯片解析同脱机式解析一样,都是将解析的目标芯片视为一个无法直接观测到内部结构的一只黑箱,脱机式解析需要设计一个目标芯片可正常工作的模拟环境,通过主动激励和收集响应的方式判别芯片的引脚属性,在此基础上完成输入和输出响应数据的收集。而在线式解析是目标解析芯片在原电路系统正常工作时,由高性能的时序波形采集设备采集芯片在原系统正常工作时的实际波形数据,然后对采集到的波形数据运用判别算法分析出芯片的电路类型及引脚的I/O属性,并提取出输入和输出的对应关系。

脱机式解析中目标芯片何时工作、何时停止、输入激励向量的顺序均可由数据采集者自主控制来完成,而在线式解析中目标芯片的形态和工作方式均是采集者无法控制的,采集者只能对采集设备的触发方式和触发时机进行设定。脱机式解析中当采集设备容量已满时,可以停止目标芯片工作,即停止数据的采集,待本次采集的数据处理完成后再继续采集。而在线式解析中当采集设备容量被填满后,采集设备停止采集,目标芯片仍然继续工作,本次采集数据可以转存到另一设备或对其综合分析处理,下一次采集需要找到本次采集的结束的位置,触发位置的寻找只能通过采集设备可设置的触发条件匹配的方式来实现。

脱机式解析中通过施加考查向量来判断目标芯片的引脚类别,待引脚属性判别完成后才进行数据的采集,采集存储的数据直接按输入和输出方式完成。在线式解析时,因无法施加考查向量,采集设备只能将芯片所有引脚上的波形数据采集存储起来,采集完成后再对波形数据进行分析,划分出目标芯片的引脚类别和引脚属性,并在此基础上提取输入和输出的对应关系。

6.1.2　在线式采集数据的主要特点

在线式解析中因目标芯片不能被采集设备控制,采集设备工作于被动状态,采集的波形数据与目标系统的工作状况和顺序密切相关,采集到的波形数据杂乱无章,具有无序、离散、重复冗余和不完备的特点。

在线式逆向分析时的采集方式为在线实时采集,采集到的数据集合为芯片的工作数据集,该集合就是在线式逻辑逆向综合的待处理数据集合。该数据集合具有如下特征:

(1) 某些波形数据可能重复出现,即波形数据集中的数据具有可重复性。

(2) 前后数据间不存在特定关系,数据集中的数据具有高离散性。

(3) 待逆向逻辑综合处理的数据集合并不是分析芯片所设计功能的全集数据,数据集具有不完备性。

(4) 波形数据的出现次序没有规律可循,数据集中的数据具有无序性。

在线式采集目标解析芯片的工作波形是其正常工作时的时序,不可能像脱机式解析一样,输入向量由解析者按一定顺序施加,激励向量前后具有一定的顺序关联,在线式采集的波形数据存在无序和离散性。目标芯片在系统中工作时有些片内设计功能不一定全部使用,在采集时反映这些片内设计功能的波形不一定会被采集到,所以用于分析的波形存在不完备性,即非全集数据,只是芯片的工作集波形数据。有些使用到芯片时序的功能如果重复使用,则采集设备采集到的时序波形将会重复出现,极端情况时重复冗余量将非常大。

虽然在线式解析采集的数据无序、离散、重复冗余和不完备,但在线式解析的采集过程相对简单,无需激励,只需要跟踪芯片的正常工作过程,采集数据仅为工作集,实时采集和处理的数据集相对较小,采集时间和脱机式相比要短很多,所以在线式逻辑解析法在一定程度上不受芯片引脚数的限制,比较适合于大规模、超大规模逻辑器件的解析。但是在线采集数据的逻辑逆向综合处理要比脱机式采集数据难得多。

6.2　在线采集数据逻辑逆向综合算法选择

精确逻辑综合处理算法较适用于全集有序数据的处理,启发式综合处理方法则不受数据离散度的影响且目标覆盖中元素单调减少,并且在处理的优化过程中,也会随着蕴涵项的不断扩展,生成的中间结果规模逐步减小,即空间需求逐步降低。因此,在线式芯片逆向分析的数据处理过程应选取启发式逻辑逆向综合处理算法。传统启发式算法主要有收缩算法、BOOM 算法、Espresso Ⅱ算法。收缩算法和 Espresso Ⅱ算法已在前面章节进行了介绍。

6.2.1　BOOM 算法

BOOM 算法是一种典型的自上而下的启发式算法。该算法首先统计各输入位的字面量,并利用无关项(DC 项)不断构建快速求解路径,对 ON 集合中的立方体进行扩维。由于该算法只针对选定的立方体进行扩展,所以扩展过程中数据集合规模会逐步减小,且不会产生中间结果,即空间需求较低。

1. 相关概念

1）覆盖矩阵

已知覆盖 C,由其所包含的各立方体构成的矩阵称为覆盖矩阵 AC。覆盖矩阵 AC 与覆盖 C 存在以下关系:$AC[i][j] = C_i^j$,且 rowNumOfAC = = numOfC。其中 rowNumOfAC 表示覆盖矩阵 AC 的行数,numOfC 表示覆盖 C 包含的立方体的个数。在实际处理过程中,称 ON 集对应的覆盖矩阵为真值覆盖矩阵,而 OFF 集对应的覆盖矩阵为假值覆盖矩阵。

2）字面频率统计

对覆盖矩阵 AC 各列包含 0 或 1 的个数的统计过程称为字面频率统计,并用 LitZero 表示包含 0 的个数,用 LitOne 表示包含 1 的个数。

3）最优字面

比较覆盖矩阵 AC 各列的 LitZero 值和 LitOne 值,出现频率最高的值称为最高字面频率(用 numOfLit 表示),其对应的字面值即为最优字面(用 bestLit 表示)。描述如下:

$$\forall i, numOfLit \geqslant LitZero[i], 且 numOfLit \geqslant LitOne[i], 其中 0 \leqslant i \leqslant n-1$$

2. 算法求解

AC_{ON} 表示真值覆盖矩阵,AC_{OFF} 表示假值覆盖矩阵,LitOne[ ] 存放覆盖矩阵各列包含"1"的个数,LitZero[ ] 存放覆盖矩阵各列包含"0"的个数,bestLit 表示最优字面量值,n 为输入变量数,$numOfC_{ON}$ 表示 ON 点个数,$numOfC_{OFF}$ 表示 OFF 点个数。

已知 C_{ON},C_{OFF},n,$numOfC_{ON}$,$numOfC_{OFF}$。

（1）初始化 $C_{ON} \rightarrow tempC_{ON}$,$C_{OFF} \rightarrow tempC_{OFF}$。

（2）构造覆盖矩阵,第一次构造进入情况 1。

情况 1:由 $tempC_{ON}$ 构造真值覆盖矩阵 AC_{ON},由 C_{OFF} 构造假值覆盖矩阵 AC_{OFF} 并作:$U_n \rightarrow tempC_{ube}$,进入第三步。

情况 2:由 $tempC_{ON}$ 构造真值覆盖矩阵 AC_{ON},由 $tempC_{OFF}$ 构造假值覆盖矩阵 AC_{OFF},并作:LitOne[ ] = $\{0,0,\cdots,0\}$,LitZero[ ] = $\{0,0,\cdots,0\}$,进入第三步。

（3）统计覆盖矩阵各列包含 0 与 1 的个数,i 从 0 到 $n-1$ 重复以下步骤:

j 从 0 到 $numOfC_{ON}-1$,重复以下步骤:

若 $AC_{ON}[i][j] = = 0$,LitZero[i] + +;否则 LitOne[i] + +。

（4）选择最优字面量:

① bestLit $\leftarrow$ 0,numOfLit $\leftarrow$ 0,lineOfLit $\leftarrow$ 0

② i 从 0 到 $n-1$ 重复以下步骤:

若 LitZero[i] > numOfLit,LitZero[i] $\rightarrow$ numOfLit,bestLit $\leftarrow$ 0,lineOfLit $\leftarrow$ i;否则不做处理。

③ i 从 0 到 $n-1$ 重复以下步骤:

若 LitOne[i] > numOfLit,LitOne[i] $\rightarrow$ numOfLit,bestLit $\leftarrow$ 1,lineOfLit $\leftarrow$ i;否则不

做处理。

（5）将 $\text{temp}C_{\text{ube}}$ 的第 lineOfLit 位值替换为 bestLit。

（6）将 C_{ON} 中不被 $\text{temp}C_{\text{ube}}$ 包含的立方体放入 $\text{temp}C_{\text{ON}}[\ ]$,$i$ 从 0 到 $\text{numOf}C_{\text{ON}}-1$ 重复以下步骤：

若 $C_{\text{ON}}[i]\subseteq\text{temp}C_{\text{ube}}$,$C_{\text{ON}}[i]\rightarrow\text{temp}C_{\text{ON}}[\text{numOfTemp}C_{\text{ON}}]$

（7）删除 $\text{temp}C_{\text{OFF}}$ 中与 $\text{temp}C_{\text{ube}}$ 不相交的立方体,i 从 0 到 $\text{numOfTemp}C_{\text{OFF}}-1$ 重复以下步骤：

若 $\text{temp}C_{\text{OFF}}[i]\cap\text{temp}C_{\text{ube}}==\varnothing$,$\text{temp}C_{\text{OFF}}-\text{temp}C_{\text{OFF}}[i]\rightarrow\text{temp}C_{\text{OFF}}$。

（8）判断 $\text{temp}C_{\text{OFF}}$ 是否为空,若不为空,返回第二步的情况 2;否则 $\text{temp}C_{\text{ube}}\rightarrow$ result$[\text{numOfResult}++]$。

（9）判断 $\text{temp}C_{\text{ON}}$ 是否为空,若不为空,返回第二步的情况 1;否则结束程序。

算法流程如图 6-1 所示。

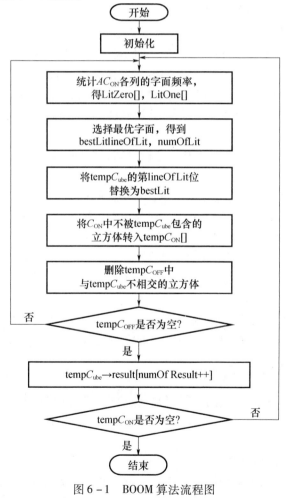

图 6-1　BOOM 算法流程图

3. 算法分析

1）算法操作分析

BOOM 算法的主要操作有统计字面频率、选择最优字面、删除 C_{ON} 和 C_{OFF} 相关立方体等操作。统计字面频率就是统计真值覆盖矩阵 A_{CON} 各列包含"0"或"1"的个数。设 M 为矩阵 AC_{ON} 的行数，N 为矩阵 AC_{ON} 的列数，T_1 表示该操作的时间开销，T_{stat} 为判断每个元素字面值的时间开销，可得统计字面频率的时间为 $T_1 = M * N * T_{stat}$；选取最优字面的过程就是比较各列字面频率数值并从中选择最大值的过程，简言之，就是最大值的选择，其时间复杂度为 $O(n)$。

在替换字面后，需要删除 C_{ON} 中被 $tempC_{ube}$ 包含的立方体，以及 C_{OFF} 中与 $tempC_{ube}$ 不相交的立方体，用 T_3 表示该操作的总时间开销，T_4 表示该删除 C_{ON} 中立方体的时间开销，T_5 表示该删除 C_{OFF} 中立方体操作的时间开销，$T_{contain}$ 为判断两方体之间是否存在包含关系的时间开销，$T_{intersect}$ 为判断两方体之间是否存在相交关系的时间开销，M_{ON} 为 C_{ON} 中立方体的个数，M_{OFF} 为 C_{OFF} 中立方体的个数，则总的时间开销为：$T_3 = T_4 + T_5 = M_{ON} * T_{contain} + M_{OFF} * T_{intersect}$。

删除 C_{ON} 或 C_{OFF} 的立方体，关键在于判断降维立方体与指定立方体之间的包含关系或相交关系。在具体实现过程中，因为指定立方体都包含于前一级降维立方体，当添加新的字面后，除该字面外，其余位与当前降维立方体的对应位都一定存在包含关系，无需判定。因此，只需要比较当前降维字面所对应的输入位即可。

2）算法的优缺点

通过算法的求解步骤和时间开销分析可知，该算法具有如下优点：原理相对简单，涉及的主要操作如统计字面频率、选择最优字面都是简单的加法运算或数值比较运算，所以算法的具体实现相对简单；空间需求低，算法的主要空间开销是建立初始真值覆盖矩阵和假值覆盖矩阵，其规模由初始数据集规模决定，并且随着求解的逐步深入，覆盖矩阵的规模也单调减小。

算法的缺点是算法的字面频率统计结果易出现多个输入位对应的值相等的情况，此时算法选择最优字面的规则是随机选择，这样就容易导致替换字面后的多维立方体与 C_{ON} 中很少一部分甚至没有立方体存在包含关系，或与 C_{OFF} 中大部分甚至全部立方体存在相交关系，从而无法较大程度减小矩阵 AC_{ON} 和矩阵 AC_{OFF} 的规模，使得求解的迭代次数增加，大大降低算法的处理效率。

6.2.2 改进 BOOM 算法

由上一节对 BOOM 算法的介绍可知，该启发式算法存在无有效的迭代停止条件，可能会出现求解迭代次数过多，导致付出较大代价的时间开销而无法减小覆盖矩阵的规模。

1. BOOM 算法的不足

BOOM 算法的字面频率统计过程存在多个输入位对应的值相等的情况，算法此时的处理策略是随机选择最优字面。这种处理方法容易导致耗费了大量时间却无法减小矩阵 AC_{OFF} 规模的情形发生，从而增加算法的迭代次数。如果加入选择最优字面的辅助规则，并结合对 AC_{OFF} 矩阵的字面频率统计结果来辅助选择最优字面，可保证替换字面后的降维立方体与较少的 OFF 点存在相交关系，这样可以删除更多的 OFF 点，减少算法的迭代次数。

例 6.1　已知函数 f 的初始覆盖 C，如图 6－2 所示。

$$C=\begin{Bmatrix}1001 & 1\\0011 & 1\\0001 & 0\\0111 & 0\\0010 & 1\\0101 & 0\\1001 & 1\end{Bmatrix},\quad C_{\mathrm{ON}}=\begin{Bmatrix}1001 & 1\\0011 & 1\\0010 & 1\\1001 & 1\end{Bmatrix},\quad C_{\mathrm{OFF}}=\begin{Bmatrix}0001 & 0\\0111 & 0\\0101 & 0\end{Bmatrix}$$

图 6－2　函数 f 的初始覆盖

求解过程如下：

$$\begin{array}{c}\text{var}:0123\\ AC_{\mathrm{ON}}=\begin{bmatrix}1001 & 1\\0011 & 1\\0010 & 1\\1001 & 1\end{bmatrix}\end{array},\begin{array}{c}\text{var}:0123\\ AC_{\mathrm{OFF}}=\begin{bmatrix}0001 & 0\\0111 & 0\\0101 & 0\end{bmatrix}\end{array}\xrightarrow{\text{Step1}}AC_{\mathrm{ON}}:\begin{array}{l}\text{var}:0123\\0:3\ \boxed{4}\ 11\\1:1\ 033\end{array}\xrightarrow{\text{Step2}}\times 0\times\times$$

$$\xrightarrow{\text{Step3}}\begin{array}{c}\text{var}:0123\\ AC_{\mathrm{ON}}=\begin{bmatrix}1001 & 1\\0011 & 1\\0010 & 1\\1001 & 1\end{bmatrix}\end{array},\begin{array}{c}\text{var}:0123\\ AC_{\mathrm{OFF}}=[0001\ \ 0]\end{array}\xrightarrow{\text{Step4}}AC_{\mathrm{ON}}:\begin{array}{l}\text{var}:0123\\0:3\ -1\ 1\\1:1\ -\boxed{3}\boxed{3}\end{array}$$

由于此时 LitOne[2] 和 LitOne[3] 值相等，进入辅助规则选择最优字面步骤，判断过程如下：

（1）统计得到矩阵 AC_{OFF} 的 LitZero[2] 和 LitZero[3]。

（2）比较 LitZero[2] 和 LitZero[3]，可知 LitZero[2] > LitZero[3]，则最优字面为 1，对应位为第 2 列。

$$\xrightarrow{\text{Step5}}AC_{\mathrm{OFF}}:\begin{array}{l}\text{var}:012\ 3\\0:111\ 0\\1:00\ 0\ \boxed{1}\end{array}\xrightarrow{\text{Step6}}\times 01\times$$

经过替换和降维后的立方体为 ×01×，与立方体 0001 不相交，删除该 OFF 点后 $\mathrm{temp}C_{\mathrm{OFF}}$ 为空，说明 ×01× 为优化覆盖的一个立方体。但若采用随机选择最优字面的方法，所得的降维后的立方体可能为 ×0×1，由于该立方体与 OFF 点 0001 存在相交关系，所以不能删除该 OFF 点，也就是说，不满足迭代终止条件，仍需进一步统计字面量和替换字面量，直至 $\text{temp}C_{\text{OFF}}$ 为空。具体过程如下：

var:0123

$$\xrightarrow{\text{Step5}} \times 0 \times 1 \xrightarrow{\text{Step6}} AC_{\text{ON}} = \begin{bmatrix} 1001\ 1 \\ 0011\ 1 \\ 1001\ 1 \end{bmatrix} \begin{array}{l} \text{var:0123} \\ AC_{\text{OFF}} = [\,0001\ 0\,] \end{array} \xrightarrow{\text{Step6}} \cdots$$

2. 改进 BOOM 算法

AC_{ON} 表示真值覆盖矩阵，AC_{OFF} 表示假值覆盖矩阵，LitOne[ ] 存放覆盖矩阵各列包含"1"的个数，LitZero[ ] 存放覆盖矩阵各列包含"0"的个数，bestLit 表示最优字面量值，n 为输入变量数，numOfC_{ON} 表示 ON 点个数，numOfC_{OFF} 表示 OFF 点个数。

预处理统计 C_{ON}，C_{OFF}，n，numOfC_{ON}，numOfC_{OFF} 的值。

（1）初始化，$C_{\text{ON}} \rightarrow \text{temp}C_{\text{ON}}$，$C_{\text{OFF}} \rightarrow \text{temp}C_{\text{OFF}}$。

（2）统计真值覆盖矩阵各列包含 0 与 1 的个数，得到各列的 LitZero[ ]，LitOne[ ]。

（3）选择最优字面，比较各列的 LitZero[ ]，LitOne[ ]，得到 bestLit，numOfLit，lineOfLit。若出现多列的 LitZero[ ] 或 LitOne[ ] 数值相同，则根据选择最优字面的辅助规则，求解 bestLit，numOfLit，lineOfLit；否则继续。

（4）将 $\text{temp}C_{\text{ube}}$ 的第 lineOfLit 位值替换为 bestLit。

（5）将 C_{ON} 中不被 $\text{temp}C_{\text{ube}}$ 包含的立方体放入 $\text{temp}C_{\text{ON}}$[ ]。

（6）删除 $\text{temp}C_{\text{OFF}}$ 中与 $\text{temp}C_{\text{ube}}$ 不相交的立方体。

（7）判断 $\text{temp}C_{\text{OFF}}$ 是否为空，若不为空转（2）；否则 $\text{temp}C_{\text{ube}} \rightarrow \text{result}[\text{numOfResult} + +\,]$。

（8）判断 $\text{temp}C_{\text{ON}}$ 是否为空，若不为空，返回第二步；否则结束程序。

其中，选择最优字面的辅助规则如下：

假设 $\text{LitZero}[i] = \text{LitZero}[j] = \text{LitZero}[k]$，且其他各列的 LitZero[ ] 或 LitOne[ ] 数值不会大于它们的值。

步骤 1：统计假值覆盖矩阵第 i,j,k 列包含"1"的个数。

t 从 0 到 numOf$C_{\text{ON}} - 1$ 时，重复执行以下条件判断：判断 $\text{AC}_{\text{ON}}[i][t]$ 是否等于零，若 $AC_{\text{ON}}[i][t] = = 0$，则 LitOne$[i] + +$；判断 $AC_{\text{ON}}[j][t]$ 是否等于零，若 $AC_{\text{ON}}[j][t] = = 0$，则 LitOne$[j] + +$；判断 $AC_{\text{ON}}[k][t]$ 是否等于零，若 $AC_{\text{ON}}[k][t] = = 0$，则 LitOne$[k] + +$。

步骤 2：比较 LitOne$[i]$，LitOne$[j]$，LitOne$[k]$ 的大小，从中选取最大值，并将其对应的列号赋给 max，然后执行 LitZero$[\text{max}] \rightarrow$numOfLit，bestLit←0，lineOfLit←max。

选择最优字面的辅助规则流程如图 6 - 3 所示。

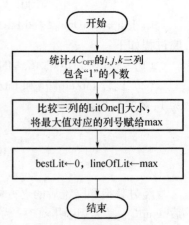

图 6 - 3 选择最优字面的辅助规则处理流程示意图

6.2.3 Es – ImpBOOM 算法

虽然改进 BOOM 算法的时空开销低,但求解所得结果的成本仍然较高,因此改进 BOOM 算法较适用于初始规模较大的数据集,且对结果成本要求较低的优化过程。而 Espresso Ⅱ 算法的优化效果较好,但时空复杂度由初始数据集规模决定,即决定算法时空开销的主要因素是初始数据集规模。若初始数据集规模较大,其时空开销也会急剧增加,因此适用于求解规模较小的初始数据集的优化覆盖。Es – ImpBOOM 算法是改进 BOOM 算法和 Espresso Ⅱ 算法相结合的处理算法,较适合于求解大规模在线采集的工作数据集的优化覆盖的综合处理。

1. 算法原理及求解步骤

Es – ImpBOOM 算法的设计思想是利用改进 BOOM 算法适用于对大规模零维体数据集进行高效处理的特点来弥补 Espresso Ⅱ 直接处理大规模零维体数据集时效率低下的缺点。该算法首先运用改进 BOOM 算法对初始数据集(在线工作数据集)进行初步优化,减小数据集的规模,然后将优化后的数据集作为 Espresso Ⅱ 处理的数据集。换句话说,就是初始采集的大规模零维体数据先由改进的 BOOM 算法处理,然后再提交给 Espresso Ⅱ 算法进行处理。

Es – ImpBOOM 算法求解首先设初始覆盖 $C = C_{ON} \cup C_{OFF}$,过程分为两个阶段:第一阶段利用改进 BOOM 算法对 C_{ON} 和 C_{OFF} 进行初步优化,$C_{ON} \xrightarrow{\text{改进 BOOM}} C_{ON}'$,$C_{OFF} \xrightarrow{\text{改进 BOOM}} C_{OFF}'$;第二阶段:利用 Espresso Ⅱ 算法求解函数的优化覆盖,$(C_{ON}', C_{OFF}') \xrightarrow{\text{Espresso Ⅱ}} \text{Better} C_{over}$。

2. Es – ImpBOOM 算法分析

与传统的启发式算法相比,Es – ImpBOOM 算法的优点主要体现在以下两方面:一是大规模零维体数据集的初步优化。在线采集的工作数据集具有规模大、离散度高、不完备且都为零维体的特征,直接采用 Espresso Ⅱ 算法进行优化覆盖求解的效率较低。而 Es – ImpBOOM 算法的求解过程中,通过改进 BOOM 算法对初始数据集进行初步优化,以较低的时空开销达到较大程度降低初始数据集规模的目的,减小了采用 Espresso Ⅱ 算法求解优化覆盖时待处理数据集的规模,提高了在线式逻辑逆向综合的处理效率。二是构建 B、C 矩阵阶段的数据优先选取规则。在 Espresso Ⅱ 算法求解优化覆盖的过程中,参与构建 B、C 矩阵的待扩展立方体是从 ON 集合中随机选取的,即从 C_{ON} 中随机选取一个立方体 c_i,然后查找该立方体的非升元素位,并依据 B、C 矩阵建立规则,以 c_i 和 $(C_{ON} - c_i)$ 建立 B 矩阵,c_i 和 C_{OFF} 建立 C 矩阵。另外,根据 B、C 矩阵的定义可知,如果待提升立方体 c_i 含有 X,则 B、C 矩阵的对应列必全都为全 0 列(可提升列),这些全 0 列可从矩阵中删除。也就是说,若待扩展立方体包含的 X 元素越多,B、C 矩阵的尺寸会越小,遍历矩阵的速度就会越快。

基于以上分析,在选取待扩展立方体时采用数据优先选取规则,而不再采用随机选取。数据优先选取规则是:统计 C_{ON} 中各立方体含有 X 元素的个数,以含 X 元素个数最多的立方体为待扩展立方体。加入该选取规则后的 Espresso II 算法具有如下两个优点:一是减小了 B、C 矩阵规模,降低处理过程的空间需求。由于参与构建 B、C 矩阵的待扩展立方体均含有较多的 X 元素,所以构建的 B、C 矩阵存在较多的全 0 列,删除这些全 0 列可以较大程度减小矩阵的规模。二是加快了 C_{ON} 为空的速度,减少算法的时间开销。由于待扩展立方体含 X 元素的个数较多,即该立方体的维数较高,所以经扩展得到的立方体的维数也会相对较高,这样就可以在该次扩展后利用该扩展立方体吸收掉 C_{ON} 中更多的立方体,加快 C_{ON} 为空的速度,从而减少算法的迭代次数,提高处理效率。

6.3 多输出函数优化覆盖求解

在线式采集的输出变量较少时,可以先对多输出数据集进行解耦合,再调用 Es – BOOM 算法进行处理就能达到较好的效果。但若输出变量数目较多时,进行多输出的分离以及求解共享乘积项过程所耗费的时间将会很长。随着输出变量数目的增大,这种矛盾会越加明显。

6.3.1 多输出函数优化问题描述

定义 6.1 假设一数字电路中 n 个输入变量和对应的 m 个输出变量,对应的的逻辑函数表示为

$$(O_1, O_2, \cdots, O_m) = \{f_1(I_1, I_2, \cdots, I_n), \cdots, f_m(I_1, I_2, \cdots, I_n)\}$$

其中输出 O_i 是由一个真值表描述的 ON 集 $f_{ON}(I_1, I_2, \cdots, I_n)$ 和 OFF 集 $f_{OFF}(I_1, I_2, \cdots, I_n)$ 定义的。这里的 ON 集合代表输出变量的值为 1(电平为高)的项,OFF 集合代表输出变量的值为 0 的项。有些输入的输出可能表现为高阻,即 u 项,用 $f_u(I_1, I_2, \cdots, I_n)$ 表示输出为高阻的集合(u 的集合)。

对于单输出函数的逻辑优化,其目标就是在已知函数(ON ∪ OFF)集或 (OFF ∪ u)集的条件下,求解得到一个与函数等价的最小覆盖或近似最小覆盖,描述为

Cover$\{g_1, g_2, \cdots g_t\} \Leftrightarrow$ ON,且 Cost$\{g_1, g_2, \cdots g_t\} \leq$ AcceptCost,g_i 为质蕴涵项

同理,多输出函数优化的目标仍然是代价最低,即总的蕴涵项数最少,输入门的数目最少。对于一个 m 输出逻辑函数,其优化目标描述为

Cover$^i\{g_1, g_2, \cdots, g_t\} \Leftrightarrow$ ON^i,其中 $i = 1, 2, \cdots, m$,且 Cost^1 + Cost^2 + $\cdots$ + Cost$^m \leq$ AcceptCost

相比于单输出逻辑优化,多输出优化面临一个选择蕴涵项的规模优先,还是蕴涵项的共享函数的个数优先的问题。因为在实际优化过程中,蕴涵项扩展得越大,共享性越差;相反,共享性越强,蕴涵项维数越低。

6.3.2 基于解耦合的多输出 Espresso II 算法

Espresso II 算法在处理多输出数据时,简单地将多输出函数看成多个单输出函

数的组合,其优化过程分为 3 个阶段:第一阶段通过阵列分离对多输出数据集进行
解耦合,得到多个独立的单输出函数数据集;第二阶段调用单输出 EspressoⅡ算法
处理各单输出数据集,化简得到各输出对应的近似最小覆盖;第三阶段运用阵列合
并,把多个以单输出形式给出的覆盖转化为一个多输出函数形式的覆盖,最后对阵
列合并后的多输出覆盖进一步化简,增加共享乘积项,降低成本,得到多输出形式
的近似最小覆盖。

1. 算法描述

设多输出函数的初始覆盖 C,目标解为近似最小覆盖 N。

第一步:利用阵列分离从 C 中分离出 $y^1,y^2,\cdots,y^j,\cdots,y^m$ 对应的 $C_{ON}{}^1,C_{ON}{}^2,\cdots,$
$C_{ON}{}^j,\cdots,C_{ON}{}^m,C_{OFF}{}^1,C_{OFF}{}^2,\cdots,C_{OFF}{}^j,\cdots,C_{OFF}{}^m$。

第二步:j 从 1 到 m,重复调用单输出 EspressoⅡ算法,对 C_{ON}^j 进行处理,生成 y^j
的近似最小覆盖 N^j,即 EspressoⅡ(C_{ON}^j,C_{OFF}^j)→N^j。

第三步:运用阵列合并把 m 个单输出形式的覆盖合并为多输出形式的近似最
小覆盖。转化步骤如下:

(1) 令 $N=\varnothing$。

(2) j 从 1 到 m,重复(3)。

(3) 对 N^j 中的每一立方体添加输出部分并加入 N,输出部分除 y^j 取值为 1
外,其余取值皆为 u。

第四步:求解共享乘积项,降低多输出目标优化覆盖的成本。重复以下步骤:

(1) 令 $E=\varnothing$。

(2) 令 $e=e_i\cap e_j,e_i,e_j\in N$,且 $i\neq j$,
若 e 不是 $\{Z\cup E\}$ 中任何元素的面,则 $E\cup e\to E$。

(3) 若 $E\neq\varnothing$,则 $S(Z\cup E)\to Z$,转入(1)。否则算法结束。

2. 算法分析

多输出 EspressoⅡ算法其实就是单输出 EspressoⅡ算法在求解规模上的简单
扩充。为便于分析,用 T 表示多输出 EspressoⅡ算法总的时间开销,T_{sep} 表示阵列分
离单个输出的平均时间开销,$T_{singleEs}$ 表示单输出 EspressoⅡ算法的平均时间开销,
T_{union} 表示阵列合并的时间开销,T_{share} 表示求解共享乘积项步骤的时间开销,M 表示
覆盖中立方体的个数,m 为输出变量个数,则算法总的时间开销 T 可表示为

$$T=m*T_{sep}+m*T_{singleEs}+T_{union}+T_{share} \tag{6-1}$$

另外,从阵列合并的算法求解步骤可以看出,其过程较为简单,时间复杂度为
$O(m*M)$,尤其是阵列合并,经过 EspressoⅡ优化得到的各单输出优化覆盖的规模
已经有较大程度的降低,即 M 的值很小,对其进行阵列合并所需的时间开销也相
当小,可以忽略不计。因此,式(6-1)可以简化为

$$T=m*T_{sep}+m*T_{singleEs}+T_{share} \tag{6-2}$$

单输出 EspressoⅡ算法的时间开销主要是构建 B、C 矩阵,以及对 B、C 矩阵的

处理,与多输出收缩算法运用的多输出锐积、相交等基本运算相比,要简单得多。所以,传统的在线逻辑综合一般都采用 Espresso Ⅱ 算法求解多输出数据集的优化覆盖。但是,当输出变量较多时,阵列分离以及求解共享乘积项的时间开销将大大增加,求解多输出函数优化过程所需的时间开销不再是多个单输出 Espresso Ⅱ 算法的简单叠加,而是远远大于单输出算法叠加后的总时间开销。图 6-4 为输入变量数目分别为 10、20、25 时,基于解耦合的多输出 Espresso Ⅱ 算法进行阵列分离、求解共享乘积项的时间开销之和与算法总时间开销的比值同输出变量之间的对应关系。

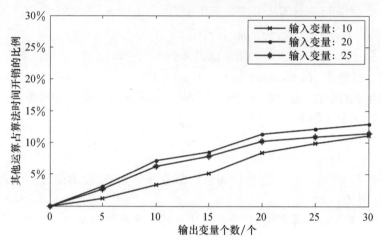

图 6-4   Espresso Ⅱ 算法中其他运算所占比例与输出变量数目的关系

测试结果说明,当输出变量较多时,阵列分离以及求解共享乘积项过程的时间开销要大大增加,而且随着输出变量的增多,这些过程所占的比例也越来越高。

6.3.3   FC-Min 算法

通常,启发式算法求解过程可大致分为两个阶段:首先,在满足覆盖等价的条件下对初始蕴涵项的输入部分进行扩展,生成维数较高的蕴涵项集合;然后,进一步化简得到近似最优解。多输出函数优化覆盖求解算法的求解过程与此相反,首先基于初始覆盖建立输入矩阵、输出矩阵,然后依据一定规则对输出矩阵进行启发式搜索,得到多个蕴涵矩阵,再寻找各蕴涵矩阵相对应的输入项并以此构造多维立方体,求得多输出函数的优化覆盖。

1. 基本概念

定义 6.2   对于 m 输出的逻辑函数 F,存在矩阵 I,由函数 F 真值表中各个项的输入部分构成,则称矩阵 I 为函数 F 的输入矩阵,且矩阵 I 的每一行代表逻辑函数 F 的一个输入向量。

定义 6.3   对于 m 输出的逻辑函数 F,存在矩阵 O,由函数 F 真值表中各个输入向量所对应的输出值构成,则称其为输出矩阵。

定义 6.4　输入矩阵 $\boldsymbol{I}$ 与输出矩阵 $\boldsymbol{O}$ 存在如下关系:

$$F_k(\boldsymbol{I}(i)) = O(i,k), k = 0,1,\cdots,m \qquad (6-3)$$

式中:$\boldsymbol{I}(i)$ 为输入矩阵 $\boldsymbol{I}$ 的第 i 行向量;$F_k(\boldsymbol{I}(i))$ 为当输入向量为 $\boldsymbol{I}(i)$ 时对应的 F_k 值;$O(i,k)$ 为输出矩阵 $\boldsymbol{O}$ 第 i 行第 k 列元素的值。举例如下:

$$\mathrm{Cover}_F = \left\{ \begin{matrix} \overset{x_0-x_4}{11010} & \overset{y_0-y_4}{10000} \\ 10000 & 11100 \\ 01001 & 01100 \\ 01111 & 01010 \\ 00110 & 00111 \end{matrix} \right\}, 则\ I_F = \begin{bmatrix} 11010 \\ 10000 \\ 01001 \\ 01111 \\ 00110 \end{bmatrix}, O_F = \begin{bmatrix} 10000 \\ 11100 \\ 01100 \\ 01010 \\ 00111 \end{bmatrix}$$

定义 6.5　存在矩阵 $\boldsymbol{T}$,由输出矩阵 $\boldsymbol{O}$ 中挑选的几个行向量构成,称为蕴涵矩阵。矩阵 $\boldsymbol{T}$ 满足以下条件:

$$1 \leqslant \mathrm{rowNum}(T) \leqslant \mathrm{rowNum}(O), 1 \leqslant \mathrm{colNum}(T) \leqslant \mathrm{colNum}(O)$$

举例如下:

$$O_F = \begin{bmatrix} 10000 \\ 11100 \\ 01100 \\ 01010 \\ 00111 \end{bmatrix}, 则\ T_1 = \begin{bmatrix} 11100 \\ 01100 \end{bmatrix}, T_2 = \begin{bmatrix} 10000 \\ 11100 \end{bmatrix}, \cdots$$

定义 6.6　对于矩阵 $\boldsymbol{T}_i$,$C(T_i)$ 表示 T_i 由输出矩阵 $\boldsymbol{O}$ 中的哪几个行向量构成,$M(T_i)$ 则表示 $\boldsymbol{T}_i$ 矩阵所有行向量的交集。对于上例:$C(T_1) = \{1,2\}$,表示 T_1 由 O 中行号为 1 和行号为 2 的两个行向量组成;$M(T_1) = \{0,1,1,0,0\}$ 表示 T_1 所有行向量的交集为 01100,"1"与"1"相交才为"1",其他情况皆为"0"。

2. 基本运算

选取运算(Select):从矩阵中选取包含"1"个数最多的行向量。令 $\boldsymbol{O}$ 为 $m \times n$ 矩阵,其行向量为 $\{O(\mathrm{row}(0)), O(\mathrm{row}(1)), \cdots, O(\mathrm{row}(m))\}$,其中第 i 个行向量中含"1"的个数用 $\mathrm{num}(O(\mathrm{row}(i)))$ 表示,对于任意 j,若 $\mathrm{num}(O(\mathrm{row}(k))) > \mathrm{num}(O(\mathrm{row}(j)))$,则 $O(\mathrm{Select}(O)) = O(\mathrm{row}(k))$,其中 $0 \leqslant j \leqslant m$,且 $j \neq k$。

消除运算(Del):矩阵中消除指定的行向量。令 $\boldsymbol{O} = \{O(\mathrm{row}(0)), O(\mathrm{row}(1)), \cdots, O(\mathrm{row}(m))\}$,则

$$\mathrm{Del}(O(\mathrm{row}(k))) = \begin{cases} \{O(\mathrm{row}(1)), O(\mathrm{row}(2)), \cdots, O(\mathrm{row}(m))\}, k = 0 \\ \{O(\mathrm{row}(0)), O(\mathrm{row}(2)), \cdots, O(\mathrm{row}(m))\}, k = 1 \\ \{O(\mathrm{row}(0)), \cdots, O(\mathrm{row}(k-1)), O(\mathrm{row}(k+1)), \\ \cdots, O(\mathrm{row}(m))\}, 2 \leqslant k \leqslant m \end{cases}$$

$$(6-4)$$

计数"1"运算(Count):计算矩阵覆盖"1"的个数,在保证所表示的覆盖一致性前提下,该矩阵所对应的函数输出值为 1 的最小项个数。

例 6.2

(1) 令 $O = [01100]$,则 $\mathrm{Count}(O) = 2$

(2) 令 $O = [01100] \cup [01110] = \begin{bmatrix} 0 & \boxed{11} & 00 \\ 0 & \boxed{11} & 10 \end{bmatrix}$,则 $\mathrm{Count}(O) = 4$

(3) 令 $O = [01100] \cup [01110] \cup [11110] = \begin{bmatrix} 0 & \boxed{11} & 00 \\ 0 & \boxed{11} & 10 \\ 1 & \boxed{11} & 10 \end{bmatrix}$,则 $\mathrm{Count}(O) = 6$

FC - Min 算法的求解过程主要分为两个阶段:搜索蕴涵矩阵和构造蕴涵项。求解步骤如下:

1)搜索蕴涵矩阵

(1)蕴涵矩阵的求解步骤。

O 为初始矩阵,$O(k)$ 表示矩阵 O 的第 k 行向量,T_i 为第 i 次搜索得到的蕴涵矩阵,T_{ij} 为蕴涵矩阵的第 j 行,numOfOne 为 $M(T)$ 所含"1"的个数。

步骤 1:初始化,$O \rightarrow O'$,$i = 0$。

步骤 2:$O'(\mathrm{Select}(O')) \rightarrow T_{i1}$,并作 $\mathrm{Del}(O'(\mathrm{Select}(O'))) \rightarrow O'$,$O' \rightarrow O''$。

步骤 3:$O''(\mathrm{Select}(O'')) \rightarrow \mathrm{tempRow}$,若 $\mathrm{Count}(T_i \cup \mathrm{tempRow}) \geqslant \mathrm{Count}(T_i)$,则 $T_i \cup \mathrm{tempRow} \rightarrow T_i$,$\mathrm{Del}(O''(\mathrm{Select}(O''))) \rightarrow O''$,否则 $\mathrm{Del}(O''(\mathrm{Select}(O''))) \rightarrow O''$。

步骤 4:重复步骤 3,直至 numOfOne 不能再增加,即 numOfOne $= = m$ 或 O'' 为 $\varnothing$,则 T_i 选取完毕。

步骤 5:判断 $T_1 \sim T_i$ 是否覆盖了输出矩阵中所有值为"1"的项,若没有完全覆盖,$i \leftarrow i + 1$,返回步骤 2;否则结束搜索。

(2)算法分析。

搜索蕴涵矩阵过程主要运用两个基本运算,即选取运算和消除运算。用 l_1 表示输出矩阵 O 对应的蕴涵矩阵的个数,l_2 表示求解每个蕴涵矩阵所需循环次数的平均值,T 表示搜索蕴涵矩阵的总时间开销,T_{avg} 表示搜索一个蕴涵矩阵的平均时间开销,T_{Select} 表示选取运算的平均时间开销,T_{Del} 表示消除运算的平均时间开销,得 $T_{\mathrm{avg}} = l_2 * T_{\mathrm{Select}} + l_2 * T_{\mathrm{Del}}$,则 $T = l_1 * l_2 * (T_{\mathrm{Select}} + T_{\mathrm{Del}})$。

该算法为深度优先搜索算法,l_1,l_2 为影响算法执行效率的主要因子。若 l_2 越大,表明蕴涵矩阵所包含的行向量越多,而在后续构造蕴涵项阶段的查找蕴涵矩阵对应的输入向量过程,蕴涵矩阵的行向量越多,查找过程就越复杂。因此,该启发式搜索蕴涵矩阵算法受深度因子(DF)的影响。在实际求解过程中,蕴涵矩阵是逐次选取并添加较优向量得到的,因此,可以在每次增加行向量后,通过预先设定的深度因子值来决定进一步向矩阵中加入行向量的可能性。如设深度因子 = 1:1,

则继续向下搜索的可能性为等概率;若深度因子 = 1 : 5,继续向下搜索的可能性变为 1 : 5,则得到的蕴涵矩阵大多为含有行向量少且 M 中含"1"个数多的蕴涵矩阵。也就是说,当深度因子越低,算法的运行时间就越短,但优化效果会变差,最终得到的优化覆盖所含的蕴涵项较多。

2）构造蕴涵项

I 表示输入矩阵,O 表示输出矩阵,l 表示蕴涵矩阵的个数,用 T_i 表示输出矩阵 O 的第 i 个蕴涵矩阵,G 为最终结果(优化覆盖),$\mathrm{row}(T_i{}^j)$ 表示蕴涵矩阵 T_i 的第 j 行在输出矩阵 O 中所对应的行号,$\mathrm{rowNum}(T_i)$ 表示蕴涵矩阵 T_i 的行数,构造蕴涵项的步骤如下:

步骤 1:初始化,$i = 0$,$C = \varnothing$,$G = \varnothing$。

步骤 2:查找输出蕴涵矩阵 T_i 各行向量相对应的输入矩阵中的行向量:

(1) $j \leftarrow 0$。

(2) 将蕴涵矩阵 T_i 的第 j 行所对应的输入向量加入矩阵 C,即 $I(\mathrm{row}(T_i{}^j)) \cup C \rightarrow C$。

(3) 若 $j \leqslant \mathrm{rowNum}(T_i) - 2$,作:$j \leftarrow j + 1$ 且返回(2),否则继续。

步骤 3:构造蕴涵项,作 $C(\mathrm{row}(0)) \,||\, C(\mathrm{row}(1)) \,||\cdots||\, C(\mathrm{row}(\mathrm{rowNum}(C) - 1)) \rightarrow c$,若 $c \cap \mathrm{Del}(I(\mathrm{row}(0)),\cdots,I(\mathrm{row}(\mathrm{rowNum}(T_i)))) = = \varnothing$,则 $G \cup c \rightarrow G$;否则,继续。

步骤 4:若 $i < l$,则 $i \leftarrow i + 1$,返回步骤 2;否则结束。

由算法求解步骤可知,影响构造蕴涵项阶段算法的执行效率的主要因素是蕴涵矩阵的数量和各蕴涵矩阵的行向量数,结合前面对搜索蕴涵矩阵算法的分析可知,蕴涵矩阵行向量数受搜索深度因子 DF 的影响,从而可以得出搜索深度因子 DF 对整体算法的运行时间、优化程度等都有着重要的影响。

下面通过一个例子的求解过程来加以说明。

已知函数 F,输入变量为 5,输出变量为 5,初始覆盖含有 10 个项,其输出矩阵如图 6 – 5 所示。numOfCoverOne 为蕴涵矩阵 T_i 所包含的最小项的个数(相同输出位值为"1"),当搜索蕴涵矩阵时,首先选取行号为 8 的项,然后将行号为 4 的项加入,因为若 $T_1 \cup O(\mathrm{row}(6)) \rightarrow T_1$,则 numOfCoverOne 不变;若 $T_1 \cup O(\mathrm{row}(4)) \rightarrow T_1$,则 numOfCoverOne = numOfCoverOne + 2,即 T_1 覆盖的项数目增加 2。所以,选择 $O(\mathrm{row}(4))$ 加入 T_1。如此重复,最后可得到 6 个矩阵,即 $T_1 \sim T_6$。从图 6 – 5 可以看出,它们覆盖了输出矩阵中所有值为"1"的项。

在搜索蕴涵矩阵的过程中,由于查找得到的覆盖包含"1"的个数越多,囊括的向量也越多,致使后续构造蕴涵

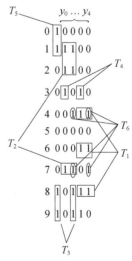

图 6 – 5　FC – Min 算法
搜索蕴涵矩阵示意图

195

项的过程变得更加复杂,该算法属于深度优先查找算法,受深度因子 DF 的影响。另外,每个覆盖的生成都是通过不断添加输出矩阵的行向量来完成,所以可以通过判断每次添加向量后所包含的蕴涵项的个数是否增多,从而决定是否将行向量加入蕴涵矩阵中。

对每个 T_i 矩阵,都要找到矩阵各行对应的输入向量,并以此构造质蕴涵项。方法如图 6 - 6 所示。

当某一项 c(立方体)覆盖某一输出向量 $O(\mathrm{row}(i))$ 时,该立方体必然也包含输出向量对应的输入向量 $I(\mathrm{row}(i))$,也就说,该立方体由 $I(\mathrm{row}(i))$ 和 $O(\mathrm{row}(i))$ 共同构成,表示为 $c = I(\mathrm{row}(i)) | O(\mathrm{row}(i))$。所以,优化覆盖可以由 $C(T_i)$ 中的各输入向量构成的多维立方体构成。当然,该多维体不能与输入矩阵 I 中的其他不包含在覆盖集合中的项相交,否则就与函数不等价(包含数值为 0 的项)。整个求解过程如图 6 - 5 所示。T_1 包括 $O(\mathrm{row}(4))$,$O(\mathrm{row}(6))$,$O(\mathrm{row}(8))$,找到相对应的向量 $I(\mathrm{row}(4))$,$I(\mathrm{row}(6))$,$I(\mathrm{row}(8))$。由 T_1 构成的待定最小项为(- 01 - -),又因为它只包含该向量所列出的蕴涵项,同 I 中的其他项不相交。所以,符合要求,加入结果覆盖。

依据同样方法,可以得到 $T_2 \sim T_6$ 构造的其他 5 个蕴涵项,如图 6 - 7 所示。

```
00110
10110
10101
―――――
- 01 - -
```

图 6 - 6 FC - Min 算法蕴涵项构造方法示意图

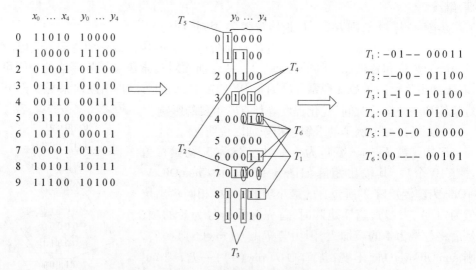

图 6 - 7 FC - Min 算法整个求解过程示意图

通过以上求解过程得到 6 个质蕴涵项:{ - 01 - - |100011, - - 00 - |01100,1 - 10 - |10100,01111|01010,1 - 0 - 0|10000,00 - - - |00101},即为得到的优化覆盖。

参 考 文 献

［1］ Prabhakar Kudva, Andrew Sullivan, William Dougherty. Metrics for Structural Logic Synthesis Optimizations［J］. IEEE Transactions on Computer—Aided Design of Integrated Circuits and Systems,2002,22(6):551－556.

［2］ Prabhakar Kudva, Andrew Sullivan, William Dougherty. Measurements for structural logic synthesis optimizations ［J］. IEEE Transactions on Computer—Aided Design of Integrated Circuits and Systems,2003,22(6):665－674.

［3］ Kim Ki Wook, Kim Taewhan, Liu C L, et al. Domino Logic Synthesis Based on Implication Graph［J］. IEEE Transactions on Computer—Aided Design of Integrated Circuits and Systems. 2002,21(2):232－240.

［4］ Shelar R S, Sapatnekar S S. BDD Decomposition for Delay Oriented Pass Transistor Logic Synthesis［J］. IEEE Transactions on Very Large Scale Integration Systems,2005,13(8):957－970.

［5］ Ding Yuan, Bai Yan, Lu Wentao, Guo Yi. Research And Implementation Of Reversible Logic Synthesis Algorithm In Digital System［A］. The 7th International Conference on Computer—Aided Industrial Design & Conceptual Design［C］. Hangzhou, China: IEEE,2006:346－352.

［6］ Aviad Mintz, Martin Charles Golumbic. Factoring boolean functions using graph partitionning［J］. Discrete Applied Mathematics,2005,149(1):131－153.

［7］ Robert K Brayton, Gary D Hachtel, Curtis T Mcmullen. Logic Minimization Algorithms For VLSI Synthesis ［M］. Boston: Kluwer Academic Publishers,1985:1－12,15－28.

［8］ Aviad Mintz, Martin Charles Golumbic. Factoring boolean functions using graph partitionning［J］. Discrete Applied Mathematics,2005,149(1):131－153.

［9］ 翟献军. 一种改进的快速逻辑综合算法［J］. 计算机应用研究,2002(1):40－41.

［10］ 朱幼莲. 基于立方扩展法的多输入多输出逻辑综合算法的实现［J］. 江苏技术师范学院学报,2004,10(4):42－46.

［11］ 丛明煜,王丽萍. 现代启发式算法理论研究［J］. 高技术通讯,2003,13(5):105－110.

［12］ 朱幼莲. 计算机化简逻辑函数的算法研究［J］. 南京理工大学学报;2003,27(4):405－408.

［13］ 张德富. 启发式算法研究及其应用［D］. 武汉:华中科技大学,2002.

［14］ 陈开. 启发式优化算法的方法和应用研究［D］. 上海:同济大学,2003.

［15］ 罗颖. 在线式逻辑不明芯片解析系统——逻辑综合程序的扩展和优化［D］. 郑州:解放军信息工程大学,2003.

第7章 直读式逆向分析

直读式逆向分析包括两部分内容:一是直读式固件代码提取;二是固件代码逆向分析。直读式固件代码提取是采用一种非常规的方法,直接提取加密芯片内部程序和数据的方法。固件代码逆向分析主要包括控制流恢复,固件代码归一化表示和控制流图的反绘制。

7.1 直读式逆向分析过程

直读式逆向分析按其工作流程可以分为固件代码提取、代码还原、指令归一化、逆向分析、验证测试等五部分。

7.1.1 固件代码提取

固件代码存在于带非易失性存储器的集成电路中,其中大部分集成电路芯片的存储器使用了保护机制,提取固件程序代码需要有专门的技术和工具。通常,从使用了保护机制的存储器中提取固件程序有两种途径:一是破坏保护机制,通过接口干扰、定向爆破等技术使其保护机制失效,然后直接读取芯片数据;二是监听总线,使用数据采集设备(如逻辑分析仪等)获取系统运行时总线上的数据和地址信息,恢复出被运行程序的片段。第一种方法的难点在于如何使存储器的保护机制失效,只要使芯片失去保护,即可随意读取任意位置的数据,获取完整的固件代码,如果芯片数据加密,那么还需要进行数据解密或者解析系统中的加密/解密逻辑电路。加密逻辑通常存在于靠近处理器或存储器的 CPLD/FPGA 芯片中。第二种方法简单直接,但需要专门的数据采集设备和数据恢复软件,对数据采集部件的工作频率要求较高(一般为存储器工作频率的 2 倍或更高),恢复出来的数据也难以验证其完整性。无论是摧毁固件芯片的保护机制还是使用总线监听技术,对于微控制器芯片内部的程序代码采用监听总线的方法是不行的,需采用直读式提取技术或侵入式提取(本书不讨论)的方法。直读式提取根据实现的途径主要有 3 种:第一种是将目标芯片已编程的加密位或加密算法位(如果存在)进行还原处理,将其恢复到未加密时的状态,然后直接读出芯片内部的程序和数据;第二种是采用对加密芯片施加噪声序列的方法干扰芯片内部安全保护电路正常工作,直接读取芯片内部的程序和数据;第三种是在芯片正常工作时使用非正常的外部条件使芯片产生错误,迫使其为芯片分析者提供更大的控制权限,从而读取片内程序和数据。

7.1.2   代码还原

代码还原是将固件程序转换成微控制器可以直接进行有效控制和有用计算的指令和数据。代码还原的核心问题是混淆指令、花指令、冗余指令等干扰指令的去除,以及数据和指令的区分,这也是固件逆向工程中的基本问题之一,代码还原的质量直接影响到固件逆向分析的准确性和反汇编/反编译的正确性,是固件逆向分析技术的关键。从微控制器片内目标程序恢复出以字符表示的汇编指令,即所谓的反汇编操作,本身并不存在太多的技术难点。但是间接跳转或非指令数据(跳转表)在指令流中的出现可能为反汇编程序带来分析错误。另外,计算机软件开发厂商出于对自身软件版权的保护目的,为了防止黑客对其发布的计算机软件产品进行逆向分析,开发出了若干试图防止或扰乱技术人员对软件发布产品进行反汇编操作的技术。其中最为主要的就是代码混淆技术。代码混淆技术的发展虽然有效地保护了计算机软件厂商的版权,但也为逆向分析造成了一定的困难。

7.1.3   指令归一化

据不完全统计,目前处理器的品种已经超过 1000 多种,流行的体系结构有 30 多个系列。通常,对不同处理器平台上的固件程序进行逆向分析所采用的技术和方法大体上是相同的,但是机器的编码方式和体系结构却存在很大差异,适合一个处理器的逆向分析代码很难直接用于另一个处理器,数据结构决定了算法的实现形式,这就导致同样的功能以不同的方式被多次实现的问题,即多目标平台设计中的功能冗余问题。同时,由于目标平台结构多样化,需要一个统一规范的中间方式作为研究的基础和分析的起点,中间方式的设计与转换就是指令归一化的研究内容。

指令归一化旨在统一不同处理器的指令集系统,为固件逆向工程提供一个规范统一、体系结构无关的中间表示形式,是支持多目标平台,解决功能冗余问题的重要途径。目前,有 3 种重要的指令归一化技术:

(1)统一数据结构(Unified Data Structre,UDS)。统一数据结构的主要思想是总结现有处理器体系结构和指令集特征,并进行参数化处理。UDS 技术实现简单,但是统一数据结构的设计相对困难,难以保证描述的参数信息符合所有处理器的需要,且扩展性差,缺乏弹性。

(2)指令集描述语言(Instruction Set Description Language,ISDL)。指令集描述语言是一种描述与一个微处理器编程模型相关的形式化语言,最初应用于多目标代码生成器和指令集模拟器。指令集描述语言是以处理器的通用编程模型为基础来描述指令的结构与行为。ISDL 技术一般用于支持目标平台的指令模拟器中,扩展性好,但可读性差,实现过程较为复杂。

(3)虚拟指令集体系结构(Virtual Instruction Set Architecture,VISA)。虚拟指

令集是各种真实指令集的抽象表示,指令归一化就是通过构建一种抽象程度高、兼容性好的虚拟指令集,然后将真实处理器程序翻译到虚拟指令集上。虚拟指令集思想建立在二进制翻译技术的基础之上,尽管在翻译的过程中可能会存在难以保证语义绝对等价和代码膨胀的问题,但是虚拟指令集与真实指令集大体相近,形象直观,便于阅读,易于分析,是一种重要的指令归一化技术,已经在软硬件协同开发、二进制逆向分析、反编译、二进制翻译、多目标平台代码生成、恶意代码检测等领域获得了广泛的应用。

7.1.4 逆向分析

逆向分析是通过对固件进行控制流分析、数据流分析,从而获取固件的系统结构、设计原理、算法思路和相关信息的描述性文档,是固件逆向工程的关键环节。目前,固件代码分析的主要任务包括指令集识别、控制流图结构恢复和算法识别等。

1. 指令集识别

指令集识别是指在被分析的二进制目标代码使用的处理器类型不明确的情况下,通过代码固有特征分析和一些辅助特征信息,判定目标代码使用的指令集类型,进而分析目标代码所属的处理器型号。指令集识别技术是模式识别的原理在固件逆向工程中的重要应用,识别过程的特征来源于处理器芯片的封装和固件代码的特征,提取固件代码特征的方法是将未知指令集的二进制程序反汇编,提取程序的指令特征,如汇编代码有效率、有效指令覆盖率、跳转指令合法度等,然后进行相似度分析。判断的依据是二进制程序反汇编结果的合理性;另一个可以用来判断指令集特征的依据是二进制程序的统计特性。统计表明,计算机指令集中有20%的指令在80%的时间内执行,不同类型的指令在程序中出现的概率各不相同,这种统计特点可以用于指令集的识别。

2. 结构恢复

结构恢复的主要任务是识别固件代码中的函数及函数之间的关系。固件代码的结构表现为函数调用图,结构恢复就是提取固件的函数调用图的过程。固件结构恢复必须解决3个主要问题:①中断向量表重构,中断向量表是固件的重要组成部分,包含了固件代码的主函数和中断处理函数的入口地址,是进行正确反汇编的重要前提,也是固件代码结构恢复的关键。目前,关于中断向量表的重构研究较少,尚无成熟的算法。②识别函数及函数调用关系,构建函数调用图,识别的过程是通过遍历控制流图来完成的。③分析函数之间参数传递关系,对固件代码结构更精确的恢复需要分析函数之间的参数传递关系,不同的处理器和编译器有不同的参数传递规则,根据这些传递规则识别函数之间的参数在反编译中有较为成熟的算法。对于一些使用低级语言编写的程序,参数之间的传递方式由程序员个人编码习惯决定,没有可以参考的规则,需要有一种独立于处理器和编译器的算法。

3. 算法识别

算法识别的主要任务是在固件程序中识别密码算法的类型和实现代码,目前有三类实现算法识别的思路:第一是从固件代码本身出发,找出与密码算法文法相近的算法。第二是从固件代码本身出发,找出与密码算法语义特征相近的算法,其本质是在程序空间内找出所有与目标算法语义等价的程序切片。这两类思路要解决的关键问题是如何处理算法实现方式的多样性问题,即由于程序语言与编译器的复杂性以及算法实现方式的灵活性,同样的算法在实现的过程中可能会采用不同的数据结构、控制结构、组织结构。第三是利用密码算法输出的统计特性,找出与密码算法输出序列相近的算法。

7.1.5　验证测试

验证测试建立在逆向分析的基础之上,借助于虚拟硬件环境或固件实际工作的硬件环境,对逆向分析的结果进行测试和验证,并适时纠正逆向分析的结果,验证测试是一个通过实验的手段和人机交互的方式对逆向分析的结果进行正确性确认的过程。

固件代码逆向分析是固件逆向工程的重要内容,包含固件逆向工程中的指令归一化、代码还原和逆向分析等阶段,其中指令归一化和代码还原是固件代码逆向分析的基础。

7.2　芯片内部结构与加密方法分析

加密微控制器中存储的代码程序是一类可以直接运行的二进制程序(固件代码)。这种固件代码与通用 PC 中的可执行代码相比,在设计思想、存在形式、应用领域以及代码组织等方面存在许多重要的差异,主要表现如下:

(1) 设计思想方面。固件程序的设计一般以结构化设计思想为主。结构化程序设计理论形成于 20 世纪 60 年代早期,并由 Dijktra 最终提出。虽然面向对象的程序设计正逐步取代结构化程序设计思想并主导着桌面及网络应用程序的开发,但是在嵌入式领域,结构化程序设计思想依然占主导地位。

(2) 存在形式方面。固件代码存在于集成电路芯片中,对其访问时一般使用了读写保护、自毁、口令验证、数据加密等安全机制,这使得固件代码的获取变得相对困难,需要专门的提取技术,固件代码获取技术的研究是固件逆向工程中的一个重要组成部分。另外,验证固件逆向分析的结果是否正确,必须将固件置于一个真实的硬件环境中。

(3) 应用领域方面。由于微控制器千差万别,品种数量已经超过 1000 多种,体系结构也超过 30 多种,应用更是遍及家用、航天、制造、医疗、通信等诸多领域。不同体系结构的微控制器以及风格迥异的汇编指令集,无疑大大增加了软件逆向研究人员设计出一个面向多种结构微控制器固件的通用逆向分析工具的难度。

7.2.1 芯片内部结构分析

微控制器一般由控制器和运算器组成,为增加系统的安全性和提高系统的运算速度,大部分现代微控制器均采用内嵌存储器的结构,即将控制器、运算器和存储器集成在单个芯片内部。

芯片内部结构模型如图 2 – 39 所示。这种结构的微控制器的内部程序和数据均用二进制数表示,可以按照地址进行访问,对于芯片内部的各功能部件来说数据和程序处于同等地位。运算器主要功能是完成算术运算和逻辑运算,并将运算的中间结果暂存于运算器中的寄存器中,运算器通常由算术逻辑单元(ALU)和一系列的寄存器组成。控制器是整个芯片工作的控制中枢,主要功能是控制程序的运行。控制器一般由控制部件、地址形成部件、定时部件、微操作控制部件组成。其工作过程主要分为 3 个阶段:第一个阶段通过地址形成部件形成正确的指令地址,根据生成地址从程序存储器中获取指令;第二个阶段是指令译码器对获取到的指令进行指令分析,形成指令控制部件能够理解的操作码;第三个阶段是指令控制部件根据不同的操作码生成具体的微操作控制信号,通过微操作控制信号来控制芯片内部所有的执行部件。运算器、输入输出设备、控制器本身以及其他执行部件则根据时序部件发出的节拍信号和微操作指令执行基本的操作。指令控制部件由三部分组成:程序计数器(Program Counter, PC),用以存放当前将要执行指令的地址;指令寄存器(Instruction Register, IR),用以存放当前正在执行的指令;指令译码器(Instruction Decoder, ID),对指令进行解释译码生成对应的操作码,产生相应的控制信号。地址形成部件主要包括地址寄存器(AR)、变址寄存器(XR)和地址计算部件,地址形成部件的主要功能就是依据指令的寻址方式和指令的地址码部分生成指令的操作数地址。定时部件则由时钟(CP)和时序信号发生器(TSG)组成,CP产生时钟脉冲,是协调处理器芯片内各部件进行操作的同步时钟,TSG 根据时钟脉冲信号发出系统正常工作运转所需要的定时节拍信号。

微控制器(MCU)一般都有内部 EEPROM/FLASH 供用户存放程序和工作数据。芯片制造商为了防止未经授权的用户访问或复制微控制器内部的程序和数据,绝大多数微控制器都带有加密保护位或者加密算法位来保护片内的程序。如果在微控制器被编程时将加密保护位和加密算法位使能,即使编者自己也无法用常规的方法直接读取微控制器内部的程序和数据。代码提取者只能借助专用设备剖开芯片进行侵入式攻击,或者利用微控制器芯片设计上的漏洞或软件缺陷,从芯片中提取关键信息,获取微控制器片内的程序和数据。

针对微控制器芯片进行逆向分析的主要目标之一就是通过各种解析手段,用侵入式、半侵入式或者非侵入式解析的方法从程序存储器中获取内部加密程序。加密微处理器芯片则通过各种加密机制保护或者控制外界对芯片内部程序存储器的访问。

7.2.2　芯片加密机制分析

阻止片内程序被读取的加密技术主要有口令加密、三级加密和一次性永久加密。

1. 口令加密

芯片采用口令加密的方式进行保护时,每次访问芯片内部程序和数据都需要提供正确的访问口令,大部分加密芯片对口令输入的次数还设有限制,不允许无限次地尝试,一旦连续错误访问口令次数达到设置上限时芯片将启动自毁功能破坏片内存储的程序和数据。芯片内部对口令的输入错误次数进行计数,当计数值达到限定值时,芯片启动自毁功能。芯片自毁功能一般有 3 种方法:一是彻底封锁从外部访问存储器的数据通路,但是不清除存储器内部信息;二是清除芯片内部存储器的所有程序和数据信息,芯片本身不会物理损坏;三是加密芯片启动内部的自损电路,摧毁芯片,芯片发生物理损坏,芯片永远无法再正常工作。所以一些分析者试图通过口令猜测的方法实现口令类加密微处理器芯片内嵌程序和数据的读取是不现实的,采用这样的方法存在较大风险。

因此,对错误口令输入次数限制的加密方式可以从一定程度上防止用暴力穷举的方法猜测出正确口令。但是如果存放错误口令输入次数的存储器不具有掉电数据自动保护的功能,即使用的是类似于 RAM 存储方式的机制时,逆向分析人员则可以通过若干次穷举失败后总结出最大的错误允许限定次数 N,每当口令尝试次数达到 N 次时则关闭电源使保存错误口令次数的计数器复位为 0,接着再继续穷举尝试,直至猜对口令。如果使用的是 ROM,而非 RAM,那么暴力穷举猜测口令则完全行不通,就需要考虑使用其他的芯片逆向解析方法。

2. 三级加密

三级加密是在微处理器芯片中广泛使用的加密机制,这种加密方式多采用安全熔丝和口令相结合的方法保护芯片内部的程序存储器,控制外部电路对其进行访问。

早期的安全熔丝与芯片内部的主存储器部分保持分离状态,界限分明,容易被侵入式解析法定位消除安全保护熔丝。随着半导体集成电路实现技术和工艺的发展与进步,安全熔丝已经被做成主存储阵列的一部分,可有效控制外部电路读写芯片内部数据。晶圆厂家使用与主存储器相同的工艺技术来制造安全熔丝,所以很难从空间上用物理剖片分析的方法对安全熔丝进行定位和复位操作。作为安全熔丝的存储区域其地址可以是静态的也可以是动态的。静态是指作为安全熔丝的存储区域地址固定,而动态是指存储区域不固定,在上电初始化或者芯片复位时锁定某块随机地址存储区域作为安全熔丝。加密的存储区域在正常工作模式下可以被直接访问,但是这些区域的加密位一旦被编程为"0"(低),这些位便不能再被改变为"1"(高),只有通过芯片全擦除操作,它们才能被全部复位为"1"。

3. OTP 加密

OTP(One Time Programming)加密即一次性永久加密的方式,它是指通过一次加密后芯片永久不可恢复为未加密前状态的加密方式。这种加密方式一般包括两大类:一是永久性地破坏微处理器的加密位或安全熔丝,使其永远表现为"0",简称硬写熔丝位加密模式;二是永久性地破坏微处理器内部的数据总线,使得外部完全得不到内部的程序和数据,称为破坏访问总线的加密模式。使用硬写熔丝位加密模式的芯片将成为具有专有用途的一次性专用芯片,片内的加密位和程序存储器不能再被擦除,不能恢复到保密位编程前的状态。由于从微控制器内部获得程序代码必须通过数据总线,所以破坏访问总线的加密方式同样具有很高的安全性能,即使芯片逆向分析人员擦除了安全保密位,芯片恢复至未加密时的状态,也无法读出片内程序的正确代码,因为烧掉的总线的那一位始终是高电平或低电平。使用这种加密方式要求硬件开发人员在系统设计时预留加密时会被破坏的数据总线,这种加密方式需要占用系统资源。

7.2.3　工作机制与最佳的非侵入式解析方法

微控制器上电工作过程可以不需要外部输入条件,微控制器直接读取片内程序执行,程序运行到输出结果需要和外部进行交互时,才和外部接口进行信息交互。如一个电子表的程序,当需要调整时间设置时才和外部的键盘发生关系,当需要时间显示输出时才从显示接口输出,在其他时候微控制器可以完全不和外部进行任何信息交互。显然,微控制器的工作机制和逻辑器件完全不同,逻辑器件在输入端有什么样的输入,在输出端一定有对应的输出给予响应。而微控制器的输入和输出之间没有对应的逻辑函数关系。

前面章节已经介绍了非侵入式逆向解析的方法主要有在线仿真法、黑箱逻辑功能等价法、电磁窥视分析法和直读式解析法。

在线仿真法需要实时采集待解析芯片工作时的波形数据,通过采集到的波形数据综合分析芯片引脚的属性和激励响应的对应关系,然后通过逻辑综合处理生成芯片的逻辑功能。这种逆向分析的方法捕获的是芯片正常工作时的波形数据,缺点是无法鉴别剔除重复出现的数据,但和穷举采集数据的方法相比采集的数据集规模较小。从微控制器芯片的工作机理不难发现,微控制器引脚的波形完全取决于内部程序的运行情况,如果微处理器芯片的某种状态在将来某一天或者将来某种条件满足后才出现时,在线采集法将可能无法捕获到这种状况。所以在线仿真法不适宜于对加密微控制器进行逆向解析。

黑箱逻辑功能等价法则是将待解析芯片看成一只"黑箱",通过对芯片施加测试序列激励向量,并采集其输出结果信息,然后对采集的数据进行逻辑综合,达到芯片逆向分析的目的。微控制器芯片的内部结构不同于逻辑芯片,其输出信号与输入信号间没有明确的逻辑关联关系。所以,黑箱逻辑功能等价法同样不适宜于对加密微控制器进行逆向解析。

电磁窥视分析法则需要通过电磁测量仪器和数学统计技术来检测和分析加密微处理器芯片在执行不同的指令时,对应的电功率消耗和电磁辐射情况。通过电磁信号的变化,反推出芯片内部的指令序列。这种分析方法对测量设备的分辨率和敏感度的精度要求很高,适用范围也较窄,分析成本较高。

直读式解析是在不破坏芯片封装的情况下从待解析芯片内部克隆式提取片内加密的程序和数据。目前直读式解析所依赖的技术手段主要有 3 种:一是采用程序接管技术从外部控制加密微处理器,主要使外部扩展程序存储器代替芯片内部程序存储器,从而利用外部的程序控制芯片内部的控制器;二是采用定向去除保密位的方法消除芯片自身对片内程序和数据的保护;三是通过对待解析芯片施加临界干扰噪声,从而破坏芯片内部安全保护电路的正常工作,实现对加密芯片内部程序和数据的提取。

7.3 直读式固件代码提取

直读式固件代码提取是通过一种绕过芯片保密机制的方法直接读取加密芯片内部固件程序的代码提取方式。这种提取方式可以是通过摘除保密位的方法,也可以是干扰芯片内部的保密机制令其无法正常工作的方法来实现。

固件程序是指存储于非易失存储器(如 ROM、PROM 或 FLASH 等)中的二进制程序,这些存储芯片在系统掉电后数据不会丢失,这是固件的传统定义。随着超大规模集成电路的发展,固件中的二进制程序不仅能够以非易失存储器件为载体,还能够存储于微控制器、SOC 等具有非易失存储能力的器件中,这些器件包括传统的固件存储器以及具有内部存储器的微控制器、SOC/SOPC、FPGA/CPLD 等。

7.3.1 直读式代码提取面临的问题

直读式代码提取会面临到多种加密的带内嵌程序存储器的微控制器。这些微控制器芯片可以实现相同的功能控制,甚至外面接口完全兼容,内部结构差异也不大,但不同系列不同型号甚至不同批号生产的微控制器的加密结构(加密机制)却完全不同。不同的加密方法需要不同的直读式代码提取方法,如解析过程中需要施加不同的工作电流等。

直读式代码提取的本质就是利用不同加密类型的 MPU 的安全设计缺陷,实现从芯片内部提取程序和数据。我们对待解析芯片最直接的认识主要来源于芯片设计厂商提供的数据手册,而数据手册上只是简单介绍芯片的安全防护功能和保护原理,用户并不能真正地了解所使用芯片的安全防护机制和强度。即使在使用的过程中,芯片出现了安全问题,设计厂商也是悄悄地在背后解决问题,然后将产品更新换代,不会将设计漏洞公之于众。所以,要从加密微处理器芯片内部提取程序代码,只能通过大量的测试实验,挖掘提取不同待解析芯片的安全特征参数,建立特征参数库。分析芯片正常工作和非正常工作情况下的表现特征,从而抽象分析出芯片的设计缺陷,这些缺陷可能是通信协议上的设计缺陷,也可能是接口设计上的结构缺陷,还有可能是保密熔丝设计自身存在的缺陷。

加密芯片就是一只带了锁的黑箱,加密保护机构就是各种类型的加密锁。所以,芯片直读式代码提取的关键是找到或者定位到加密锁,并打开或者绕开它,使得加密锁的功能不能发挥应该发挥的作用。侵入式代码提取是通过物理的方法将黑箱打开,通过高倍显微放大设备,结合专业的 IC 设计知识找到这把加密锁,再用激光设备破坏掉加密锁。而非侵入式就需要在不打开芯片封装的情况下找到这把暗锁。部分芯片的加密锁极难从外部定位时,可通过干扰的方法使芯片内部加密保护电路无法正常运行,也就是让加密锁失效。

7.3.2　直读式代码提取技术

代码提取时不能直接对保密安全防护措施未知的加密微控制器芯片进行直读式分析,如果这样可能会破坏芯片内部的程序和数据。三级探测代码提取的目的是提取芯片的保密安全防护特性,建立对应的直读式解析特征参数库。代码提取实验时必须使用与待代码提取芯片相同型号的测试样片,加密编程后采用逐级探测的方法对其进行代码提取,如果在某一级代码提取成功,则完成代码提取,否则换用其下一级方法进行探测式代码提取,然后将待代码提取芯片的型号和生产厂家以及与其对应的代码提取方法记录入库。

1. IFDC 探测法代码提取

IFDC(Instruction Fault Direction Class)探测法利用了微控制器芯片的设计缺陷或者漏洞,当对其施加某一频率的干扰信号时,迫使微控制器的程序计数器发生错乱转到运行片外扩展程序存储器中的程序,在执行片外程序时完成对片内程序和数据的提取工作,达到直接式代码提取的目的。该方法适用于加密后仍可以进行程序存储器扩展的微控制器芯片。

如果待代码提取的微控制器芯片内部没有可以被利用的保密设计缺陷,就需要通过对芯片施加特殊的激励信号(如对 EA#引脚施加编程高压信号或者 PSEN 与 PROG 引脚上的信号组合),迫使其进入编程调试状态。通过其编程下载接口,将程序执行方向的引导指令序列注入待代码提取芯片内部,即对待代码提取芯片植入缺陷或者后门,然后才通过设置待代码提取芯片外部的功能电路,进而利用植入的后门指令序列诱导待代码提取芯片执行片外扩展存储器中的程序直接读取微控制器芯片内部程序和数据。

使用 IFDC 探测代码提取,需要充分利用待代码提取芯片的扩展存储器,由芯片外部扩展存储器中的程序读取片内程序存储器中的程序和数据。加密微控制器的操作时序单位一般有 4 个,分别是节拍、状态、机器周期和指令周期。

节拍与状态:把振荡脉冲的周期定义为节拍(用 P 表示),振荡脉冲经过二分频后作为微控制器的系统时钟信号,用 S 表示,这样一个状态就有两个节拍,其前半周期对应的节拍定义为 $S_1(P_1)$,后半周期对应的节拍定义为 $S_1(P_2)$。

机器周期:一般情况下,加密微控制器有固定的机器周期,这里假定一个机器周期有 6 个状态,分别表示为 $S_1 \sim S_6$,而一个状态包含两个节拍,一个机器周期就有 12 个节拍,记为 $S_1P_1, S_1P_2, \cdots, S_6P_1, S_6P_2$,一个机器周期共包含 12 个振荡脉冲,即机器周期就是振荡脉冲的 12 分频,显然,如果使用 6MHz 的时钟频率,一个机器周期就是 $2\mu s$,而如使用 12MHz 的时钟频率,一个机器周期就是 $1\mu s$。

指令周期:执行一条指令所需要的时间称为指令周期。由于机器执行不同指令所需的时间不同,因此不同指令所包含的机器周期数也不尽相同。一般情况下微控制器的指令可能包括 $1 \sim 4$ 个不等的机器周期。指令包含的机器周期数决定了指令的运算速度,机器周期数越少的指令,其执行速度也越快。

1) 扩展程序存储器读写时序

微控制器扩展程序存储器读时序图如图 7-1 所示。从图中可以看出,P_0 口提供低 8 位地址,P_2 口提供高 8 位地址,S_2 结束前 P_0 口上的低 8 位地址是有效的,之后出现在 P_0 口上的就不再是低 8 位的地址信号,而是指令数据信号。地址信号与指令数据信号之间有一段缓冲的过渡时间,这就要求在 S_2 期间必须把低 8 位的地址信号锁存起来,通常用地址锁存信号 ALE 选通脉冲去控制锁存器把低 8 位地址予以锁存,而 P_2 口只输出高 8 位地址信号,而没有指令数据信号,整个机器周期地址信号都是有效的,因而无需锁存高 8 位地址信号。

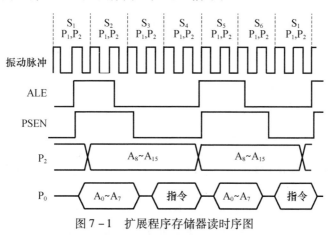

图 7-1　扩展程序存储器读时序图

从扩展程序存储器读取指令,必须有两个信号进行控制,除了上述的 ALE 信号,还有一个 PSEN(外部 ROM 读选通脉冲),由图 7-1 可以看出,PSEN 从 S_3P_1 开始有效,直到将地址信号送出和从外部程序存储器中将数据读入 CPU 后方才失效。而又从 S_4P_2 开始执行第二个读指令操作。

2）扩展数据存储器读写时序

微控制器芯片外部数据存储器读时序图如图 7-2 所示。从程序存储器中读取所需执行的指令,而 CPU 对外部数据存储器的访问是对 RAM 进行数据的读或写操作,属于指令的执行周期,读或写是两个不同的机器周期,但它们的时序却是相似的。在 CPU 执行过程中第一个机器周期是取指令阶段,从 ROM 中读取指令,接着的第二个周期才会开始读取扩展外部数据存储器 RAM 中的内容。

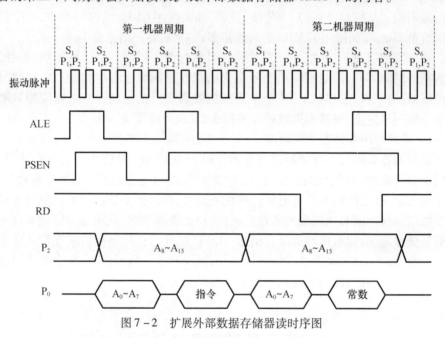

图 7-2 扩展外部数据存储器读时序图

在 S_4 结束后,先把需读取 RAM 中的地址放到总线上,包括 P_0 口上的低 8 位地址 $A_0 \sim A_7$ 和 P_2 口上的高 8 位地址 $A_8 \sim A_{15}$。当 RD 选通脉冲有效时,将 RAM 的数据通过 P_0 数据总线读入 CPU。对片外 RAM 进行写操作时,CPU 输出的则是 WR(写选通信号),将数据通过 P_0 数据总线写入外部存储中。

3）引脚适配

在使用 IFDC 探测解析法对加密微控制器实施逆向解析提取片内代码时,需要利用待解析芯片内部固有的设计缺陷,对其施加特殊的干扰信号,中断正在运行的片内程序,改变其运行方向,转而运行片外扩展程序存储器中的提取程序,进而提取待解析微处理器芯片内部的加密程序和数据。如果待解析的微控制器芯片内部没有可以被利用的设计缺陷,就需要通过对芯片施加特殊的激励信号(对 EA#引脚施加编程高压信号或者 PSEN 与 PROG 引脚上的信号组合),迫使其进入编程调试状态,再利用其编程下载接口,将程序执行方向的引导指令序列注入待解析芯片内部,即对待解析芯片植入缺陷或者后门。

在后门植入的过程中,需要对待解析芯片施加地址信号、数据信号和控制信号。关键的问题是不同厂家生产设计的微控制芯片具有不同的编程下载接口,因此上述信号的接入就不同。如 Winbond 公司和 SST 公司生产的微控制器芯片就具有完全不同的编程下载引脚。假设对这两种类型的微控制器芯片分别执行解析操作时,设 MPU1 为控制解析操作的主处理器,MPU2 表示待解析的目标芯片,MPU1 和 MPU2 之间的连接关系就必须发生相应的调整,以适配不同的编程下载连接关系。同理,诸如其他芯片生产厂商所生产设计的微控制器芯片都具有不同的编程下载连接引脚。假设 MPU1 和 MPU2 之间的连接关系具有随机性,任何可能发生的连接关系在执行解析过程中都需要能够实现。MPU1 作为信源部件有 32 个引脚提供信号,分别是 16 位地址信号 AD0 ~ AD15,8 位数据信号 D_0 ~ D_7,8 位控制信号 PC0 ~ PC7;MPU2 作为信宿部件共有 36 个引脚接收控制信号,所以系统在执行解析任务时可能存在且需要实现的连接关系有 1152 种。

柔性适配是解决 MPU1 的固定端口与 MPU2 连接的重要技术,MPU1 和 MPU2 均为 51 系列的微控制器。此款微控制器一般有 4 个 8 位并行 I/O 口,分别命名为 P_0,P_1,P_2 和 P_3 口。

P_0 口:P_0 口其中一位的电路图如图 7-3 所示,电路中包含一个数据输出锁存器和两个三态数据输入缓冲器,另外还有一个数据输出的驱动和控制电路。P_0 口最大的特点是既可作为地址/数据总线口,又可作为通用 I/O 口。

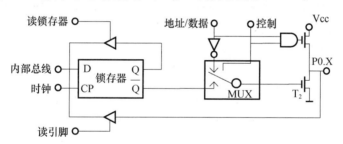

图 7-3 P_0 锁存器和缓冲器结构

当 P_0 口输出地址/数据时,控制信号应为高电平,模拟转换开关(MUX)把地址/数据信息经反相器与下拉场效应管接通,同时输出控制电路的"与"门打开。输出的地址/数据通过"与"门去驱动上拉场效应管,又通过反向器去驱动下拉场效应管。例如,若地址/数据信息为"0",该"0"信号一方面通过"与"门使上拉场效应管截止,另一方面经反相器使下拉场效应管导通,从而使引脚上输出相应的低电平("0")信号;反之,若地址/数据信息为"1",将会使上拉场效应管导通而下拉场效应管截止,引脚上将输出相应的高电平("1")信号。

当 P_0 口作通用 I/O 端口时,控制信号应为低电平,上拉场效应管工作于截止状态。由于 P_0 端口内部电路结构的影响,它是准双向端口,即输入数据时,应先向口写入"1"信号,即输出高电平,使两个场效应管都截止,然后方可作为高阻抗输入。输出数据时可以直接作为端口向外部输出数据信息。

P_1 口:P_1 口其中一位的电路图如图 7-4 所示,它与 P_2 口基本相同,只是少了一个模拟转换开关(MUX)和一个反相器。无选择电路,为了使逻辑上一致所以将锁存器的 $\overline{Q}$ 端与输出场效应管相连,场效应管的漏极上接有上拉电阻,因此该端口不必外接上拉电阻就可以驱动任何 MOS 电路,负载能力与 P_2 口相同,只能驱动 4 个 TTL 输入。P_1 口常用作通用 I/O 口,也是一个标准的准双向 I/O 口,即作输入口使用时必须先将锁存器置 1,使输出场效应管截止。

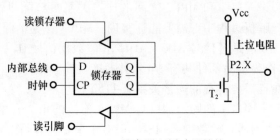

图 7-4　P_1 锁存器和缓冲器结构

P_2 口:它与 P_0 口基本相同,结构图如图 7-5 所示,只是输出部分电路略有不同,P_2 口在输出场效应管的漏极上接有上拉电阻,这种结构使该 I/O 端口不必外接上拉电阻就可以直接驱动任何 MOS 电路,且只能驱动 4 个 TTL 输入。P_2 口常用作外部存储器的高 8 位地址口。当不被用作地址口时,P_2 口也可作为通用 I/O 口,这时它也是一个准双向的 I/O 口。

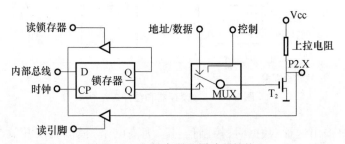

图 7-5　P_2 锁存器和缓冲器结构

P_3 口:P_3 口的电路如图 7-6 所示,它是一个双功能口,第一功能与 P_1 口一样可用作通用 I/O 口。另外还具有第二功能,其结构特点是不设模拟转换开关(MUX),增加了第二功能控制逻辑,多增设一个"与非"门和缓冲器,内部具有上拉电阻。

当 P_3 口作为通用输出口时,内部第二功能线应为高电平 1,以保证"与非"门畅通,此时 P_3 口的功能和负载能力与 P_1 口相同。P_3 作为第二功能输出口时,锁存器应置高电平,使"与非"门对第二功能信号的输出是畅通的,从而实现内部第二输出功能的数据经"与非"门从引脚输出。

210

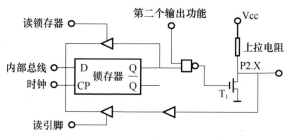

图 7-6　P_3 锁存器和缓冲器结构

P_3 口作为输入口时,对于第二功能为输入的信号引脚,在 I/O 口上的输入通路增设了一个缓冲器,输入的第二功能信号即从这个缓冲器的输出端取得。而作为通用 I/O 口线输入,取自三态缓冲器的输出端。因此,无论是通用 I/O 口的输入,还是内部第二功能的输入,锁存器的输出端 Q 和内部第二功能都均应置为高电平 1,使与非门输出为 0,这样驱动电路不会影响引脚上外部数据的正常输入。P_3 口的第二功能各管脚定义如下:
- P3.0　　串行输入口(RXD)
- P3.1　　串行输出口(TXD)
- P3.2　　外中断 0(INT0)
- P3.3　　外中断 1(INT1)
- P3.4　　定时/计数器 0 的外部输入口(T_0)
- P3.5　　定时/计数器 1 的外部输入口(T_1)
- P3.6　　外部数据存储器写选通(WR)
- P3.7　　外部数据存储器读选通(RD)

要实现 MPU1 和 MPU2 多个信号源引脚和多个信号目的引脚在不同的时间点实现不同的互连关系,是柔性连接解决通用的目的。柔性适配连接可借鉴矩阵交叉开关的思想,利用可编程器件 FPGA 设计实现信号源引脚与目的引脚之间的逻辑映射关系。

交叉开关的设计,对于 $N \times N$ 的缓冲交叉开关结构,每一个交叉点都拥有一个分组大小的缓冲区,每个输入端口有 M 个先进先出的输入队列,编号为 $0 \sim (M-1)$,$1 \leqslant M < N$。输出端口分为 M 个不相交且数目相等的组,输入端口的每个输入队列对应且只能与一个输出分组相对应,也就是说,到对应输出的分组只能进入这一输入队列等待被调度。这样一个 $N \times N$ 的含有多输入队列的缓冲交叉开关交换结构就从逻辑上被分为 m 个 $N \times (N/M)$ 的子交换结构,在此将其编号为 $0 \sim (M-1)$。图 7-7 即为每个输入端口有两个队列的 4×4 缓冲交叉开关结构的示意图,N 值为 4,M 值为 2。

假定 N 为 2 的幂次,且为 M 的倍数;分组是定长的,时间被划分为时隙(slot);交换结构的加速比为 1,也即每一个时隙内,输入端口只能传送 1 个分组到交叉点缓冲区,输出端口也只能从交叉点缓冲区接收 1 个分组。到达输入端口 i,目的为输出端口 j 的分组首先会被送入交叉点缓冲区 $B[i,j]$,然后再从交叉点缓冲区传送到输出端口。

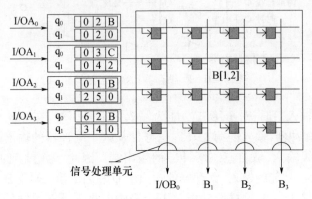

图 7 - 7 　4 ×4 缓冲交叉开关结构示意图

　　使用交叉开关组成的互连网络,各节点之间的接口具有一致性。也就是说,无论是主节点与交叉开关之间,交叉开关与交叉开关之间,还是交叉开关与从节点之间,它们的接口连接关系都是一致的。相对于主节点来说,和它相连的交叉开关的端口是 Slaver(被动方);相对于从节点来说,和它相连的交叉开关的端口是 Master(主控方)。

　　交叉开关的端口具有双向性。在数据传输通路建立起来后,虽然 Master 端口和 Slaver 端口之间控制信号的流向是固定的,但是数据总线上的信号流向根据读写操作的不同而不同。写操作时,数据从 Master 端口写向 Slaver 端口;读操作时,路由信息、地址信息从 Master 端口写到 Slaver 端口,读取的数据则从 Slaver 端口读入 Master 端口。

2. FPDC 探测法代码提取

　　FPDC(Fixed Point Demolish Class)探测法主要适用于可以分段擦除片内程序存储器的微控制器芯片,因为有些微控制器的保密熔丝和程序熔丝在擦除操作上的时间并不相同。如果保密熔丝擦除的时间比存储程序熔丝擦除的时间长,就可以采用此方法进行代码提取。

　　该方法首先通过试验测得芯片总的擦除时间,假设为 T,将 T 细分为均等的 n 段时间间隔,每段时间间隔为 Δt。其次在代码提取操作时每执行 Δt 时间间隔的擦除操作时,检查一次保密熔丝的变化情况,如果芯片的保密熔丝已经恢复至未加密状态,并能直接读取到片内程序和数据时,则表明芯片代码提取成功。如果保密安全熔丝还没有恢复到加密前的状态,则继续执行 Δt 时间间隔的擦除操作,再次检查安全熔丝的变化情况,重复此操作,直至代码提取成功或擦除操作的时间间隔接近 T。

该代码提取方法取得成功的一个典型例子就是对早期 ATMEL 公司生产的 AT89C 系列单片机的代码提取。通过利用该系列单片机保密位擦除操作时序设计上的漏洞,通过程序控制擦除加密位后,停止进一步片内程序存储器的擦除操作,从而使加密的单片机还原成未加密刚编完程序的状态,然后利用编程设备便可直接读取片内的程序和数据。

加密微控制器的内置程序一般存储于芯片内部中的 EPROM、EEPROM 或者 FLASH 闪存单元中,与 SRAM 只有两种稳定的逻辑状态不一样,各种类型的 ROM 存储芯片实际是通过电场的作用形成浮栅电荷,依靠浮栅电荷的多少来表示单元地址上存储的是能表示"0"或者"1"的值,如图 7 - 8 所示。

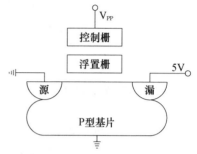

图 7 - 8　EPROM 存储单元

当对其编程序(写入)时,控制栅上接编程电压(Vpp),源极接地,漏极上加 5V 电压。漏源极间电场作用使电荷穿越沟道,在控制栅的高压吸引下,这些自由电荷穿过氧化层后进入浮置栅,当浮置栅上累积足够多的自由电荷后,漏源极间便形成导电沟道,信息便存储在浮置栅上。读数据时,是通过敏感放大器读取浮置栅上的信息。擦除操作是通过紫外线或者电流的作用使浮置栅上的电荷泄漏来实现的。因此,在对加密微处理器芯片执行擦除操作时,可以通过控制紫外线的光照强度或者芯片擦除电流,进而精确控制对芯片内部程序存储器的擦除效果,即达到实现对加密微处理器的"伪擦除"和"真擦除"。在"伪擦除"操作过程中,由于光照或者电压强度不足,不会对存储器内部的信息执行真正的擦除操作,即不会对浮置栅上的浮栅电荷产生有效影响,而在"真擦除"操作过程中则会真正地对存储器内的信息执行擦除操作。通过对"伪擦除"和"真擦除"执行时间的精确控制,按照 FPDC 探测解析过程中提取的参数,可以实现对加密微控制器的解析。

在安全熔丝的定位测试过程中需要对芯片施加高压冲击电流。但是,如果施加的电流过小对于安全熔丝的消除不起任何作用,如果施加的电流过大则会破坏掉芯片内部的硬件电路,所以需要精确控制对待解析微处理器芯片施加的冲击电流。为了能够消除安全熔丝又不至于破坏到被测试的芯片,在安全熔丝的消除过程中需按照阶梯递增的方式施加冲击电流,每升高加大一级都要对芯片的工作状态进行测量,一方面检测芯片的安全熔丝是否已被定位消除,另一方面观测芯片是否能够承受当前的冲击电流,如图 7 - 9 所示。

在对加密微控制器施加冲击电流的过程中,每一阶段都要通过监测存储器的状态来判断芯片的安全熔丝位是否已被定位消除。

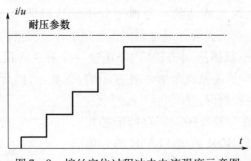

图 7 - 9　熔丝定位过程冲击电流强度示意图

3. NAC 辅助代码提取法

NAC(Noise Attack Class)辅助代码提取法是在执行程序时因临界噪声信号的施加,使得安全保护电路在判断安全熔丝状态时失效,从而允许外界在芯片未擦除的情况下进行编程。干扰噪声是非常规的输入信号,它的作用是在不中断芯片正常工作的情况下影响芯片内部安全保护电路对熔丝位状态的判断。通过对片内空余单元进行编程的方法,将片内控制权转移到外部来执行,或者直接插入一段程序将片内程序和数据直接送到数据总线上。

如 SyncMos、Winbond 等公司生产的微控制器芯片,由于工艺上的漏洞,利用编程器可以直接对加密完成后的空白单元进行再编程,当然在编程前需要确保这些单元是没有真正使用的空白单元,也就是查找微控制器芯片内连续的 FF 字节,将这些空白字节插入能够执行把片内的程序送到片外的指令,然后将送出的芯片内部的程序和数据收集起来就实现了代码提取。

微控制器正常工作时的电压值、时钟频率和强度都必须稳定在一定的范围内,否则会导致芯片中止工作或者频繁复位。因此,用于辅助解析的噪声信号必须处于正常范围内的边界区域,既起到干扰的效果,又不影响整个芯片的工作。

制造电源噪声的方法是瞬间增加或降低工作电源的电压,并保持一定的时间。电源噪声通常施加在待解析的微控制器的电源端接口上,电压的振幅、上升/下降时间都属于使用电源噪声所需要考虑的重要参数。时钟噪声是针对微控制器的指令流设置的,产生时钟噪声最简单的方法是瞬间短接晶振引脚,当谐振器在不同的泛音上产生振荡会发出很多噪声。但是要在确定的时钟周期内获得所需的信号,就需要实时可控的噪声信号发生器。

正常时钟信号一般情况下为脉宽均匀等宽的脉冲信号,而时钟噪声则是在正常时钟信号的基础上加入噪声源信号,经叠加后时钟信号变成时钟噪声,时钟噪声会随机地改变脉冲信号的脉宽,形成不同频率的时钟信号,干扰芯片内部保密电路正常工作。干扰过度会导致微控制器解密操作失控;干扰不足则对微控制器芯片的解密不产生影响。这两种情况都会导致直读式解析的失败。因此需要经过大量噪声的实验,确定噪声信号的施加范围。

4. 其他代码提取技术

电子探测代码提取通常以高时间分辨率来监控处理器在正常操作时所有电源和接口连接的模拟特性,并通过监控它的电磁辐射特性来分析正在执行的指令。因为微控制器是一个活动的电子器件,当它执行不同的指令时,对应的电源功率消耗也相应地发生变化。

过错产生技术代码提取使用异常工作条件来使处理器工作出错,然后提供额外的访问来进行攻击。使用最广泛的过错产生攻击手段包括电压冲击和时钟冲击。低电压和高电压攻击可用来禁止保护电路工作或强制处理器执行错误操作。时钟的瞬态跳变有时会影响到复位保护电路但不会破坏到受保护的信息。电源和时钟瞬态跳变可以在某些处理器中影响单条指令的解码和执行。

7.4　代码去扰

计算机软件开发厂商出于对自身软件版权的保护目的,为了防止黑客对其发布的计算机软件产品进行逆向分析,开发出了若干试图防止或扰乱技术人员对软件发布产品进行反汇编操作的技术。其中最为主要的就是代码加壳和混淆干扰技术。

7.4.1　目标代码的加壳识别与脱壳处理

微控制器片内目标程序代码加壳是指在原目标程序代码的基础上附加一定的代码、数据,使分析人员无法看到原目标代码的真实内容的一种代码加密的方法。代码加壳不仅可以改变原可执行文件的运行流程和特征,还可以改变原目标二进制程序的静态特征。代码加壳后,可以防止程序被静态反编译。壳的工作机理是通过在原目标程序的代码前加入一段冗余代码来实现的。对于目标程序来讲,壳改变了原程序的执行结构,从而达到壳的代码能够比原程序的代码提前获得控制权,并且不会影响原程序的正常运行。

为防止逆向分析人员反向分析内置二进制目标程序,目前,大量微控制器片内的二进制程序都存在加壳现象,因此代码逆向分析必须首先解决加壳的识别问题。

1. 加壳识别技术

加壳识别的关键是要知道有哪些壳的类型。每种壳都有自己的特征。现在的加壳识别都是基于特征码进行的,基本原理是从入口点开始匹配一段特征码,匹配成功则加壳类型识别完成。当然也有从整个文件搜索一段特征码的,这种方法也有一定的误报率。

2. 脱壳处理

加壳技术中采用了诸多的防脱壳分析技术,如加密/压缩、垃圾代码、代码变形、反—反编译等技术,其目的是减缓逆向分析人员对受保护代码和加壳处理后的程序代码进行分析和理解的速度。显然,脱壳处理就是加壳的逆过程。

（1）解密处理：加壳时通常既加密壳本身代码，也加密受保护的程序代码。不同的壳所采用的加密算法也不相同，有非常简单的 XOR 循环，也有执行数次不可逆的复杂运算。解密处理是一个十分复杂的过程。

（2）解压缩处理：压缩的主要目的是为了缩小可执行文件代码和数据的大小，但是由于原始的包含可读字符串的可执行文件变成了压缩数据，因此也起到了一定的混淆作用。显然，代码逆向分析前必须先进行解压缩处理。

（3）垃圾代码处理：在加壳的例程中插入垃圾代码是另一种有效的迷惑逆向分析人员的方法。它的目的是在加密例程或者诸如调试器检测这样的反逆向例程中掩盖真正目的的代码。通过将调试器/断点/补丁检测技术隐藏在一大堆无关的、不起作用的、混乱的指令中，垃圾代码可以增加逆向分析的难度。此外，有效的垃圾代码是那些看似合法/有用的代码。

（4）代码变形处理：代码变形是更高级壳使用的另一种技术。通过代码变形，简单的指令变成了复杂的指令序列。这要求壳理解原有的指令并能生成新的执行相同操作的指令序列。

7.4.2 代码去扰技术

1. 加扰的特征

影响代码正确逆向分析的关键是代码加扰技术。对微控制器片内二进制程序影响最严重的就是控制结构加扰，如子程序异常返回和跳转到错误地址。

1）子程序异常返回

子程序调用执行时会将当前指令的下一条指令的地址放入栈中，以便在子程序完成时继续向下执行。在子程序执行结束时，执行返回指令返回主程序，这时是将栈顶存入的返回地址取出转回到主程序，继续执行主程序的操作。

利用子程序异常返回来干扰代码逆向分析，这种方法修改了程序的控制结构，但不会改变程序实际执行的内容。

如图 7－10 的例子所示。在主程序中插入无用数据（E8），然后在子程序返回之前调整堆栈，将真正的返回地址（exit）放入栈顶。

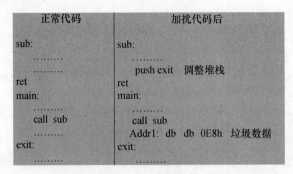

图 7－10　代码加扰

代码经过加扰后,当程序执行到 CALL 指令调用子程序(sub)时,会自动将当前指令的下一条指令的地址放入堆栈中,在 sub 结束之前 RET 指令会将当前的栈顶取出,正常情况应该是 Addr1,然而代码加扰后是将(exit)内容放入程序计数器中,即从(exit)内容指定的地址开始执行,这样就保证了程序能够跨过垃圾数据,使程序正确执行,但反绘制出的控制流图是错误的,逆向分析发生错误。

2) 条件跳转的加扰

根据条件跳转指令放置的位置,将条件跳转加扰的实现形式分为 4 类,即典型形式、多层顺序嵌套形式、多层乱序嵌套形式以及嵌入冗余代码形式。

典型形式程序片段如下所示。

(1)　　　……
(2)　　　jz　label1
(3)　　　jnz　label1
(4)　　　mov ax,bx
(5) label1 :add ax,#36h
(6)　　　……

在典型形式中,汇编代码片段语句(2)、(3)处的 jz、jnz 是条件跳转指令,在反汇编过程中,不管反汇编引擎采用线性扫描算法还是行进递归算法,当遇到条件跳转指令时都不会发生控制流的转移。然而,由于这两个条件跳转指令的跳转条件形成互补关系,而且其跳转目的地址相同,从而导致 jz、jnz 这两个条件跳转指令的组合实际上相当于一条无条件跳转指令。因此在实际的执行过程中,两条连续的条件跳转指令在跳转条件互补,且跳转目的地址相同的情况下一定会导致控制流的转移。这时如果在最后一条跳转指令后面插入垃圾数据就会导致反汇编错误,达到干扰正确绘制内置程序控制流图的目的。

对于某些体系结构下的指令集合(如 Intel IA－32),其指令结构决定了反汇编过程中存在一种自修复现象,即反汇编过程中在某条指令处出现了错误,若干条指令后,它将自动恢复到正确的反汇编结果,即重新同步到正确的指令序列上来,这种反汇编错误在有限的几条指令后自动修复的现象称为反汇编过程的自修复现象。所以,典型形式的条件跳转混淆可能仅仅造成几条指令的反汇编错误,错误传播的范围比较小。但多重顺序嵌套的条件跳转干扰则能够使更多条指令的反汇编得到错误的结果,错误传播范围扩大,后果更加严重。

多层顺序嵌套有两种形式,分别如下面(A)、(B)所示。(A)中(2)、(3)处的条件跳转指令对和(4)处的垃圾数据形成混淆,从而能够隐藏(6)处所表示的部分代码。紧接着(7)、(8)处的条件跳转指令对和(9)处的垃圾数据又形成混淆,从而能够隐藏(11)处所表示的部分代码。类似地,还可以通过增加条件跳转指令对数来形成更多的混淆,以达到所期望的混淆效果。对于(B)中形式,则是在两个条件互补且跳转地址相同条件跳转指令(2)、(7)之间再嵌套入一组混淆,即(3)、(4)、

(5)的指令组合,以防止被轻易地识别。

(A)		(B)	
(1)	………	(1)	……
(2)	jz　label1	(2)	jz　label1
(3)	jnz　label1	(3)	jz　label2
(4)	db　thunkcode1	(4)	jnz　label2
(5)	label1：	(5)	db　thunkcode2
(6)	maliciouscode1	(6)	lable2：
(7)	jz　label2	(7)	jnz　label1
(8)	jnz　label2	(8)	db　thunkcode1
(9)	db　thunkcode2	(9)	label1：
(10)	lable2：	(10)	maliciouscode1
(11)	maliciouscode2	(11)	……
(12)	……		

在上面的代码干扰形式中,可以简单地将条件跳转到跳转目的地址之间的所有字节用 090h(51 系列微控制器)填充来破解混淆。例如,(A)中,将(3)与(5)之间的所有字节均用 090h 予以填充,这样解码得到指令为空操作指令 nop,而不会影响反汇编结果。对于(B)而言,则可通过多遍填充来解决。但是对于条件跳转混淆的第三种形式——多层乱序嵌套,上面那种填充字节的方式则无能为力。

多层乱序嵌套代码干扰同样也有两种形式,分别如下面(C)、(D)所示。以(C)为例,实际的执行顺序为执行至(2)或(3)处,控制流会跳转至从(10)处 label1 表示的代码块;接着执行至(12)或(13)处,这时控制流会向后跳回至从(5)处 label2 表示的代码块。如果采用简单的填充方法,那么(3)和(10)之间的所有字节都将被填充,其中当然也包括(6)处所表示的程序代码,这样就无法得到完整的反汇编结果,从而可能导致后续的程序代码分析与识别不准确。对(D)可进行类似分析。

(C)		(D)	
(1)	……	(1)	……
(2)	jz　label1	(2)	jz　label1
(3)	jnz　lable1	(3)	jnz　lable1
(4)	db　thunkcode1	(4)	db　thunkcode1
(5)	label2：	(5)	label2：
(6)	……	(6)	……
(7)	jz　label3	(7)	jz　label3
(8)	jnz　label3	(8)	jz　label4
(9)	db　thunkcode3	(9)	jnz　label4

（10）	label1：	（10）	thunkcode3
（11）	……	（11）	label4：
（12）	jz　label2	（12）	jnz　label3
（13）	jnz　label2	（13）	thunkcode4
（14）	db　thunkcode2	（14）	label1：
（15）	label3：	（15）	……
（16）	……	（16）	jz　label2
（17）	jnz　label2		
（18）	thunkcode2		
（19）	label3：…….		

在实际分析中还会发现有些片内程序代码通过添加冗余代码的形式来使分析者耗费更多的精力，大大提高了条件跳转混淆的识别难度。

2. 条件跳转干扰的分析

在条件跳转干扰的典型情况下，采用线性扫描算法的反汇编必然得到错误的反汇编结果，这是因为线性扫描在解码出第二条条件跳转指令之后会顺序地从下一字节处开始进行下一条指令的解码，而无论该字节是数据还是指令。所以如果放在该字节处的数据恰好是某条多字节指令的操作码，那么就可能会将该字节连同后面几个字节的内容作为一条完整的指令进行解码，从而得到错误的逆向分析代码。

对于采用行进递归算法的反汇编引擎而言，虽然在处理控制转移指令时会进行控制流的转移，看起来似乎能够轻易化解前面的条件跳转干扰，但实际上，采用行进递归算法的反汇编器得到的结果依然是错误的。这是因为，在进行静态分析时无法准确确定条件跳转指令的跳转条件是否成立，所以行进递归算法遇到条件跳转指令时不可能像处理无条件跳转指令那样，将控制流转移到两条条件跳转指令共同的目的地址处，然后再继续进行反汇编。实际分析过程是，在处理条件跳转时并不进行控制流的转移，而是与线性扫描算法一样，也是顺序地从条件跳转指令的下一字节处开始继续解码。所以采用条件跳转干扰技术的内置程序代码既能够使采用线性扫描算法的反汇编器一筹莫展，也能够使采用行进递归算法的反汇编器无能为力。

针对条件跳转加扰代码的逆向分析，首先需要创建一个链表保存解码时遇到的条件跳转指令的指令地址、指令长度、条件跳转类型。在反汇编过程中，当第一次遇到某个条件跳转指令时先将其放入链表，然后像修改前一样继续进行顺序解码；当再次遇到条件跳转指令时也将该指令放入链表中，这时要对链表中的条件跳转指令的指令类型进行逐条判断，如果指令类型互为互补的条件跳转，那么再判断这两条条件跳转目的地址是否相同，如果相同，这时就认为这两个条件跳转构成了条件跳转干扰。

在做出了条件跳转干扰的判断后,需要对程序的控制流进行修改,此时控制流不能够再顺序地从条件跳转指令的下一个字节处开始解码,而是需要将控制流转移至两条条件跳转指令共同的目的地址处,从该地址开始新一轮的反汇编。

对于条件跳转加冗余代码干扰的情况,即在两个条件跳转之间添加冗余代码,则相对复杂一些。如果冗余代码中不存在垃圾数据,则相对简单一些。如果存在垃圾数据,那么必须在解码至第二个条件跳转之前修复同步到正确的指令。通过去扰分析处理后,反绘制出的控制流图才可能是正确的。

7.5　代码逆向分析

逆向分析是代码提取后的重要工作,主要包括:指令集识别、代码还原和控制关系识别。指令集识别是通过提取各类微处理器指令体系结构的特征,对直读式提取到的程序二进制代码进行识别;代码还原是将二进制代码转换成可以阅读和进一步分析的代码文件的技术和过程。控制关系识别主要对程序的控制流、数据流、依赖关系进行分析,并得到相关信息的描述性文档。

7.5.1　代码逆向分析基本思路

由于微控制器结构千差万别,品种数量众多,体系结构差异又很大,固件代码在代码组织方面也不包含任何结构信息,只是数据和指令的二进制代码混合体,没有任何关于程序的诸如入口地址、函数的开始地址、代码和数据空间的位置大小和分布情况等信息,提供给逆向分析的线索十分有限。

针对不同结构微控制器结构的固件代码逆向分析的原理和过程又基本相同,如果针对每一种指令集系统结构开发一种逆向分析工具,无疑会增加很大的工作量,同时也是不科学的。代码逆向分析通常的思路是代码归一化处理,也就是将指令集体系结构各异、应用领域有别的不同微控制器,用一种规范的归一化中间形式来表示。

将不同结构微控制器的内嵌程序或固件程序翻译成一种虚拟指令(VI)表示的中间程序的过程,包括结构映射和指令翻译两部分工作。

针对不同微控制器结构研究统一的中间语义表示方式,可以大大简化集成电路芯片中固件代码的分析处理工作。由于不同微控制器结构不同,指令集也不同,其指令的编码方式、寻址机制、硬件资源、对齐方式、操作行为等均不同,所以工作量非常大。采用归一化的表示语义,可以实现把不同微控制器结构的程序代码转化为一种统一的由中间表示语义描述的程序代码,这样就可以不必面对不同表示形式的目标代码进行逆向分析。

程序代码归一化就是将多种不同结构的真实处理机的指令代码转换到一种虚拟结构模型(VISA)的中间指令代码的过程,归一化过程如图 7 – 11 所示。由于不同处理器的编码方式存在差异,在指令归一化的具体实现中会略有不同,但其实现的基本方式是相同的,指令归一化的过程一般包括结构映射和指令翻译部分,结构映射是在真实处理器和虚拟指令集体系结构的组件之间建立一一对应关系,指令翻译则以结构映射为基础,在保证语义等价的前提下将机器指令翻译成对应的VISA指令。

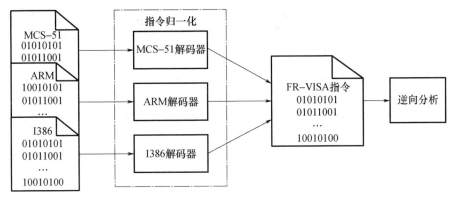

图 7 - 11　指令归一化流程

虚拟指令集体系结构是实现内置程序代码归一化的重要技术,通过归一化统一了结构各异的指令集系统,为内置程序代码逆向分析提供了一个规范统一与处理器无关的中间表示形式。VISA 的设计包括虚拟结构模型(Virtual - Structure Model,VM)、虚拟指令(Virtual Instruction,VI)集构建和指令归一化(Insruction Normalization,IN)方法等内容。

7.5.2　VISA 设计

在设计 VISA 时,既希望 VISA 的结构模型 VM 足够简单,以降低实现的难度,又希望 VM 足够复杂,能够模拟真实的各种处理器的所有功能。指令归一化的难度指标是 VM 的复杂度(Model Complexcity,MC)和指令归一化的复杂度(Normalization Complexcity,NC)。降低 VISA 的 MC 必然会增加 NC,反之亦然,MC 和 NC 是此消彼长,相互制约的一对矛盾,如何平衡这一对矛盾,是设计 VISA 的关键。

目前,VISA 的设计有两种思路,即纯自动机方式和模拟器方式。自动机方式MC 最小,NC 最大,而模拟器方式 MC 最大,NC 最小。

虽然现有的 VISA 种类很多,但大多面向编译程序或其他领域的应用,如二进制翻译、恶意代码检测以及多目标代码生成等,内置二进制程序代码有着自身的特点,现有的 VISA 不能很好地满足固件指令归一化的需要,因此,本书介绍一种面向内置二进制程序代码逆向分析的虚拟指令集体系结构来实现固件指令的归一化表示。

1. VISA 设计原则

虚拟指令集体系结构 VISA 的设计与真实指令集系统的设计不同,设计者不需要考虑机器体系结构对硬件实现和成本要求,也不需要考虑指令的字长,寄存器的个数、存储器的大小、指令的流水线程度和硬件的速度等,这给设计者提供了一个更加广阔自由的设计空间,设计者可以根据应用领域的需要创造性地设计出各式各样的 VISA。然而,一种具体的 VISA 总是面向特定的应用领域、满足特定的实践需要,不应随心所欲地设计,应当遵循一定的设计原则。在固件逆向分析中,VISA 的设计目标是:①为固件代码的自动化分析提供一个统一规范的中间形式;②解决多目标平台设计的功能冗余问题;③为逆向分析人员理解固件代码提供一种统一的描述方法。因此,虚拟指令集体系结构 VISA 应该遵循如下原则:

1) 通用性原则

处理器应用的广泛性决定了微处理器体系结构和指令集的多样性,不同体系结构的指令集具有不同的寄存器模型、存储器模型、寻址方式、指令集以及编码方式等。VISA 的虚拟结构必须与现有体系结构兼容,并且现有指令集可以等价地翻译成 VISA 的虚拟指令。所以,虚拟指令集必须包含完备的指令操作,统一的存储模型,通用的寄存器组,保证体系结构无关性。

2) 可读性原则

VISA 设计的一个重要目标就是要面向逆向分析人员,为逆向分析人员理解二进制代码程序提供统一的描述方法,由于现阶段逆向分析工具智能性差,自动化程度低,在逆向分析中还需要人工参与,所以 VISA 设计还应该做到面向逆向分析人员,可读性好。虚拟处理机的指令集要满足可读性要求,一般应具有以下特征:①虚拟指令应该包含丰富的执行信息,明确指示源操作数与目的操作数,不使用默认操作数(或隐含寻址方式);②存储器操作数要显示标志存储数据的类型;③指令不宜包含复杂的语义;④使用统一的编码模式。

3) 简单性原则

为综合种类繁多的指令集,统一结构各异的微处理器而设计的 VISA 应当简单而且容易理解、便于分析,VISA 中要保留并统一各处理器结构中与指令逻辑语义相关的元素,屏蔽逻辑语义无关因素。例如,在 32 位以上的 I386 体系结构中,为了支持虚拟内存技术,采用了段页式的存储管理,并提供了相应的硬件(段寄存器)和指令(LGDT,LTR,LGDT 等)来为段页式存储管理提供软硬件支持,这样的硬件和指令具有很强的结构相关性,因此在 VISA 中就应当摒弃段页式的存储管理概念,直接采用简单直观的线性存储模型;在哈佛结构中,代码和数据分开存储只是为了提高访存的效率,也不影响程序的逻辑,所以 VISA 宜沿用冯氏结构的风格。

2. VISA 虚拟结构模型

根据通用、简单、可读的设计原则可构建 VISA 的虚拟结构模型 VM 如图 7-12 所示,该模型结构沿用了冯氏结构的风格,以简单直接的方式概括了大部分微控制器的结构特征。该结构模型包含 ALU/CU 单元、寄存器堆、存储器、中断管理、I/O 控制等五大部分。在图中①⑦为控制运算单元,功能等同于中央处理器;②为寄存器堆,包含程序计数器 PC,处理器状态字 PSW 和 256 个 32 位通用寄存器;③是一个 4GB 的线性读写存储器,fVISA 指令程序加载至③中然后开始运行;④是比特存储器,与③的不同的是访问以比特为单位,③和④组成了 fr - VISA 访问粒度可变的存储模型;⑤是中断管理单元,支持 256 个中断,每一个中断向量可以与任何中断源建立连接;⑥是 I/O 控制部分,可以在 I/O 总线上添加不同类型的 I/O 设备。

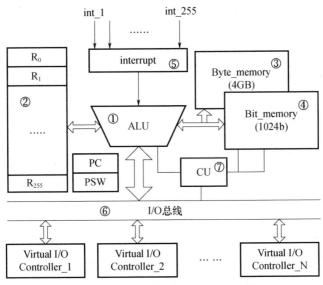

图 7 - 12　VISA 的虚拟结构模型 VM

1) 寄存器模型

在 CPU 内部,寄存器一般分为通用寄存器和专用寄存器。在通常情况下,只实现通用寄存器也可以完成指令集的统一,但是由于专用寄存器可读性强,所以 VirtualMCU 在定义数量众多的通用寄存器的同时,还可以保留各类 CPU 常用的专用寄存器。

程序计数器:PC

程序状态字:PSW

图 7 - 13 列出了部分的标志位,此外,还有下面的标志位:

D:　　　串指令方向

NT:　　任务嵌套标志(X86 中控制 IRET 指令的执行)

RF:　　恢复标志(调试指令),是否接受高度故障

AC:　　对齐检查

VIF:　　(Pentium ~ Pentium4)

ID:　　　(Pentium ~ Pentium4)

VIP:　　(Pentium ~ Pentium4)

通用寄存器:

累加寄存器　　　　　　　EAX(AH,AL,AX)

	存储器指针	EBX
	计数器	ECX
	数据寄存器	EDX
	堆栈存储器指针	EBP
	目标数据存储器指针	EDI
	源数据存储器指针	ESI
	通用寄存器	$R_0 \sim R_{255}$

堆栈寄存器:

栈顶指针　　　　　　　ESP

方便微控制器指令归一化,通用寄存器设计为包含 8 位、16 位寄存器。

9	8	7	6	5	4	3	2	1	0
		I 中断	T 陷阱	S 符号	O 溢出	Z 零	A 辅助进位	P 奇偶	C 进位

图 7 – 13　PSW 的部分标志位

2) 存储空间组织与结构模型

VMCU 存储空间包括运行时存放代码和数据的主存空间,主存空间采用线性组织,不使用段页式管理功能,当二进制程序加载到主存空间时,主存空间不对逻辑空间的地址进行重定位。用户可以对主存空间的大小进行修改。VMCU 为用户提供了配置选项,可以对中断向量表和栈的位置进行修改,可以选择栈的增长方式。

为了兼容诸多嵌入式处理器丰富的位操作功能、支持更加广泛的位操作指令,VMCU 可引入比特存储空间。

VMCU 采用内存空间与 I/O 空间独立编址。

3) 中断系统

VMCU 支持 64 个中断向量。

中断寄存器组:

中断使能寄存器	IER
中断标志寄存器	IFR
中断屏蔽寄存器	IMR
中断优先级寄存器	IPR

4) 指令系统

指令的操作数可以明确指定或者隐含指定。在 VMCU 中,根据可读性原则,每条指令的操作数都可明确指定,除对程序计数器 PC 的改变外,其他所有的存储变量的改变都是显式的。所有的指令必须有明确的源操作数、目标操作数,包括所有被影响的寄存器。这样设计的目的是为了提高中间代码的可读性,方便其他语言的二进制翻译,省去寄存器映射的麻烦。

按寄存器访问方式划分,有两类寄存器结构的计算机:一种是 R – M(寄存器—存储器)结构,任何指令都可以访问内存,目标操作数不能是内存地址;另一种是 L‐S(加载—存储)或者 R‐R(寄存器—寄存器)结构。出于性能和实现上的考虑,设计时将所有的操作数都保存在存储器中。根据兼容性原则和可读性原则以及软件的灵活性,最好引入 M‐M 结构,并与 R‐M 结构相结合,形成 M‐R 结构,所有的操作数可以是存储器也可以是寄存器。

内存寻址方式可以分为位寻址、字节寻址、字寻址、双字寻址、四字寻址。

虚拟指令集是运行于 VM 上的所有虚拟指令的集合,一条虚拟机指令(Virtual Instruction,VI)是在虚拟结构模型上执行某种操作的命令,用来指明 VM 上模拟的指令操作。

一条 VI 包含了指令的操作类型、操作数、下一条指令地址以及受指令执行影响的标志位等信息。VI 定义如图 7‐14 所示。

```
vi          :=op oprands {flag}
op          :=add|sub|mul|div|and|or|xor|rsr|rsl|halt|in|out|...
oprands     :=opand|oprand,oprands;
oprand      :=reg|#imm|mem|
mem         :=size:[addr]
addr        :=reg|#imm|reg+#imm
size        :=bit|byte|word|dword|qword
reg         :=r1|r2|...|r255
Imm         :=number
flag        :=flag|cf|zf|pf|of|af
```

图 7‐14　VI 指令格式

VM 和 VI 组成了 fr‐VISA 的编程模型。

3. VMCU 指令

VMCU 指令系统的指令可以分为 11 类:过程调用与返回指令、中断调用与返回指令、跳转指令、比较测试指令、算术运算指令、十进制调整指令、位操作指令、逻辑运算指令、数据操作指令、处理器相关指令、移位指令。

1) 过程调用与返回指令

(1) 过程调用指令 CALL。

这条指令的作用是调用指定的过程。过程调用指令格式为

CALL　过程名

该指令首先把子程序的返回地址(CALL 指令的下一条指令的地址)压入堆栈,以便执行完子程序后返回调用程序(主程序)继续往下执行。然后转移到子程序的入口地址去执行子程序。

① 操作程序。

ESP = ESP – 1(以堆栈向下增长为例,如设置堆栈为向上增长,则相应操作为:ESP = ESP + 1,以下例同此,不再单独说明)

(ESP) = PC + InstructionLength

（PC）= addr

② 影响的标志寄存器。

无定义。

（2）过程返回指令 RET。

指令的功能是把调用子程序指令的下一条指令的地址从堆栈弹出,并送给 PC 寄存器,返回到子程序的父程序继续执行。

① 操作程序。

PC =（ESP）

ESP = ESP + 1

② 影响的标志寄存器。

无定义。

2）中断调用与返回指令

（1）中断调用指令 INT。

指令的作用是调用指定的中断。响应过程为:把标志寄存器压入堆栈、禁止外部中断、把下一条要执行的指令地址压入堆栈、根据中断类型号从终端向量表中取得中断处理程序的入口地址、转入中断处理程序。

① 操作程序。

ESP = ESP − 1

（ESP）= PSW

ESP = ESP − 1

（ESP）= PC + InstructionLength

（PC）= IMM(中断向量是一个立即数,查中断向量表得到 PC 的地址)

② 影响的标志寄存器。

无定义。

（2）中断返回指令 RETI。

中断处理程序利用该指令从中断中弹出返回地址和原标志寄存器的值。

① 操作程序。

PC =（ESP）

ESP = ESP + 1

PSW =（ESP）

ESP = ESP + 1

② 影响的标志寄存器。

无定义。

3）跳转指令

跳转指令分为无条件跳转指令和条件跳转指令。无条件跳转指令直接跳转到指定的内存地址执行。条件跳转指令需要判断条件,如果条件符合,跳转到指定的内存地址执行。

（1）无条件跳转 JMP。

这条指令的作用是跳转到指定的地址。可以是直接跳转，也可以是间接跳转。分别对应一个参数、两个参数的情况。

① 用法举例。

JMP rel

JMP rel,imm

② 操作程序。

PC = Address

③ 影响的标志寄存器。

无定义。

（2）条件转移指令 JNB。

判断比特存储器某地址的值，如果为 0，转向 rel 执行，否则跳过指令。

① 用法举例。

JNB bit,rel

② 操作程序。

If(bit = =0)

　　　PC = rel

Else

　　　PC = PC + InstructionLength

③ 影响的标志寄存器。

无定义。

（3）条件转移指令 JB。

JB 指令与上一条指令相似，判断比特存储器某地址的值，如果为 1，转向 rel 执行，否则跳过指令。

① 用法举例。

JB bit,rel

② 操作程序。

If(bit = =1)

　　　PC = rel

Else

　　　PC = PC + InstructionLength

③ 影响的标志寄存器。

无定义。

（4）条件转移指令 JZ。

判断 ZF 寄存器的值，如果为 1，转向 rel 执行，否则跳过指令。

① 用法举例。

JZ　rel

② 操作程序。

If(ZF = =1)

　　PC = rel

Else

　　PC = PC + InstructionLength

③ 影响的标志寄存器。

无定义。

（5）条件转移指令 JNZ。

判断 ZF 寄存器的值,如果为 0,转向 rel 执行,否则跳过指令。

① 用法举例。

JNZ　rel

② 操作程序。

If(ZF = =0)

　　PC = rel

Else

　　PC = PC + InstructionLength

③ 影响的标志寄存器。

无定义。

（6）条件转移指令 JC。

判断 CF 寄存器的值,如果为 1,转向 rel 执行,否则跳过指令。

① 用法举例。

JC　rel

② 操作程序。

If(CF = =1)

　　PC = rel

Else

　　PC = PC + InstructionLength

③ 影响的标志寄存器。

无定义。

（7）条件转移指令 JNC。

判断 CF 寄存器的值,如果为 0,转向 rel 执行,否则跳过指令。

① 用法举例。

JNC　rel

② 操作程序。

If(CF = =0)

　　PC = rel

Else

　　PC = PC + InstructionLength

③ 影响的标志寄存器。

无定义。

（8）条件转移指令 JS。

判断 SF 寄存器的值,如果为 1,转向 rel 执行,否则跳过指令。

① 用法举例。

JS　rel

② 操作程序。

If(SF = =1)

　　PC = rel

Else

　　PC = PC + InstructionLength

③ 影响的标志寄存器。

无定义。

（9）条件转移指令 JNS。

判断 SF 寄存器的值,如果为 0,转向 rel 执行,否则跳过指令。

① 用法举例。

JNS　rel

② 操作程序。

If(SF = =0)

　　PC = rel

Else

　　PC = PC + InstructionLength

③ 影响的标志寄存器。

无定义。

（10）条件转移指令 JO。

判断 OF 寄存器的值,如果为 1,转向 rel 执行,否则跳过指令。

① 用法举例。

JO　rel

② 操作程序。

If(OF = =1)

　　PC = rel

Else

PC = PC + InstructionLength

③ 影响的标志寄存器。

无定义。

（11）条件转移指令 JNO。

判断 OF 寄存器的值,如果为 0,转向 rel 执行,否则跳过指令。

① 用法举例。

JNO rel

② 操作步骤。

If(OF = =0)

    PC = rel

Else

    PC = PC + InstructionLength

③ 影响的标志寄存器。

无定义。

（12）条件转移指令 JP。

判断 PF 寄存器的值,如果为 1,转向 rel 执行,否则跳过指令。

① 用法举例。

JP rel

② 操作程序。

If(PF = =1)

    PC = rel

Else

    PC = PC + InstructionLength

③ 影响的标志寄存器。

无定义。

（13）条件转移指令 JNP。

判断 PF 寄存器的值,如果为 0,转向 rel 执行,否则跳过指令。

① 用法举例。

JNP rel

② 操作程序。

If(PF = =0)

    PC = rel

Else

    PC = PC + InstructionLength

③ 影响的标志寄存器。

无定义。

（14）高于转移指令 JHI。

判断 CF、ZF 寄存器的值,如果皆为 0,转向 rel 执行,否则跳过指令。

① 用法举例。

JHI　rel

② 操作程序。

If(CF = =0 && ZF = =0)

　　PC = rel

Else

　　PC = PC + InstructionLength

③ 影响的标志寄存器。

无定义。

（15）低于等于转移指令 JLS。

判断 CF、ZF 寄存器的值,如果有一个为 1,转向 rel 执行,否则跳过指令。

① 用法举例。

JLS　rel

② 操作程序。

If(CF = =1 || ZF = =1)

　　PC = rel

Else

　　PC = PC + InstructionLength

③ 影响的标志寄存器。

无定义。

（16）低于转移指令 JNAE。

判断 CF 寄存器的值,如果为 1,转向 rel 执行,否则跳过指令。

① 用法举例。

JNAE　rel

② 操作程序。

If(CF = =1)

　　PC = rel

Else

　　PC = PC + InstructionLength

③ 影响的标志寄存器。

无定义。

（17）高于等于转移指令 JAE。

判断 CF 寄存器的值,如果为 0,转向 rel 执行,否则跳过指令。

① 用法举例。

JAE　rel

② 操作程序。

If(CF = =0)

　　PC = rel

Else

　　PC = PC + InstructionLength

③ 影响的标志寄存器。

无定义。

（18）大于等于转移指令 JGE。

判断 SF、OF 寄存器的值,如果二者相等,转向 rel 执行,否则跳过指令。

① 用法举例。

JGE　rel

② 操作程序。

If(SF = = OF)

　　PC = rel

Else

　　PC = PC + InstructionLength

③ 影响的标志寄存器。

无定义。

（19）大于转移指令 JLT。

判断 SF、OF、ZF 寄存器的值,如果 SF、OF 相等并且 ZF 为 0,转向 rel 执行,否则跳过指令。

① 用法举例。

JLT　rel

② 操作程序。

If(SF = = OF　&&　ZF = =0)

　　PC = rel

Else

　　PC = PC + InstructionLength

③ 影响的标志寄存器。

无定义。

（20）小于转移指令 JGT。

判断 SF、OF 寄存器的值,如果 SF、OF 不相等,转向 rel 执行,否则跳过指令。

① 用法举例。

JGT　rel

② 操作程序。

If(SF! = OF)

　　　PC = rel

Else

　　　PC = PC + InstructionLength

③ 影响的标志寄存器。

无定义。

（21）小于等于转移指令 JLE。

判断 SF、OF、ZF 寄存器的值,如果 SF、OF 不相等或者 ZF 为 1,转向 rel 执行,否则跳过指令。

① 用法举例。

JLE　rel

② 操作程序。

If(SF! = OF　||　ZF = = 1)

　　　PC = rel

Else

　　　PC = PC + InstructionLength

③ 影响的标志寄存器。

无定义。

4）比较测试指令

（1）CMP。

对标志位的影响同算术运算指令 SUB,完成的操作与 SUB 指令类似,唯一的区别是不存储减运算的结果,而只是比较,因而不改变 OPRD1 和 OPRD2 的内容。该指令用于改变标志位。

① 用法举例。

CMP OPRD1,OPRD2

② 操作程序。

OPRD1 - OPRD2

PC = PC + InstructionLength

③ 影响的标志寄存器。

OF　说明发生溢出,OP 置 1,否则置 0;

SF　OPRD1 - OPRD2 的结果为正为负标志,SF 与其最高位相同;

ZF　OPRD1 - OPRD2 的结果为 0 时置 1,否则置 0;

CF　进位标志。两数相减得负数,CF 置 1,否则置 0;

AF　辅助进位标志。

（2）TEST。

对标志位的影响同 AND 指令,完成的操作与 AND 指令类似,唯一的区别是不存储运算的结果,而只是比较,因而不改变 OPRD1 和 OPRD2 的内容,该指令用于改变标志位。

① 用法举例。

TEST OPRD1,OPRD2

② 操作程序。

OPRD1 & OPRD2

PC = PC + InstructionLength

③ 影响标志寄存器的标志位。

OF、SF、ZF、CF、AF。

(3) TEQ。

对标志位的影响同 XOR 指令,完成的操作与 XOR 指令类似,唯一的区别是不存储运算的结果,只是比较,不改变 OPRD1 和 OPRD2 的内容,该指令用于改变标志位。

① 用法举例。

TEQ   OPRD1,OPRD2

② 操作程序。

OPRD1   ^   OPRD2

PC = PC + InstructionLength

③ 影响标志寄存器的标志位。

OF、SF、ZF、CF、AF。

5)算术运算指令

(1)加法指令 ADD。

不带进位的加法指令。要求操作数的位数相同。第一个参数是结果存储的位置,第二个参数、第三个参数是操作数。

① 用法举例。

ADD < dest > , < src1 > , < src2 >

② 操作程序。

 < dest >   =   < src1 >   +   < src2 >

PC = PC + InstructionLength

③ 影响标志寄存器的标志位。

OF、SF、ZF、CF、AF。

(2)带进位加法指令 ADC。

要求操作数位数相同。两数相加再加上 CF 的值,存入目的地址。

① 用法举例。

ADD < dest > , < src1 > , < src2 >

② 操作程序。

< dest >　　=　　< src1 >　　+　　< src2 > + CF

PC = PC + InstructionLength

③ 影响标志寄存器的标志位。

OF、SF、ZF、CF、AF。

（3）减法指令 SUB。

不带借位的减法指令。要求操作数位数相同。

① 用法举例。

SUB　　< dest > , < src1 > , < src2 >

② 操作程序。

< dest >　　=　　< src1 >　　−　　< src2 >

PC = PC + InstructionLength

③ 影响标志寄存器的标志位。

OF、SF、ZF、CF、AF。

（4）带借位减法指令 SBC。

带借位的减法指令。两数相减再减去 CF 的值,存入目的地址。

① 用法举例。

SBC　　< dest > , < src1 > , < src2 >

② 操作程序。

< dest >　　=　　< src1 >　　−　　< src2 >　　−　　CF

PC = PC + InstructionLength

③ 影响标志寄存器的标志位。

OF、SF、ZF、CF、AF。

（5）无符号乘法指令 MUL。

无符号乘法,按积的大小分两种情况。三个操作数时,第一个操作数存储第
二、三个操作数相乘的结果。四个操作数时,结果存在前两个操作数中。要求四个
操作数的长度相同。

① 用法举例。

MUL < dest1 > : < dest2 > , < src1 > , < scr2 >

MUL < dest2 > , < src1 > , < scr2 >

② 操作程序。

< dest >　　=　　< src1 >　　*　　< src2 >

< dest1 >　　=　　< dest >的高半部分。

< dest2 >　　=　　< dest >的低半部分。

PC = PC + InstructionLength

③ 影响标志寄存器的标志位。

OF、SF、ZF、CF、AF。

（6）带符号乘法指令 SMUL。

带符号乘法,按积的大小分两种情况。三个操作数时,第一个操作数存储第二、三个操作数相乘的结果。四个操作数时,结果存在前两个操作数中。要求四个操作数的长度相同。

① 用法举例。

SMUL < dest1 > : < dest2 > , < src1 > , < scr2 >

SMUL < dest2 > , < src1 > , < scr2 >

PC = PC + InstructionLength

② 操作程序。

< dest >　　=　　< src1 >　　*　　< src2 >

< dest1 >　　=　　< dest > 的高半部分。

< dest2 >　　=　　< dest > 的低半部分。

③ 影响标志寄存器的标志位。

OF、CF。

（7）无符号除法指令 DIV。

四个操作数时,第一个为商,第二个为余数,第三个为被除数,第四个为除数;三个操作数时,第一个为商,第二个为被除数,第三个为除数。

① 用法举例。

DIV < dest1 > , < src1 > , < src2 >

DIV < dest1 > , < dest2 > , < src1 > , < src2 >

② 操作程序。

< dest1 >　　=　　< src1 >　　/　　< src2 >

< dest2 >　　=　　< src1 >　　%　　< src2 >

PC = PC + InstructionLength

③ 影响标志寄存器的标志位。

OFF、CF。

（8）带符号除法指令 SDIV。

四个操作数时,第一个为商,第二个为余数,第三个为被除数,第四个为除数;三个操作数时,第一个为商,第二个为被除数,第三个为除数。

① 用法举例。

SDIV < dest1 > , < src1 > , < src2 >

SDIV < dest1 > , < dest2 > , < src1 > , < src2 >

② 操作程序。

< dest1 >　　=　　< src1 >　　/　　< src2 >

< dest2 >　　=　　< src1 >　　%　　< src2 >

PC = PC + InstructionLength

③ 影响标志寄存器的标志位。

OF、CF。

6）十进制调整指令

（1）组合 BCD 码加法调整指令 DAA。

对源操作数中的值进行调整,产生一个组合的 BCD 码,存入目的操作数。调整方法如下：

· 如 AL 中的低四位在 A~F 之间,或 AF 为 1,则 AL ←（AL）+6,且 AF 位置 1。

· 如 AL 中的高四位在 A~F 之间,或 CF 为 1,则 AL ←（AL）+60H,且 CF 位置 1。

源操作数、目的操作数长度均为一个字节。

① 用法举例。

DAA{S}　< dest > , < src >

② 影响标志寄存器的标志位。

SF、ZF。

（2）组合 BCD 码减法调整指令 DAS。

对源操作数中的值进行调整,产生一个组合的 BCD 码,存入目的操作数。

· 如 AL 中的低四位在 A−F 之间,或 AF 为 1,则 AL ←（AL）−6,且 AF 位置 1。

· 如 AL 中的高四位在 A−F 之间,或 CF 为 1,则 AL ←（AL）−60H,且 CF 位置 1。

源操作数、目的操作数长度均为一个字节。

① 用法举例。

DAS{S}　< dest > , < src >

② 影响标志寄存器的标志位。

SF、ZF、AF、CF、PF。

（3）未组合 BCD 码加法调整指令 AAA。

对源操作数中的值进行调整,产生一个未组合的 BCD 码,存入目的操作数。

· 如 AL 中的低四位在 0~9 之间,且 AF 为 0,则清除 AL 的高 4 位。

· 如 AL 中的低四位在 A~F 之间,或 AF 为 1,则 AL ←（AL）+6,AH ←（AH）+1,且 AF 位置 1。清除 AL 的高 4 位,AF 位的值送 CF 位。

源操作数为一个字节,目的操作数为两个字节。

① 用法举例。

DAS{S}　< dest > , < src >

② 影响标志寄存器的标志位。

SF、CF。

（4）未组合 BCD 码减法调整指令 AAS。

对源操作数中的值进行调整,产生一个未组合的 BCD 码,存入目的操作数。

· 如 AL 中的低四位在 0~9 之间,且 AF 为 0,则清除 AL 的高 4 位,AF 位的的值送 CF 位。

·如 AL 中的低四位在 A ~ F 之间,或 AF 为 1,则 AL ←(AL)-6,AH ←(AH)-1,且 AF 位置 1。清除 AL 的高 4 位,AF 位的值送 CF 位。

源操作数为一个字节,目的操作数为两个字节。

① 用法举例。

DAS{S} < dest > , < src >

② 影响标志寄存器的标志位。

SF、CF。

(5) 未组合 BCD 码乘法调整指令 AAM。

对源操作数中的值(由两个未组合 BCD 码相乘后的结果)进行调整,产生一个未组合的 BCD 码,存入目的操作数。调整方法如下:

把 AL 中的值除以 10,商放在 AH 中,余数放在 AL 中。

源操作数为一个字节,目的操作数为两个字节。

① 用法举例。

DAS{S} < dest > , < src >

② 影响标志寄存器的标志位。

SF、ZF、PF。

(6) 未组合 BCD 码除法调整指令 AAD。

用在除法运算前,把存在源操作数中的两个字节的未组合 BCD 码调整为一个字节的十六进制数,存入目的操作数。源操作数为 16 位,目的操作数为 8 位。调整方法如下:

AL ← AH * 10 + (AL)

AH ← 0

① 用法举例。

AAD{S} < dest > , < src >

② 影响标志寄存器的标志位。

SF、ZF、PF。

7) 位操作指令

(1) 清除位 CLR。

置位"0"。操作数可以是比特存储空间的值,也可以是主存储器或寄存器中的值。不是位操作数时,将其置为全 0。

① 用法举例。

CLR < dest_bit >

CLR OPRD1

② 操作程序。

A) < dest_bit > = 0

B）OPRD1　＝　000…00

PC = PC + InstructionLength

③ 影响标志寄存器的标志位。

未定义

（2）置位 SET。

置位"1"。操作数可以是比特存储空间的值，也可以是主存储器或寄存器中的值。不是位操作数时，将其置为全 1。

① 用法举例。

SET　< dest_bit >

SET OPRD1

② 操作程序。

A）< dest_bit >　＝　1

B）OPRD1　＝　111…11

PC = PC + InstructionLength

③ 影响标志寄存器的标志位。

未定义。

（3）BT。

将 OPRD2 中第 OPRD1 位的值送给 bit（从第 0 位开始计数）。

① 用法举例。

BT bit,OPRD1,OPRD2

② 影响标志寄存器的标志位。

未定义。

（4）BIC。

将 OPRD2 中 mask 为 1 的位取反，结果赋给 OPRD1。

① 用法举例。

BIC　OPRD1,OPRD2,mask

② 影响标志寄存器的标志位。

未定义。

（5）BIR。

将 OPRD2 中 mask 为 1 的位清 0，结果赋给 OPRD1。

① 用法举例。

BIR　OPRD1,OPRD2,mask

② 影响标志寄存器的标志位。

未定义。

（6）BIS。

将 OPRD2 中 mask 为 1 的位置 1，结果赋给 OPRD1。

① 用法举例。

BIS　OPRD1,OPRD2,mask

② 影响标志寄存器的标志位。

未定义。

(7) BSR。

OPRD1,OPRD2 长度必须相等。逆向(从左向右)扫描 OPRD2,将第一个为 1 的位号赋给 OPRD1。(位号从 0 开始)如果 OPRD2 为 0,那么 OPRD1 的值不确定,ZF 置 1,其他标志位不受影响。

① 用法举例。

BSR{S}　OPRD1,OPRD2

② 影响标志寄存器的标志位。

未定义。

(8) BSF。

OPRD1,OPRD2 长度必须相等。顺向(从右向左)扫描 OPRD2,将第一个为 1 的位号赋给 OPRD1。(位号从 0 开始)如果 OPRD2 为 0,那么 OPRD1 的值不确定,ZF 置 1,其他标志位不受影响。

① 用法举例。

BSF{S}　OPRD1,OPRD2

② 影响标志寄存器的标志位。

ZF。

8) 逻辑运算指令

(1) "与"运算指令 AND。

两操作数进行"与"操作运算,结果存入目的操作数中。操作数对象可以是寄存器、存储器数,也可以是位操作数,但 3 个操作数必须是同一类型。

① 用法举例。

AND{S}　< dest > , < src1 > , < src2 >

AND bit_dest,bit_src1,bit_src2

② 操作程序。

< dest > 　=　< src1 > && < src2 >

PC = PC + InstructionLength

③ 影响标志寄存器的标志位。

ZF、PF、SF、CF。

(2) "异或"运算指令 XOR。

两操作数进行"异或"运算,结果存入目的操作数中。操作数可以是寄存器、存储器数,也可以是位操作数,但 3 个操作数必须是同一类型。

240

① 用法举例。

XOR{S}　<dest>, <src1>, <src2>

XOR bit_dest, bit_src1, bit_src2

② 操作程序。

<dest> = <src1> ^ <src2>

PC = PC + InstructionLength

③ 影响标志寄存器的标志位。

ZF、PF、SF、CF。

（3）"或"运算指令 OR。

两操作数进行"或"操作运算,结果存入目的操作数中。操作数可以是寄存器、存储器数,也可以是位操作数,但 3 个操作数必须是同一类型。

① 用法举例。

OR{S}　<dest>, <src1>, <src2>

OR bit_dest, bit_src1, bit_src2

② 操作程序。

<dest> = <src1> || <src2>

PC = PC + InstructionLength

③ 影响标志寄存器的标志位。

ZF、PF、SF、CF。

（4）取反运算指令 NOT。

对源操作数进行取反操作,结果存入目的操作数。操作数可以是寄存器、存储器数,也可以是位操作数,但 3 个操作数必须是同一类型。

① 用法举例。

NOT{S}　<dest>, <src>

NOT bit_dest, bit_src1, bit_src2

② 操作程序。

<dest> = ~ <src>

PC = PC + InstructionLength

③ 影响标志寄存器的标志位。

ZF、PF、SF、CF。

（5）取补运算指令 NEG。

对源操作数进行取补(补码形式的相反数)操作,结果存入目的操作数。

① 用法举例。

NEG{S}　<dest>, <src>

② 操作程序。

<dest> = ~ <src>

PC ＝ PC ＋ InstructionLength

③ 影响标志寄存器的标志位。

ZF、PF、SF、CF。

9）数据操作指令

（1）交换指令 XCH。

交换 OPRD1 和 OPRD2 两个的值。

① 用法举例。

XCH　OPRD1,OPRD2

② 操作程序。

temp ＝ OPRD1

OPRD1 ＝ OPRD2

OPRD2 ＝ temp

PC ＝ PC ＋ InstructionLength

③ 影响标志寄存器的标志位。

未定义。

（2）交换指令 SWAP。

交换 OPRD1 的高半部分和低半部分

① 用法举例。

SWAP　OPRD1,OPRD2

② 影响标志寄存器的标志位。

未定义。

（3）操作数入栈指令 PUSH。

将操作数压入栈顶,压入的字节数等于＜OPRD1＞的长度。

① 用法举例。

PUSH　OPRD1

② 影响标志寄存器的标志位。

未定义。

（4）操作数出栈指令 POP。

从栈顶弹出操作数,弹出的字节数等于＜OPRD1＞的长度。

① 用法举例。

POP　OPRD1

② 影响标志寄存器的标志位。

未定义。

（5）寄存器入栈指令 PUSHA。

将所有寄存器入栈。

① 用法举例。

PUSHA

② 影响标志寄存器的标志位。

未定义。

（6）寄存器出栈指令 POPA。

将所有寄存器出栈。

① 用法举例。

POPA

② 影响标志寄存器的标志位。

未定义。

（7）符号扩展指令 CBS。

符号扩展，< dest > 的位数大于等于 < src > 的位数，不足的位用 < src > 的符号位填充。

① 用法举例。

CBS　< dest > , < src >

② 影响标志寄存器的标志位。

未定义。

（8）零扩展指令 CBZ。

零扩展。< dest > 的位数大于等于 < src > 的位数，不足的位用 0 填充。

① 用法举例。

CBZ　< dest > , < src >

② 影响标志寄存器的标志位。

未定义。

（9）查表指令 XLAT。

base + index 的值作为地址，去主存储器取出一字节，存入 data。base、index 均视作无符号数。

① 用法举例。

XLAT data , base , index

② 影响标志寄存器的标志位。

未定义。

（10）传送指令 MOV。

将源操作数的值传给目的操作数，可以是位操作数。

① 用法举例。

MOV　< dest > , < src >

MOV　< dest_bit > , < src_bit >

② 操作程序。

<dest> = <src>

PC = PC + InstructionLength

③ 影响标志寄存器的标志位。

未定义。

（11）输入指令 IN。

port 为端口号,其值可由寄存器、存储器、立即数给出。端口以字节为单位顺序编址;将值取出之后存入<dest>。取几个字节视目的操作数的类型而定。如目的操作数的类型是 BYTE 时,取一个字节,目的操作数的类型是 WORD 时,取两个字节。

① 用法举例。

IN <dest>,port

② 操作如下:

<dest> = < port >

PC = PC + InstructionLength

③ 影响标志寄存器的标志位。

未定义。

（12）输出指令 OUT。

源操作数为要输出的数,可以是立即数、寄存器数、存储器数。Port 为端口号。取几个字节视源操作数的类型而定。

① 用法举例。

OUT port, <src>

② 操作程序。

<dest> = < port >

PC = PC + InstructionLength

③ 影响标志寄存器的标志位。

未定义。

10) 处理器相关指令

（1）PC 值加 1 指令 NOP。

① 用法举例。

NOP

② 操作程序。

PC = PC + 1

③ 影响标志寄存器的标志位。

未定义。

（2）停机指令 HALT。

① 用法举例。

HALT

② 影响标志寄存器的标志位。

未定义。

11）移位指令

（1）逻辑左移指令 LSL。

逻辑左移与算术左移功能相同。把 < src1 > 左移 < imm > 位,低位用 0 补足。结果存入 < dest >。最后移出的最高位进入 CF 寄存器。PF、SF、ZF 反映运算后的结果,OF 暂不明确。AF 未定义。

① 用法举例。

LSL　< dest > , < src > , < imm >

② 操作程序（以 8 位操作数为例）。

```
    FOR( i = 0 ; i < imm ; i + + )
{
    srcN + 1  =  srcN WHERE N  =  0 TO 6
    src0  =  0
    CF  =  src7
    }
    dest  =  src ;
```

③ 影响标志寄存器的标志位。

PF、SF、ZF、CF。

（2）算术左移指令 ASL。

同逻辑左移指令 LSL。

（3）逻辑右移指令 LSR。

把 < src1 > 右移 < imm > 位,高位以 0 补足,最后移出的最低位进入 CF 寄存器。结果存入 < dest >。

① 用法举例。

LSR　< dest > , < src > , < imm >

② 操作程序（以 8 位操作数为例）。

```
    FOR( i = 0 ; i < imm ; i + + )
{
    srcN  =  srcN + 1 WHERE N  =  0 TO 6
    src7  =  0
    CF  =  src0
    }
    dest  =  src ;
```

③ 影响标志寄存器的标志位。

PF、SF、ZF、CF。

（4）算术右移指令 ASR。

把 < src1 > 右移 < imm > 位,高位以原最高位补足,结果存入 < dest > 。

① 用法举例。

ASR   < dest > , < src > , < imm >

② 操作程序(以 8 位操作数为例)。

    FOR(i = 0 ;i < imm;i + +)

{

    srcN = srcN + 1 WHERE N = 0 TO 6

    CF = src0

    }

    dest = src;

③ 影响标志寄存器的标志位。

PF、SF、ZF、CF。

（5）循环左移指令 ROL。

左移移出的最高位进入最低位,同时进入 CF。

① 用法举例。

ROL   < dest > , < src1 > , < imm >

② 操作程序(以 8 位操作数为例)。

    FOR(i = 0 ;i < imm;i + +)

{

    srcN + 1 = srcN WHERE N = 0 TO 6

    src0 = src7

    CF = src7

    }

    dest = src;

③ 影响标志寄存器的标志位。

CF、OF。

（6）循环右移指令 ROR。

右移移出的最低位进入最高位,同时进入 CF。

① 用法举例。

ROR   < dest > , < src1 > , < imm >

② 操作程序(以 8 位操作数为例)。

    FOR(i = 0 ;i < imm;i + +)

{

    srcN = srcN + 1 WHERE N = 0 TO 6

    src7 = src0

　　　　CF ＝ src0

　　　　}

　　　dest ＝ src；

③ 影响标志寄存器的标志位。

CF、OF。

（7）带进位循环左移指令 RCL。

CF 参与循环移位。CF 进入最低位。移出的最高位进入 CF。

① 用法举例。

RCL　＜dest＞,＜src1＞,＜imm＞

② 操作程序（以 8 位操作数为例）。

　　FOR(i ＝ 0；i ＜ imm；i ＋ ＋)

{

　　srcN ＋ 1 ＝ srcN WHERE N ＝ 0 TO 6

　　CF ＝ src7

　　Src0 ＝ CF

　　　}

　　dest ＝ src；

③ 影响标志寄存器的标志位。

CF、OF。

（8）带进位循环右移指令 RCR。

CF 参与循环移位。CF 进入最高位。移出的最低位进入 CF。

① 用法举例。

RCR ＜dest＞,＜src1＞,＜imm＞

② 操作程序（以 8 位操作数为例）。

　　FOR(i ＝ 0；i ＜ imm；i ＋ ＋)

{

　　srcN ＝ srcN ＋ 1 WHERE N ＝ 0 TO 6

　　CF ＝ src0

　　Src7 ＝ CF

　　　}

　　dest ＝ src；

③ 影响标志寄存器的标志位。

CF、OF 。

（9）双精度左移位指令 SHLD。

　　OPRD 1,OPRD2 的长度相同。M 是移位位数。功能是把 OPRD1 左移 IMM 位,空出的位用 OPRD2 高端的 IMM 位填补。最后移出的位进入 CF。OPRD2 不

变。OPRD1 存入 < dest >

① 用法举例。

SHLD < dest >,OPRD1,OPRD2,imm

② 操作程序(以 8 位操作数为例)。

$$FOR(i=0;i< imm;i++)$$

{

OPRD1N+1 = OPRD1N WHERE N = 0 TO 6

OPRD10 = OPRD27

OPRD2N+1 = OPRD1N WHERE N = 0 TO 6

OPRD20 = 0

CF = OPRD17

}

dest = OPRD1;

③ 影响标志寄存器的标志位。

未定义。

(10) 双精度右移位指令 SHRD。

OPRD1,OPRD2 的长度相同。M 是移位位数。功能是把 OPRD1 右移 IMM 位,空出的位用 OPRD2 低端的 IMM 位填补。最后移出的位进入 CF。OPRD2 不变。OPRD1 存入 < dest >。

① 用法举例。

SHRD < dest >,OPRD1,OPRD2,imm

② 操作程序(以 8 位操作数为例)。

$$FOR(i=0;i< imm;i++)$$

{

OPRD1N = OPRD1N+1 WHERE N = 0 TO 6

OPRD17 = OPRD20

OPRD2N = OPRD1N+1 WHERE N = 0 TO 6

OPRD27 = 0

CF = OPRD10

}

dest = OPRD1;

③ 影响标志寄存器的标志位。

未定义。

7.5.3 固件代码控制流恢复

控制流是固件代码逆向分析的基础。控制流恢复就是从固件代码中获取控制流图的过程,控制流图恢复的完整程度将直接影响后续逆向分析的展开。本节将控制流恢复的基本策略与固件代码的结构特点相结合,重点讨论适用于固件代码控制流恢复的几种算法,并将控制流恢复算法与 FR – VISA 相结合,介绍一种基于 FR – VISA 指令模拟的控制流恢复算法,并对几种算法进行比较分析。

1. 固件程序形式化描述

固件程序是一个不包含代码结构信息、具有混合编码模式的可执行二进制程序。这种二进制程序可以定义为一个四元组。

定义 7.1　固件程序可以表示成一个四元组 P = (start,end,entry,init_mode)

start　　　固件程序开始地址;

end　　　固件程序最后一条指令地址 +1;

entry　　　固件程序入口地址;

init_mode　固件程序的初始编码模式。

定义 7.2　(机器指令)固件程序中的机器指令可以表示为一个四元组 inst = (j_type,t_addr,t_mode,inst_len)。

j_type 表示机器指令的类型,指令类型包括条件跳转指令 CJMP、无条件跳转指令 XJMP、函数调用指令 CALL、函数/中断返回指令 RET、中断陷阱指令 INT 等。j_type = {CJMP,XJMP,CALL,INT,RET};

t_addr 表示跳转目标地址,一般由寄存器和偏移量组成,寄存器可选,一般形式为 t_addr: = [reg +]offset,offset ∈ N。根据处理器的当前状态,可以操作 get_ref(t_addr)计算出 t_addr 的值;

t_mode 表示编码模式,t_mode ∈ {M_8,M_16,M_32},M_x 表示 x 位编码模式;

inst_len 表示指令长度,以字节 B 为单位。

识别机器指令的类型、目标地址和编码模式的过程称为解码,实现解码算法的程序称作解码器。

定义 7.3　(解码器)dec 是 A × M→I 的映射,A = {i | i > start 且 i < end}为程序的逻辑空间;M = {M_8,M_16,M_32}为指令的编码模式集。I 是处理器所有机器指令 inst 的集合(解码器的具体实现见 5.2 节论述)。

定义 7.4　(程序块)程序块是一个三元组 B = (start,end,mode)。

start　　　表示块的开始地址;

end　　　块中最后一条指令地址 +1;

mode　　　编码模式。

程序块通常用一个小写字母 b 表示,但有时为了区分不同的块,也可以表示为 b_s,其中,b 是块标识,下标 s 为块的开始地址。

如果 b 是 P 中的一个程序块,则称 b 属于 P,记为 b∈P。

基本块是特殊的程序块,块中只包含一组连贯的指令,控制流在块开始时进入,在块结束时离开,不会有在块结束之外的地方停止或出现分支的可能性,即除块中最后一条指令可以为跳转指令外,其他指令都必须是顺序指令。

如图 7 - 15 所示,语句 11、12 构成一个基本块,每个基本块只有一个入口和一个出口。由基本块的定义,可得到基本块的如下性质:

性质 7.1 如果程序块 b 为基本块,则 $(\forall i) i \in [b.start, b.end-1] \rightarrow \mathrm{dec}(i)$, j_type = NJMP。

```
L0000000E:20 48 04          JB          #48H,#0015H
L00000011:E4                CLR         A
L00000012:93                MOVC        A,@A+DPTR
L00000013:80 01             SJMP        #0016H
L00000015:E0                MOVX        A,@DPTR
L00000016:60 06             JZ          #001EH
```

图 7 - 15　51 系列微控制器代码片段和基本块

定义 7.5 (**控制流图**)控制流图 Cfg 是一个有向图,该有向图的节点是一个具有唯一入口和出口的基本块,如果控制流能够从基本模块 A 流向基本模块 B,则从节点 A 到节点 B 有一条有向边相连,固件程序 P 的控制流图可以定义为一个三元组 $Cfg = (B, E, b_s)$:

B 程序基本块的集合 $B = \{b | b \in P$ 且 b 是基本块$\}$;

EE $= \{ <b, d> | b \in B, d \in B \}$ 表示 b,d 两个节点之间存在控制转移;

b_s 根节点 $b_s \in B$,且 bs. start = P. start。

依托控制流图进行固件代码分析是逆向工程的重要手段,它将固件代码以图的形式表现出来,可以方便地依靠控制流图来表示程序语句间的前趋和后继关系,以及程序执行的路径等问题,进一步分析指令间的数据依赖和控制依赖关系。在控制流图中,用节点表示程序中的基本块,边表示基本块之间的控制转移关系,由控制流图的定义可知:

性质 7.2 在控制流图 Cfg 中,节点 b 和节点 d 有一条边相连的充要条件是二进制程序 P 在特定的输入下能够从基本块 b 的开始地址执行到基本块 d。

性质 7.3 在控制流图 Cfg 中,如果节点 b 和节点 d 可达,并且在节点 b 到节点 d 的路径上没有模式切换指令,那么节点 b 和节点 d 具有相同的编码模式。

在混合编码模式的固件程序中,模式切换指令将会改变当前的编码模式,进入新的编码模式,在遇到下一条模式切换指令之前,程序将一直保持该模式不变。

2. 控制流恢复技术

控制流是代码分析的基础,许多关于固件代码的分析技术(如数据流分析、程序切片、代码结构、数据与指令的区分技术、反汇编、反编译等)都是基于控制流的,从程序中提取出完整的控制流信息是二进制程序分析的基础和关键。固件代码的控制流恢复可以定义为从固件程序到控制流图的一个映射,记为 fx:P $\mapsto$ x - Cfg,x 表示算法类型。控制流恢复算法一般分为 3 步,如图 7 - 16 所示。

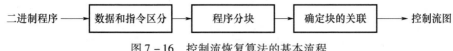

图 7 - 16　控制流恢复算法的基本流程

控制流恢复的基础是如何正确地区分数据和指令。给定一个二进制程序,只有在被处理器加载执行时才能知道是数据还是指令,一段指令能否被执行也是未知的(如循环后的指令)。

1) 数据与指令区分

冯·诺伊曼结构不像哈佛机器结构,在冯氏结构机器的固件里的数据和指令是以同样的方式进行存储的,只有一个字节从内存被读出放入一个寄存器作为数据或指令使用时,才知道是数据还是指令。因此提取控制流之前必须对固件程序中的数据和指令进行区分,在上层应用程序中,数据和指令的分布情况可以从可执行文件格式中获取。

2) 程序分块

程序分块只针对程序中指令空间进行分块,传统的线性分块是顺序扫描程序的逻辑空间,获得转移指令的逻辑地址和相应的目标地址,然后再将这些地址按顺序排列,地址之间的区域就是一个基本块。通常将程序的入口点、过程的第一条指令、分支指令的目标地址,以及紧跟分支指令的指令称为 leader 指令,线性分块的工作过程可以描述为:①识别程序中的 leader 指令;②包含所有后续的指令直到下一个 leader 指令,算法过程描述如下:

算法 7.1　线性分块算法。

输入:二进制程序中的指令链表 instr

输出:leader 的集合和基本模块的列表 block。

1. leaders = {1}

2. for i = 1 to n do

3.　　 if instr[i] 是一个分支 then

4.　　　　　 leaders = leaders ∪ instr[i] 的可能目标指令集合

5. for each x ∈ leaders do

6.　　 block[x] = {x}

7.　　 i = x + 1

8.　　 while i ≤ n and i ∉ leaders do

9.　　 block[x] = block[x] ∪ {i}

10. i = i + 1

3) 确定块的关联关系

将程序划分成基本块后,就根据基本块最后一条指令的跳转类型来确定基本块之间的关联形式,不同的跳转分支指令有不同的关联形式,如图 7 - 17 所示。

251

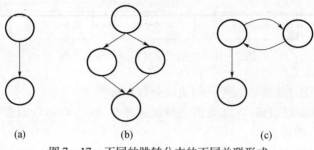

图 7 - 17 不同的跳转分支的不同关联形式
(a) NJMP、XJMP;(b) CJMP;(c) INT、CALL、RET。

根据以上关联方式,可以按如下算法构建控制流图:

算法 7.2 确定节点关联方式。

输入:m 个基本块列表 block[m]。

输出:控制流图 Cfg。

for i = 1 to m do

  x = block[i]的最一条指令

  if instr[x]是一个分支指令 then

    根据指令类型确定关联边

显然,这种传统的线性控制流恢复方法必须以数据和指令的正确区分为前提,通常只适用于二进制程序中全是指令的情况。与具有规范文件格式的可执行程序不同,固件程序中没有提供任何关于数据和指令分布情况的信息,只是数据和指令的二进制序列,一个固件程序能够提供的信息只有程序本身和程序的入口地址,将数据和指令分开不是一件容易的事情。

解决数据和指令区分的策略主要分为 3 类,即线性策略、递归策略和启发式策略。

线性策略是一种不区分数据和指令的策略。在实现上只是从程序的开始字节处开始反汇编,简单地遍历整个程序逻辑空间,解码每一条指令,若遇到非法指令则从下一个地址继续解码或者直接结束。基于线性策略的反汇编实现简单,可以用于程序中只有指令的情况。

递归控制流恢复是另一类重要的控制流恢复策略,其基本思想是从程序的入口地址出发逐步推导出所有的指令部分。递归控制流恢复算法的关键是识别控制转移指令、获取其目标转移地址。根据处理器的编程手册关于机器指令的二进制编码方式的描述可以很容易地构造正则表达式和有限自动机,或者单词匹配树来识别程序中的控制转移指令,但是有的控制转移指令的目标转移地址不能够直观地获得,例如使用间接寻址、索引寻址等寻址模式的控制转换指令。递归控制流恢复的关键就是对这些目标地址的获取。传统静态控制流恢复算法没有考虑使用间接寻址模式或者索引寻址模式的控制转移指令。为了解决间接寻址指令的目标地址问题,在传统静态恢复算法的基础上需要引入程序静态后向切片技术。程序后向切片技术可以较好地解决获取间接跳转指令目标地址的问题。递归控制流恢复算法只需要了解程序的入口地址,就可以推导出程序的控制流图,与线性控制流恢复算法相比,更适合固件代码的控制流恢复。

递归策略是借助控制流图来区分数据和指令的反汇编策略,反汇编从入口地址开始到理论上可以执行到的部分,凡是控制流可以到达的地方就认为是指令,否者视为数据。递归策略的本质是依据控制流来指导内置程序代码的反汇编,跳过程序中的数据部分,得到较为准确的结果。递归策略可以确认控制流图所到达的部分是指令,但无法保证控制流图之外的部分都是数据。递归策略的反汇编的正确性依赖控制流图的完整性,恢复的控制流图越完整,反汇编的结果越精确。虽然完整的控制流图不代表会产生完全正确的反汇编结果,但是这个命题在大多数情况下是成立的,因此递归策略是一种重要的反汇编策略。

递归策略是重要的内置程序反汇编策略,递归策略无法保证控制流图之外的部分一定是数据,从这一部分中区分出指令是一件困难的事情,几乎没有任何有价值的信息参考,只能根据程序规范采用启发式的方法。启发式策略的主要思想是针对控制流之外的数据部分进行异常节点的分析,将异常结点视为数据,其他节点视为代码。启发式策略在一定程度上解决了数据中的隐藏指令问题,但是其结果有将数据当成指令的风险。启发式策略是递归策略的补充。

3. 静态控制流恢复

固件代码中不包含任何结构相关信息,固件程序能够提供的信息只有固件代码 P 本身和 P 的入口地址 entry。入口地址是程序加载后执行的第一条指令所在的逻辑地址,显然,地址 entry 处的二进制序列一定是一条完整的指令,可以令其为 inst。根据 inst 的类型,可判定下一条指令所在的位置:

(1)如果 inst. j_type = NJMP,inst 是一条非跳转指令,根据程序顺序执行的规律,那么指令 inst 后的二进制将在下一个指令周期内执行,这意味着 inst 之后二进制是一条指令而非数据。

(2)如果 inst. j_type = CJMP/CALL/INT,inst 是分支指令、函数或陷阱指令,执行完 inst 指令后,处理器将会执行 inst 之后的二进制或 inst 目标地址处的二进制,由此可以判定指令 inst 之后的二进制代码和 inst. t_addr 处的二进制代码是指令。

(3)如果 inst. j_type = XJMP,inst 是无条件跳转指令,显然,inst. t_addr 处的二进制代码是指令。

(4)如果 inst. j_type = RET,inst 为中断或函数返回指令,根据 RET 指令的实现机制可知 RET 的下一条指令的逻辑地址堆栈产生,在静态分析中无法准确地获取堆栈的信息,所以当 inst 为中断或函数返回指令时将不能获得下一条指令的任何信息。

静态控制流恢复算法(fstc)是根据现有确定的指令判定下一条指令直到确定

了最大范围的指令为止。与线性控制流恢复算法先进行数据和指令区分后再进行程序分块不同,fstc 算法的程序分块与数据指令区分是同时进行的。算法保存两个向量表 block、stack。block 用于存放基本块,stack 用于存入未确定是基本块的程序块,算法开始时,block 为空,stack 只有一个元素,即固件二进制代码程序 P,如图 7 – 18 所示。

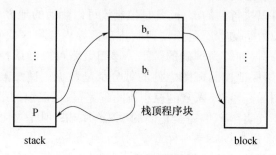

图 7 – 18 初始状态

从 stack 弹出一个程序块 b_s,从块的开始地址顺序扫描,直到遇到第一个分支跳转指令 inst,将 b_s 分为两个块 $\{b_s, b_i\}$,显然,根据基本块定义可知 b_s 是基本块并将其存入向量表 block 中,程序块 b_i 的类型不能确定,入栈。如果 inst 不是 RET 类型的跳转指令,则需要在向量表 block 和 stack 中查询包含地址 inst. t_addr 的程序块 b_m,根据地址 inst. t_addr 将 b_i 分为 b_m, b_t,存入堆栈中,然后根据跳转分支指令的类型确定其连接关系,如图 7 – 19 所示。

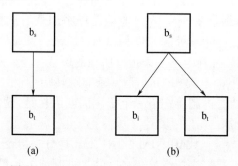

图 7 – 19 (a) XJMP 和(b) CALL、CJMP、INT

当 stack 为空时,算法结束。

算法的形式化描述如下:

算法 7.3 fstc (P)

输入:固件程序 P = (start, end, dec, entry)。

输出:控制流图 Cfg (B, E, b^0)。

1. stack ← {P}

2. while stack ≠ ∅ do

3.　　　$b_s \leftarrow pop(stack)$

4.　　　for each $i \in [b_s.\ start, b_s.\ end)$ do　　　　　//顺序描述块

5.　　　$(j\_type, t\_addr) \leftarrow dec(i)$　　　　　//解码获取指令类型和目标地址

6.　　　if $j\_type \neq NJMP$ then break　　　　　//如果是跳转指令则退出循环

7. if $i \neq bs.\ end$ then　　　　　　　//如果描述未至块的结束位置

8.　　　$\{b_s, b_i\} \leftarrow split(bs, i)$　　　　　　　//分块

9.　　　$b_m \leftarrow inblock(t\_addr)$　　　　　　//获取目标块

10.　　　$\{b_m, b_t\} \leftarrow split(b_m, t\_addr)$　　　　　//目标块分块

11.　switch(j_type)　　　　　　　//根据指令类型确定块连接关系

12.　case NJMP: $E \leftarrow E \cup \{<b_s, b_i>\}$　　//非跳转指令

13.　　　　　　$B \leftarrow B \cup \{b_s\}$

14.　　　　　　$stack \leftarrow stack \cup \{b_i\}$

15.　case RET: $B \leftarrow B \cup \{b_s, b_i\}$　　　　　//函数中断返回指令

16.　case XJMP: $E \leftarrow E \cup \{<b_s, b_t>\}$　　　//无条件跳转指令

17.　　　　　　$B \leftarrow B \cup \{b_s, b_m\}$

18.　　　　　　$stack \leftarrow stack \cup \{b_t\}$

19.　default: $E \leftarrow E \cup \{<b_s, b_i>, <b_s, b_m>\}$　　//其他指令

20.　　　　　　$B \leftarrow B \cup \{b_s, b_i, b_m\}$

21.　　　　　　$stack \leftarrow stack \cup \{b_i, b_t\}$

22.　　　　end case

23.　　　end if

24.　end while

函数 split: $(b_x, i) \mapsto \{b_y, b_z\}$: 将程序 bx 根据地址 i 分为两个块 b_y, b_z。其中 $b_y.\ start = b_x.\ start; b_y.\ end = i; b_z.\ start = i;\ b_z.\ end = b_x.\ end$。

4. 基于程序切片的控制流恢复

静态控制流恢复忽略了对间接跳转指令的处理,基于程序切片技术的控制恢复是对静态控制流恢复技术的改进。后者以静态控制流恢复技术为基础,根据二进制指令的特点以及固件程序的特殊性,采用了递归分块策略,引入静态后向切片技术和表达式替换方法,能解决间接跳转指令的问题。基于程序切片的控制流恢复算法主要分为两步:

1）恢复初始控制流图

固件代码恢复最难的二进制程序是指令和数据混合在一起的0/1序列,控制流图的节点集仅包含基本块。在程序真正执行之前,往往难以确定程序逻辑空间中指令和数据的分布与大小。恢复初始控制流图的主要任务是根据处理器类型获得程序入口地址,然后从程序的入口址开始,按照计算机执行程序的顺序,扫描程序逻辑空间,凡是控制流能够到达的区域都可能是指令,并将其纳入控制流图。处

理过程与静态控制流恢复基本相同。

2）间接跳转指令的处理

控制流恢复的关键是跳转指令，由于间接跳转指令的目标地址无法从静态程序中直接获取，为了在不运行程序的情况下就能够获得间接跳转指令的目标地址，所以便引入了切片技术。切片技术是一种用于分解程序的程序分析技术，其原理和方法由 M. Weiser 于 1979 年建立。在静态切片技术中，有基于数据流和基于程序依赖图两种切片方法。基于数据流的静态切片技术由 M. Weiser 最早提出，该方法以控制流为基础，根据一定的切片准则，迭代计算每个节点的相关变量，从而获得程序切片。

获得的程序切片是初始控制流图的一个子图，通过符号表达式转换方法计算每一条路径上的变量，就可以得到目标跳转地址各个组成变量的值或取值范围，从而求得目标跳转地址的具体值或取值范围。

5. 基于 FR – VISA 的控制流恢复

基于程序切片技术的控制流恢复相对于静态控制流恢复有一定改进，但并不能完全解决间接跳转指令的问题，其原因主要有两方面：一是关于某个切片准则进行的程序后向切片不一定总能成功，如果变量数据依赖于一些外部输入，或者在进行过程内切片时变量被子过程定义，那么切片将会失败，无法计算出间接跳转的目标地址；二是即使成功计算出了关于某个切片准则的程序后向切片，如果间接跳转的目标地址还依赖于其他执行路径，那么计算出的地址也是不完整的。

只有在动态控制流恢复中才不会存在间接跳转指令的问题，因为程序动态执行的每一个状态都能从处理器中获得。但是有两个原因限制了动态控制流恢复的广泛应用：一是动态控制流恢复所恢复的控制流图完全依赖于动态输入参数集合的完整性，获取所有输入参数集合的全集很难，时间复杂度也限制了它们在工程中的应用；二是由于固件代码指令结构的多样性以及硬件配置的可变性都使动态分析策略难以应用于固件代码的逆向分析中。

虚拟指令集体系结构是实现固件程序归一化的有效手段，同时虚拟指令模拟与动态控制流恢复思想的结合，也为固件代码的动态分析提供了一种较好的解决方案。算法 7.4 是在虚拟处理机指令模拟器基础上实现的一种改进的动态控制流恢复算法，算法对可执行的部分进行动态控制流恢复，对剩余部分进行静态控制流恢复。该算法是在虚拟处理机上执行固件程序 P，如果当前指令是非跳转指令，则不做任何处理，继续扫描下一条指令，否则根据跳转指令的逻辑地址和目标地址将程序划分成不同的块，然后根据跳转指令的类型建立块与块之间的关联。当 M 出现重复状态时，停止模拟执行，对 P 中未被模拟执行的部分进行静态控制流恢复。算法的详细描述如下：

算法 7.4　sim(M,P)

输入：M,P。

输出: Cfg。

i = main; his_states = $\varnothing$

Cfg. B = {P}; Cfg. E = $\varnothing$; Cfg. b = b_0; state = q_0

while state ≠ his_states do begin

　　if dec(i). j_type ≠ NJMP then

　　　　b_0 = inblock(i)

　　　　if i ≠ b_0. start then

　　　　　　b_i = split_block(b_0, i)

　　　　　　Cfg. B = (Cfg. B − b_0) ∪ {b_0, b_i}

　　　　end if

　　　　if dec(i). j_type ≠ XRET then

　　　　　　b_2 = inblock(dec(i). t_addr)

　　　　　　b_3 = split_block(b_2, get_ref(dec(i). t_addr))

　　　　　　Cfg. B = (Cfg. B − b_2) ∪ {b_2, b_3}

　　　　　　Cfg. E = Cfg. E ∪ {< b_0, b_2 >}

　　　　　　if dec(i). j_type = CJMP then

　　　　　　　　Cfg. E = Cfg. E ∪ {< b_0, b_1 >}

　　　　　　end if

　　　　end if

　　　　his_states = his_state ∪ state

　　end if

　　state = (dec(i))

　　i = M. pc

end while

for each b ∈ Cfg. B do

　　stc(M, b)

end for

6. 混合编码模式下的控制流恢复

根据固件代码的特殊性,可以将许多有效的算法用于从看似杂乱无序的比特序列中恢复出完整的控制流图,如静态控制流恢复算法、基于切片技术的控制流恢复算法和本章设计的基于 FRVM 的控制流恢复算法等,这些算法在单一编码模式的固件程序中效果良好,但不能有效地处理混合编码模式下的固件程序。

编码模式是关于机器指令的一系列编码规范的总称,编码模式指出了指令中操作数的默认大小,规范了指令如何处理等信息,通常的编码模式包括 8 位、16 位、32 位以及 64 位编码,编码的位数规定了指令中操作数的默认大小。同时编码模式还规定了指令的长度,例如,ARM 处理器 32 位模式(ARM 模式),指令长度为

4B(字节),而 16 位模式(Thumb 模式)下指令长度为 2B。

　　混合编码模式在固件代码中极为常见,I386 结构的计算机在开机时处于实模式,为了利用保护模式提供的强大功能,系统在经过初始化后切换至保护模式。ARM 处理器在提供 32 位 ARM 模式的同时为了支持特殊的应用也提供了向下兼容的 16 位 Thumb 模式,ARM 处理器在开机时处于 ARM 模式,经过模式切换后可转换为 Thumb 模式,两种模式下指令的长度发生变化,解码器的工作方法也不同。伴随着编码模式的动态改变,机器指令的默认操作数大小,机器指令长度也将发生变化,如果不跟踪程序编码模式,解码器将不能得到正确的结果,控制流恢复算法也不能够获得正确的控制流信息。

　　图 7 - 20(a)是混合编码模式下的一段 X86 汇编程序,程序最先工作在实模式下,经过 mov cr0,eax 切换到保护模式,然后在保护模式下执行 jmp ＜ c_sel ＞,＜ offset vir ＞,查询 GDT 或 LDT 表并转向 vir 处执行指令 mov eax,[eax +20h],其控制流图如图 7 - 20(b)所示。单一编码模式的控制流恢复算法忽略编码模式的改变带来的影响,按照一成不变的处理方法对待每条指令,在 I386 指令系统中,jmp 指令在实模式和保护模式下具有不同的目标地址计算方式,因此控制流恢复算法不能够得到 jmp ＜ c_sel ＞,＜ offset vir ＞的实际跳转地址,如图 7 - 20(c)所示,控制流指向了一个未知的指令,vir 处的指令被当成了数据部分,得到了错误的控制流信息。

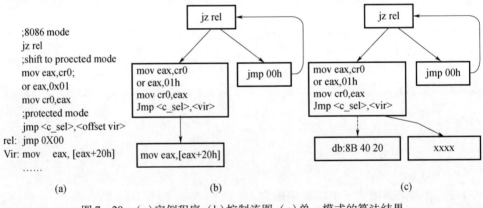

图 7 - 20　(a)实例程序、(b)控制流图、(c)单一模式的算法结果

　　图 7 - 21 所示为 32 位保护模式下的一段 X86 汇编代码,mov[00h],4h 将会使内存[00h]开始的 4 个字节变为 000000400h,语句 jmp 指令将使程序的控制转向地址 4h 处,如果这段代码是一段混合编码程序的一部分,单一控制流恢复算法依然忽略模式切换带来的影响,按统一的 16 位模式进行处理的话,那么 mov[00h],4h 将会使内存[00h]开始的 2 个字节变为 0400h,jmp 指令将使程序的控制地址 9d030400h,而不是 4h。

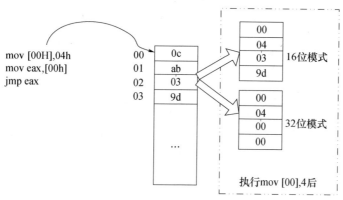

图 7 - 21 编码模式的指令语义

在 ARM 处理器的 ARM 模式和 Thumb 模式下分别使用固定的 32 位和 16 位机器指令。同样的二进制代码,在不同的模式下将会得到两个完全不同的解码结果和控制流信息,如图 7 - 22 所示。

图 7 - 22 ARM 模式和 Thumb 模式下的解码结果

以上表明了编码模式对控制流恢复的影响。传统单一模式的控制流恢复算法显然不能够处理混合编码模式的固件程序,难以得到正确的控制流图。本节在传统静态控制流恢复算法的基础上,考虑了编码模式对控制流的影响。下面介绍一种混合编码模式下的固件程序控制流恢复算法。

混合编码模式下的控制流恢复算法是对传统控制流恢复算法的扩展,在控制流恢复过程中跟踪编码模式的改变,关注编码模式对指令解码和控制流恢复的影响。首先在二进制程序中识别模式切换指令,其次在传统静态控制流算法的基础上,按照处理器执行程序的过程,从程序的开始地址 entry 处读取二进制序列,将二进制序列和初始编码模式 int_node 作为解码器 dec 的输入,得到指令地址为 entry 处指令的控制流信息和编码模式,将控制流到达的区域标志为指令,将跳转指令和模式切换指令的逻辑地址作为基本块划分的边界,当识别到一个基本块 b 后,就将其纳入控制流图的节点集 B 中,并根据跳转指令的类型加入不同的控制流边到 E 中。算法描述如下:

算法 7.5 混合编码模式下的控制流恢复算法。

输入:混合编码模式的二进制程序 $P(start, end, dec, entry, init\_mode)$。

输出:控制流图 $Cfg(B, E, b_0)$。

```
stack:程序块集合:

  stack←{P}
  while stack = ∅ do
     b_s←pop(stack)
     for each i ∈ [b_s. start, b_s. end) do
          (j_type, t_addr, t_mode)←dec(i, b_s. mode)
          if dec(i, b_s. mode). j_type ≠ NJMP or t_mode ≠ b_s. mode then break
     if i ≠ b_s. end then
          {b_s, b_i}←split(b_s, i)
          b_m←inblock(t_addr)
          {b_m, b_t}←split(b_m, t_addr)
     switch(j_type)
     case NJMP: b_i. mode = t_mode
                          E←E∪{ <b_s, b_i> }
                          B←B∪{b_s}
                          stack←stack∪{b_i}
     case RET: B←B∪{b_s, b_i}
     case XJMP: b_m. mode = t_mode
                          E←E∪{ <b_s, b_t> }
                          B←B∪{b_s, b_m}
                          stack←stack∪{b_t}
     default: b_i. mode = t_mode
                          b_m. mode = t_mode
                          E←E∪{ <b_s, b_i> , <b_s, b_m> }
                          B←B∪{ b_s, b_i, b_m}
                          stack←stack∪{b_i, b_t}
```

混合编码模式下的控制流恢复算法在传统算法的基础上增加了对混合编码指令的处理,解决了混合编码模式下的控制流恢复问题,在算法中,识别模式切换指令是关键,虽然一些处理器提供专门的模式切换指令(如 ARM 的 BX 指令),但还有许多处理器的模式切换是通过向控制寄存器赋特定值完成的。这种情况还需要引入模式识别,关于模式切换指令的识别问题本书不做讨论。控制流恢复的过程包含多种因素,混合编码只是其中之一,混合编码下的控制流恢复算法还要与其他算法相结合才能得到更加完整的控制流图。

7. 固件代码结构恢复

固件程序代码一般是计算机系统中的底层软件,直接与硬件交互,它的格式不像上层应用软件那样规范,不像操作系统下的 exe 格式的可执行程序,包含有头部格式区域、重定位表、装入模式等信息。固件程序只相当于 exe 文件中的装入模块部分，在运行时"原样"装入内存（或者直接运行）。微控制器片内的固件程序虽然没有类似 exe 这样复杂的格式，但是其结构还是遵循一定的规范。通常一个微控制器片内的二进制程序由三部分组成，即中断向量表、中断处理函数和子函数。中断向量表在处理器存储空间的固定位置，长度由中断个数和中断向量长度决定，每个中断向量表中至少有一个中断向量，即复位中断。复位中断也是微控制器片内的二进制程序的主函数，开机或复位时执行。每个中断处理函数可以调用子函数来实现复杂的功能，微控制器片内的二进制程序的这种结构如图 7 - 23 所示。

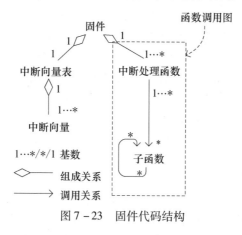

图 7 - 23　固件代码结构

中断处理函数和子函数的调用关系构成了固件的函数调用图，在结构化程序设计中，函数的调用关系反映了程序的系统结构，因此，函数调用图也可称作固件代码的系统结构图。

固件程序代码本质上是由中断向量表和中断处理函数两大部分组成，微控制器片内的二进制程序代码反汇编就是要还原出中断向量表和每一个中断处理函数的符号汇编语言。从中断向量表中获取中断处理函数的入口地址，然后采用基于递归策略的反汇编算法，得到该中断处理的反汇编。内置二进制程序代码反汇编的流程分为两步：获取中断向量表和基于递归策略的反汇编。基于递归策略的反汇编算法研究较多，并且可以有效地反汇编出内置二进制程序代码中的中断处理函数。但是，由于微控制器片内二进制程序代码的特点，中断向量表不能直接获得，中断向量表需要重构。

1）中断向量表重构

中断向量表是微控制器片内二进制程序的重要组成部分，由中断向量组成，记录了各中断处理函数的开始地址。重构中断向量表是确定中断向量表中有效中断向量个数和地址的过程，有效中断向量是指微控制器片内的二进制程序中实现了中断处理函数的中断向量。中断向量表至少有一个有效中断向量即复位中断，中断向量的最大个数由处理器类型决定，例如 8051 有 5 个，8052 有 6 个，有效中断向量的类型和个数由微控制器片内的二进制程序所实现的功能决定。对于某一个未知微控制器的固件程序,往往无法确定中断向量表中有效中断向量,也无法直接获得中断向量表的全部信息。

中断向量表是进行正确反汇编的重要条件,其重构的过程可以分为两步:

(1) 确定中断是否开启。

如果微控制器片内的二进制程序中没有开启外部中断,那么这个中断向量表就只能有一个复位中断有效,其他中断向量为空。有两种方法判定中断是否开启:一是中断调用指令,中断调用指令的一般格式是 int n, n 代表中断向量。在任何时候,内置二进制程序中的复位中断总是有效的,复位中断函数即是主函数,如果遍历主函数的控制流图,发现了中断调用指令,那么说明中断开启,并且中断向量 n 有效,可以继续在确定的中断处理函数中寻找中断调用指令,以识别更多有效中断向量。这种方法只能判断中断开启,但无法判断中断关闭,也不能确定其他中断是否有效。二是中断开启指令,中断开启指令一般是对程序状态字 PSW 的赋值指令,赋值操作使 PSW 中的中断使能位为 0 或 1,从而控制全局或局部中断的使能和禁用。如 MCS－51 的中断控制寄存器 IE 和 I386 标志寄存器 EFLAG。在遍历主函数控制流图时,如果能够获取对中断控制寄存器的赋值情况就可以判定是否开启中断。

(2) 启发式搜索。

如果固件程序在确定中断是否开启阶段无法判定中断关闭就需要进行启发式搜索,启发式搜索的基本原理是对每一个未知的中断向量,假设其对应的中断处理函数存在,使用递归策略扫描中断处理函数,如果在扫描过程中发现未知指令、控制转移的目标地址超过内置二进制程序的逻辑空间范围等异常情况,则说明中断向量无效;如果发现中断返回指令,并且在扫描结束时没有发现上述异常情况,则判定中断向量有效。

算法描述如下:

算法 7.6 ReconstructInterruptTable

输入:固件 P。

输出:函数调用图的起始节点集 S。

1. int_flag←false,int_vector←{复位中断号}。

2. 从中断向量表中获取主函数入口地址,遍历主函数控制流图。

2a.　　如果发现中断禁用指令并且从未发现中断开启指令,转向 10。

2b.　　如果发现中断开启指令,则转向 6。

2c.　　如果发现中断调用指令 int n,则将 n 加入 int_vector 中转向 3。

3. stack←int_vector－{复位中断号}。

4. 取出 stack 的栈顶中断号,获取该中断号对应的中断向量,遍历该中断处理函数的控制流程图,如果发现中断调用指令 int m 且 m = int_vector,则将 m 加入到 int_vector 和 stack 中。

5. 如果 stack 不为空,转向 4。

6. int_table 表示该固件的所有中断编号,uncertain_int_vector←int_table – int_vector。

7. 如果 uncertain_int_vector 为空,转向 10。

8. 取出 uncertain_int_vector 中的一个中断编号 i,uncertain_int_vector←uncertain_int_vector – {i},从中断向量表中获取对应的入口地址,从入口地址开始递归扫描该中断处理函数。

8a.　　如果发现未知指令,转向 7;

8b.　　如果发现控制转移指令的目标地址超出固件的逻辑空间,转向 7。

9. int_vector←int_vector∪{i},转向 7。

10. 将 int_vector 集合中的中断编号对应的入口地址赋给 S,算法结束。

重构中断向量表可以利用的信息就是处理器类型和程序设计规范,本文设计的算法充分利用了这两个信息,采用启发式的方法来确定有效中断向量。

重构中断向量表可以利用的信息就是处理器类型和程序设计规范。

2)循环结构的识别

在大多数情况下,控制流图中的循环结构都表现为一个吊床图结构。固件程序中常出现的循环结构有无限循环、共享入口节点的多个循环和多出口循环结构。

（1）无限循环的识别。

无限循环是指无需命题节点来判定循环是否结束的一种特殊循环,从流程图的角度来看,无限循环拥有一个或多个入口,但没有出口。每个入口节点至少拥有两个前驱,一个来自循环之外,一个来自循环本身。经过入口节点接收的命题计算结果沿着循环执行路径向后传播,最终该节点会从来自循环内部的节点收到由自身产生的命题计算结果。这是一种经验性判定方法,实践证明该方法非常有效。

（2）共享入口节点的多个循环的识别。

共享入口节点的多个循环通常来自于高级程序的循环代码中包含多条类似 continue 的语句。因此对于这种情况,首先识别出节点循环的判定节点,它同时也是循环体内部某个分支结构的汇合节点,且该节点与该分支结构的入口节点相邻,则可以判定这个循环为共享入口节点的多个循环,可以使用 continue 语句替换节临界边来简化恢复后生成的高级代码。

（3）多出口循环的识别。

多出口循环在高级代码中表现为循环中存在 break 语句,如图 7 – 24 所示,节点 B 为一条 if – break 语句结构。多出口循环的特点在于,循环的出口节点也是循环内部某个分支结构的汇合节点,且该分支结构的分支节

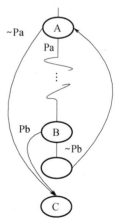

图 7 – 24　多出口循环示例图

点与出口节点相邻。因此,对于多出口循环的识别过程也需要首先识别出节点 C 是一个循环的出口节点,如果 C 同时也是循环内某个分支结构的汇合节点,且满足 C 与该分支节点相邻以及该分支节点的另一条边指向循环体内部,则说明该结构为多出口循环结构。可以在生成的高级语言代码中,使用 break 语句代替相应的跳转指令,从而简化生成结果。

3)条件分支结构的识别

条件分支结构往往也满足吊床图结构,这种结构包含有唯一的分支节点和唯一的汇合节点。表示条件分支结构的控制流子图是弱连通的,因此仅有部分节点能够将自身产生的命题向子图的其他节点传播。一般来说,条件分支结构内的节点分为两个部分,其中一部分当条件判定为真的时候执行,另一部分在条件判定为假的时候执行。因此这两部分将会分别传播分支节点命题的某个判定结果,并且在将来的某个节点汇合。

条件分支结构主要有组合条件分支、多条件分支和跳转表分支。

(1)组合条件分支识别。

组合条件分支通常由一种比较常见的高级语言代码编写形式编译得到,即在 if – then 语句中,判定条件由多个布尔表达式结果的逻辑运算获得。组合条件分支结构将会拥有两个汇合节点,其中之一是整个条件分支结构一条支线的起始节点,另一个是整个分支的关闭节点。因此,当一个谓词节点命题满足:①其不同判定结果在两个不同节点汇合;②该节点的一个后继是另一个谓词节点并且该后继的后继也可能是一个谓词节点,以此类推;③其中一个汇合节点与该分支结构中所有与入口节点相邻的谓词节点相邻,则表示识别出一个组合条件分支结构。

(2)多条件分支识别。

多条件分支结构来自于类似 C 语言的 switch – case 结构,由于在 switch – case 结构中可能存在不包含 break 语句的情况,即当程序执行完一个分支后将会向后继续执行其代码,而不会直接结束该结构的执行,因此这种情况无法使用多个 if – then – else 语句替换。与组合条件分支结构不同的是,多条件分支结构中可能存在不只两个汇合节点,且不要求有汇合节点与分支入口节点相邻。

(3)跳转表分支识别。

跳转表分支来自于编译器对多分支结构高级代码的优化编译,通常基于一条间接跳转指令和一个跳转表来实现非确定跳转目标的要求。由于间接跳转可能的目标地址多于两个,因此,无法将其设定为 T 和 F 两个判定结果,即无法使用基于命题演算的方法进行分析。

7.6　分析结果可视化

固件程序逆向分析结果的可视化主要包括代码的可视化和函数调用图、控制流图的可视化。代码可视化可以使用具有语法高亮的编辑器如 NotePad＋＋、SciTE、TinyMCE 等,代码可视化相对简单。控制流图和函数调用图的可视化则相对复杂,需要借助于图形绘制 Graph Drawing 的相关理论和技术。

在进行图形绘制时,通常将控制流图和函数调用图看作是由两个集合 V 和 E 组成,记为 $G = (V, E)$,其中 V 表示节点的有穷集合,E 是节点偶对(或称为边)的有穷集。控制流图和函数调用图的绘制就是在二维空间中为节点集 V 中的节点分配一个坐标并确定各坐标点连线的过程。图是一种比较复杂的数据结构,不同的图及绘制算法对应不同的存储结构,控制流图和函数调用图的绘制分两步进行,一是存储结构的选择,二是绘制算法的实现。

7.6.1　存储结构

1. 节点的存储

控制流图和函数调用图的节点可表示为如下形式:

```
typedef struct _tagNODE{
    unsigned long   x,y;              //节点在屏幕上的坐标
    unsigned long   dx,dy;           //节点的宽度和高度
    unsigned char   nType;           //节点类型
    union{
        struct CFG_NODE cfg_node;//控制流图中的节点描述符
        struct FCG_NODE fcg_node;//函数调用图中的节点描述符
    }G_NODE;
}NODE, * PNODE;
```

x, y 存储节点在屏幕上的位置,dx, dy 存储节点的宽度和高度,nType 表示这是控制流图中的节点还是函数调用图中的节点,其值决定了联合体 G_NODE 中的变量的类型,cfg_node 和 fcg_node 分别存储控制流图和函数调用图中的节点信息。

2. 控制流图的存储结构

在固件代码中,控制转移指令(如 JN,JNZ,JMP,CALL 等)通常产生至多两个分支路径,因此,控制流图是一个出度小于等于 2 的有向图,具有二叉树的特点,并且对一个具体的固件程序,其控制流图的节点个数|V|的大小一般是不能预先确定的,适合采用链式二叉树的存储结构,如图 7 - 25 所示。

控制流图在计算机中表示为

```
typedef struct _tagCFG{
    NODE node;
    strcut CFG  * lchild, * rchild;
}CFG, * PCFG;                     //控制流图结构
```

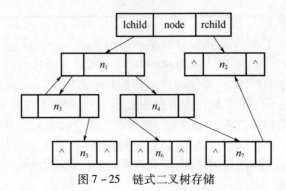

图 7 - 25   链式二叉树存储

3. 函数调用图的存储结构

与控制流图不同,函数调用图的出度是一个不确定的数,一个函数可能会调用多个函数,故不适合采用链式二叉树的存储结构。在存储函数调用图中所有函数可表示为一个单链表,通过指针 down 域连接起来,子节点通过指针域 next 相连,如图 7 - 26 所示。

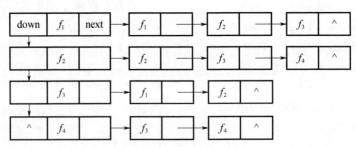

图 7 - 26   函数调用图的链接表存储

函数调用图在计算中存储为

```
typedef struct _tagFCG_SUBNODE{
    NODE node;                          //函数调用图的节点信息
    struct FCG_SUBNODE * next;          //下一个子函数节点
}FCG_SUBNODE;                           //子函数节节描述信息
typedef struct _tagFCG{
    NODE node;                          //函数调用图的节点信息
    struct FCG_SUBNODE * next;          //子函数列表指针
    struct FCG * down;                  //函数列表指针
}FCG, * PFCG;                           //函数调用图结构
```

7.6.2   绘制实现

实现控制流图和函数调用图绘制功能的组件结构如图 7 - 27 所示。类 Graph-

Data 封装了控制流图和函数调用图的访问操作,屏蔽了由于控制流图和函数调用图存储结构不同所带来的访问方式上的差异,GraphData 将图的访问抽象为 GetRoot( )、GetLChild( )、GetRChild( )、GetChildren( )等方法,为图形绘制算法提供了一致的访问接口,目的是实现算法与数据的分离,类 HierarchicalGD 可以通过方法 SetGraphData(GraphData ＊pGraphData)来设置需要绘制的图形。

　　类 HierarchicalGD 是图形绘制组件的控制类,实现图形绘制算法的主体。控制流图和函数调用图都是具有层次结构的有向图,绘制过程可以分为四步进行,控制类 HierarchicalGD 分别用 4 个成员函数(图 7－27)来完成每一步的主要工作。

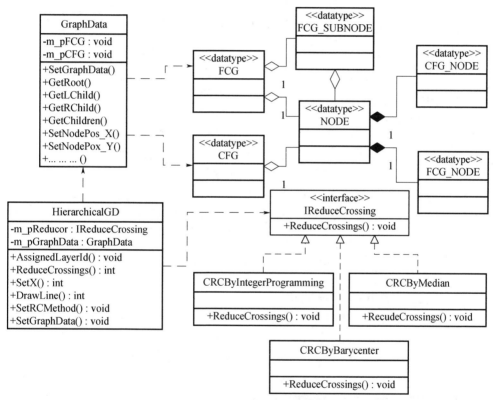

图 7－27　图形绘制组件类结构

1. 节点分层——AssignedLayerId( )

　　AssignedLayerId( )的主要任务是根据节点在层次图中的位置为每一个节点分配一个层号,对图 7－25 的控制流图进行分层的结果如图 7－28 所示。

　　分层操作一般采用图的广度遍历算法来实现,是后续绘制的基础。节点所处的层次决定了节点在平面 Y 方向上的位置,因此,节点的 y 坐标也是在分层过程中计算得到。

　　AssignedLayerId( )还在图中插入了虚拟节点。通常,并不是每一个节点都有子节点,插入虚拟节点就是指为没有子节点的非叶子节点创建一个子节点,这是为后续布线做准备,图7-29是在图7-28中插入虚拟节点后得到的。

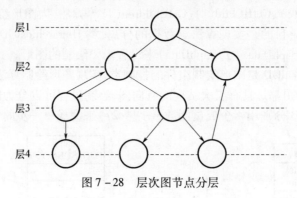

图7-28　层次图节点分层

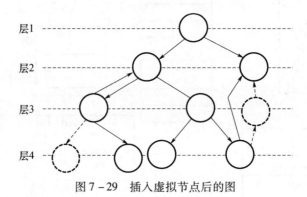

图7-29　插入虚拟节点后的图

2. 去交叉——ReduceCrossings( )

减少交叉边的个数有助于提高图形的可理解性。ReduceCrossings( )的主要工作就是对每一层的节点进行排序以使图中交叉边的个数最少。在对同一层的节点排序时,通常依据的方法是为节点赋一个权值,权值的大小决定了节点在层中的位置。

3. 确定节点的 x 坐标——SetX( )

SetX( )为每一层中的节点计算 x 坐标,首先对最后一层节点赋一个不相重叠的 x 坐标,然后依次计算上一层中节点的 x 坐标,计算 x 坐标的基本原则是子节点 x 坐标的平均。如图7-30所示,已经计算了第 N 层节点的 x 坐标值,假设第 $N-1$ 节点 k 有子节点 $(s_1,s_2,\cdots,s_n)$,节点 k 的 x 坐标 $x_k=(x_{s1}+x_{s2}+\cdots+x_{sn})/n$。通常,这样计算出来的节点会出现重叠现象,因此,SetX 还需要重新调整 x 坐标的值以消除重叠的节点。

4. 布线——DrawLine( )

最后一步是布线操作,布线的操作相对简单,DrawLine( )将每层之间有连接关系的节点用直线连接起来。如果两个节点在相邻的两层,可以直接相连(线条的形状可以是直线、拆线或曲线等,取决于绘制图形的各类,通常控制流图用直角线,函数调用图用直线)。如果两个节点不在相邻的层,则需要利用虚拟节点来确定连线的走向,如图 7 - 31 所示,实线表示布线的结果,点线表示节点的连接关系。节点 3 与节点 9 相连,在连线时,首先将节点 3 与虚拟节点 6 的中心相连,然后再将虚拟节点中心也与节点 9 相连,这样就组成了节点 3 到节点 9 的连线,在绘图时不将虚拟节点绘制在屏幕上。

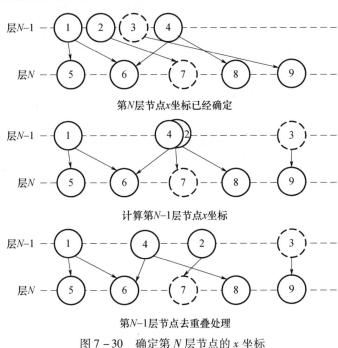

图 7 - 30　确定第 N 层节点的 x 坐标

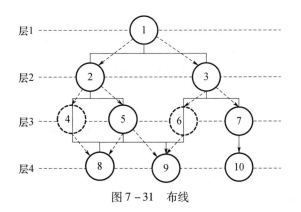

图 7 - 31　布线

控制流图和函数调用图的绘制效果如图 7 - 32、图 7 - 33 所示。

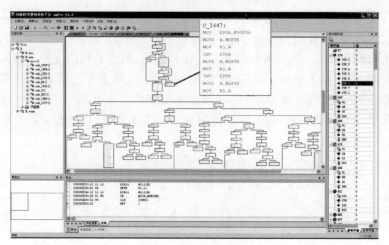

图 7 – 32　控制流图

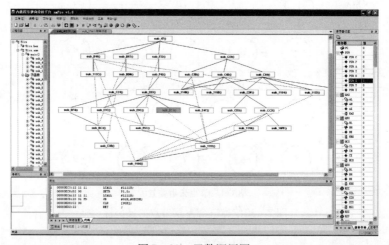

图 7 – 33　函数调用图

参 考 文 献

[1] W78E51B Data Book [EB/OL]. http://www. winbond. com. tw.

[2] 51 单片机的特征字及加密说明[EB/OL]. http://www. dqjsw. com. cn/dianqi/ danpianji/ 11840. html.

[3] 张鑫. 单片机原理及应用[M]. 北京:电子工业出版社,2005:10 – 32.

[4] Li Qingbao,Niu Xiaopeng,Zeng Guangyu. The Design and Implementation of Crossbar in SMP Multi – Processor
System [A]. International Symposium on Computer Science and Computational Technology (ISCSCT'2008)
[C]. Shanghai,2008,1:626 – 630.

[5] Sheyner O,Haines J,Jha S,et al. Automated generation and analysis of attack graphs[A]. Proceedings of IEEE
Symposium on Security and Privacy[C],2002:273 – 284.

[6] 许敏,陈前武. 静态反汇编算法研究[J]. 计算机与数字工程,2007,35(5):13－16.

[7] 杨慕晗. 一种基于中断处理机制的动态反汇编算法[J]. 计算机科学,2008,35(12):280－284.

[8] 姜玲燕,等. 动态二进制翻译中的中间表示[J]. 计算机工程,2009,35(9).283－284.

[9] 李必信. 程序切片技术及其应用[M]. 北京:科学出版社,2006.

[10] Nethercote N,Seward J Valgrind. A Framework for Heavyweight Dynamic Binary Instrumentation[C]. Proceedings of the ACM Conference on Programming Language Design and Implementation. San Diego,California,USA:[s. n],2007.

[11] 徐礼荣. 单片机破解的常用方法及应对策略[J]. 国外电子元器件,2004(9):63－65.

[12] Chari S,Rao J R,Rohatgi P. Template attacks[A]. Proceedings of 4th International Workshop on Cryptographic Hardware and Embedded Systems(CHES),B. S. Kaliski Jr,C. K. Koc,and C. Paar,Eds,vol,2523 of LNCS,Springer－Verlag[C]. 2002:172－186.

[13] Gandolfi K,Mourtel C,Olivier F. Electromagnetic analysis:Concrete results[A]. Proceeding of 3rd International Workshop on Cryptographic Hardware and Embedded Systems (CHES),C, K, Koc, D. Naccache and C. Paar. Eds,vol. 2162 of LNCS,Springer－Verlag[C],2001;255－265.

[14] Sergei Skorobogatov,Ross Anderson. Opticail Fault Induction Attacks,Cryptographic[A]. Hardware and Embedded System Workshop (CHES－2002)[C],LNCS,Springer－Verlag,2002,2532:2－12.

[15] Sergei P Skorobogatov. Semi－invasive attacks . A new approach to hardware security analysis [EB/OL]. http://www. cl. cam. ac. uk/techreports/ UCAM－CL－TR－630. pdf.

[16] 李长青,汪雪林,彭思龙. 辐射路匹配——从门级到功能模块级的子电路提取算法[J]. 计算机辅助设计与图形学学报,2006,18(9):1377－1382.

[17] 陈昊鹏. 软件逆向工程技术研究[D]. 西安:西北工业大学,2001.

[18] 尚涛,等. 软件防汇编技术研究[J]. 计算机应用研究. 2009.26(12):4553－4558.

[19] 吴金波,等. 反静态反汇编技术研究[J]. 计算机应用. 2005.25(3):623－625.

[20] 王祥根,司端锋,冯登国,等. 一种基于自修改代码技术的软件保护方法[J]. 中国科学院研究生院报,2009. 26(5):687－692.

[21] 金然,魏强,王清贤. 针对等价指令替换变形的归一化研究[J]. 计算机应用,2008,28(3):629－632.

[22] 杨义彬,等. 面向多目标的指令集模拟技术[J]. 计算机工程. 2009,35(20):284－285.

[23] 喻之斌,金海,邹南海. 计算机系统结构软件模拟技术[J]. 软件学报. 2008,19(4):1051 － 1068.

[24] 倪晓辉. 支持多平台的逆向分析系统[D]. 浙江大学,2007.

[25] 牛小鹏. DRRAD 系统研究与实现[D]. 郑州:解放军信息工程大学,2010.

[26] 胡刚. 固件代码逆向分析关键技术研究[D]. 郑州:解放军信息工程大学,2011.

内容简介

本书共分 7 章。第 1 章和第 2 章主要论述可编程逻辑器件、固件和微控制器等数字加密器件的内部结构、加密方法和逆向分析技术。第 3 章和第 4 章论述了脱机式逆向分析技术原理和脱机采集数据逻辑逆向综合处理的方法。第 5 章和第 6 章主要论述了在线式逆向分析的方法和离散数据逻辑逆向综合处理的方法。第 7 章论述了直读式提取片内程序代码的方法和代码逆向分析的相关技术。

本书可供从事集成电路逆向分析方向工程技术研究人员参考,也可作为微电子、电子技术等专业高年级本科生或研究生逆向工程专业的教材。

The book includes 7 chapters. Theopening two chapters discuss the structure, encryption method, and reverse analysis of digital encrypted devices, such as CPLD, firmware, and micro – controller. Chapter 3 and 4 expound the principle of OFF – LINE reverse analysis technology, and the logical reverse synthesis data processing method for OFF – LINE data acquisition. Chapter 5 and 6 expound the principle of ON – LINE reverse analysis technology, and the logical reverse synthesis data processing method for ON – LINE discrete data. Chapter 7 discusses the method of direct reading code in integrated circuit chip and techniques of code reverse analysis.

This book can be used as the reference of engineering researchers onintegrated circuit reverse analysis, and can be serve as text book for senior undergraduate or graduate students on microelectronics or electronic technology.